多年施工之寶貴經驗值
得學习借鉴

楊綱 癸卯年初春

# 施工杂谈

## ——杭嘉湖平原水利施工一线实例

卜俊松 著

黄河水利出版社
·郑州·

## 内 容 提 要


本书主要内容包括水利工程施工管理、水利工程质量控制、工程测量放样、工程案例分析、发表过的论文等5篇。其中,水利工程施工管理包含了水利工程施工中常用的水工混凝土抗压强度数理统计、坐标换算等编程方法、《施工管理工作报告》的编写要点与技巧、目标工期的确定及一些工程结构形式的探讨和施工方法;水利工程质量控制包含了一些工程结构质量的现场实用检查办法和控制要点;工程测量放样列举了几个现场实例和解决方案;工程案例分析中列举了一些工程中存在的问题和产生的原因,其中有涉及现有规范的部分,也有涉及设计理念和地区适应性方面的问题,有成功的经验也有失败的教训,同时提出了一些粗浅的解决方案,供类似工程参建者参考;发表过的论文按作者发表时间顺序编录。

本书适用于水利基层工作者阅读。可用于我国南方平原水乡地区水利施工企业技术人员专业培训、继续教育用书或地方小型水利工程设计人员参阅;也可用于高等院校水利专业或土木工程专业毕业班实习辅助教材。



**图书在版编目(CIP)数据**

施工杂谈:杭嘉湖平原水利施工一线实例/卜俊松著.—郑州:黄河水利出版社,2023.2

ISBN 978-7-5509-3498-6

Ⅰ.①施… Ⅱ.①卜… Ⅲ.①水利工程-工程施工-研究-浙江 Ⅳ.①TV5

中国版本图书馆 CIP 数据核字(2022)第250340号

组稿编辑:王路平　电话:0371-66022212　E-mail:hhslwlp@126.com

出 版 社:黄河水利出版社　网址:www.yrcp.com

地址:河南省郑州市顺河路黄委会综合楼14层　邮政编码:450003

发行单位:黄河水利出版社

发行部电话:0371-66026940、66020550、66028024、66022620(传真)

E-mail:hhslcbs@126.com

承印单位:河南新华印刷集团有限公司

开本:787 mm×1 092 mm　1/16

印张:12

字数:280千字　印数:1—1 000

版次:2023年2月第1版　印次:2023年2月第1次印刷

定价:120.00元

实践出真知

廖金寛

廖金寛印

二〇二三年一月二十一日

**廖金宽**:1957～1973年在山东省水利勘测设计院、山东省黄河位山工程局从事水利规划设计;1973年调至嘉兴地区林业水利局工作;1992～1995年任嘉兴市水利局党委书记、局长,嘉兴市杭嘉湖南排工程指挥部副总指挥;第一届至第五届嘉兴市人民政府经济建设咨询委员会委员;第六届浙江省水利学会常务理事;1997年至今任浙江省水利学会荣誉理事;2011年至今任嘉兴市职业技术学院现代农业发展研究所研究员。荣获1992年度全国水利综合经营突出贡献奖、1995年全国抗洪先进个人。

為嘉興水利

盡微薄之力

卜俊松

卜俊松印

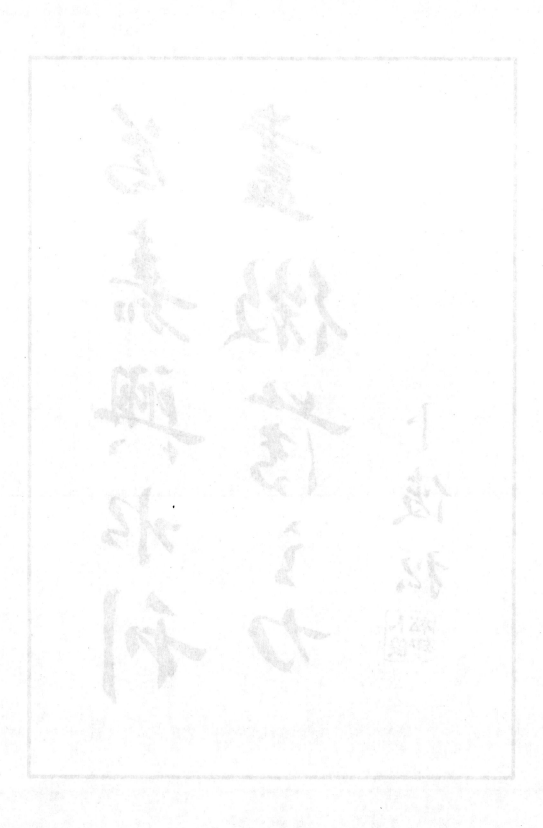

# 序

《施工杂谈》的作者是我 50 年前的高中同学，毕业后踏上社会，从最基层的乡村农田水利施工员采用人工测量、手工计算开始，从事水利工程建设工作。历经村（大队）、乡镇（公社）、县、市水利工程施工一线工作 40 多年。

我曾在嘉兴市水行政主管部门履职 10 多年，耳闻目睹水利施工一线员工工作的辛勤劳累。作者虽无缘进入高等学府深造，但能在工地艰难的工作环境下，仍然爱岗敬业，通过专修、培训、自考等途径弥补专业知识的不足，自强不息地追赶时代步伐。经历了 20 世纪 70 年代的算盘到 80 年代的计算器、90 年代的 PC 机，直到 21 世纪的电脑普及，见证了水利工程采用新技术、新材料、新设备、新工艺日益更新的历史变迁。作者在实干中学知识、学技术、用技术，进而创新技术，成长为一名优秀的水利高级工程师，难能可贵。

作为老同学，我曾经阅览过作者发表过的和一些未发表的工程技术文章，觉得这许多实际施工操作经验和真实案例在教科书中未曾看到。无论是测量放样、施工管理和质量控制，还是农田水利、道路桥梁、护坡护岸等涉及的趾墙底板、生态砌块、灌砌块石、U 形板桩、钻孔桩、搅拌桩和沉井等诸多方面都有作者独到的见解，这些充满泥土气息的朴素"理论"虽然浅显，但接地气，在现有教科书中是学不到的。因此，本人曾极力鼓动作者将其整理成书，出版发行以飨读者。

《施工杂谈》所述经验和案例分析对基层水利工作者应该有触类旁通的借鉴作用，它虽无高深理论系统叙述，但仔细阅读，结合一线施工实际，举一反三，还是颇有裨益的。

作者能将一生中所获技术知识以文字形式贡献给社会，这是十分可喜可贺的。本书的出版，对施工单位基层一线的工程技术人员应该有所帮助，也值得各级水利学会、协会推荐给基层水利施工技术人员参阅。

**徐关明**

2022 年 3 月

# 前　言

作者1977年10月担任嘉兴地区南排长山河工程人工开挖洗马池施工员,开始从事水利工程施工工作。1977年10月至2001年10月先后在海盐县百步乡(公社)水机站、海盐县水利工程队(后改为水利工程公司)、嘉兴市世纪交通工程咨询监理有限公司工作。其间,经历了人工开挖洗马池与澉浦运输河道(均为长山河前期工程)、长山河、长山河闸基土方开挖施工;担任过人工开挖河道、农田水利基本建设、盐湖公路(百步段)、三暗工程与吨粮田工程、河(航)道护岸工程、标准海塘以及小型水闸、桥梁、码头等的施工员和三级航道护岸与桥梁工程的监理员。参加过全国水资源调查(海盐县域)工作。2001年11月至今在嘉兴市水利工程建筑有限责任公司(简称嘉兴水建)工作,其间于2016年3月至2021年5月借用在嘉兴市杭嘉湖南排工程管理局两大工程[平湖塘延伸拓浚工程、扩大杭嘉湖南排工程(嘉兴部分)]质安组工作。在嘉兴水建工作期间曾先后担任河道整治、桥梁改建、防洪排涝及水源保护水闸、水库除险加固、标准海塘加固以及国家农业综合开发中低产田改造工程等施工项目经理或项目技术负责人。

回顾从事工程建设工作的几十年,大部分时间均在水利工程施工一线摸爬滚打,经历了多种类型的水利工程建设,遇到过很多难以忘怀的实际案例和工程技术问题,从中感悟到了"学无止境"的深刻含义,也逐步加深理解了"在干中学、学中干"的人生哲言。

出于对水利工程施工经历的留恋,闲暇之余将多年积累的工程施工经验与工作体会和有关工程案例分析资料归纳总结、整理成册,所述内容是最基层一线工程技术人员的工作实践体会。惟愿给致力于水利工程建设的年轻同行们留下一些值得借鉴和参考的东西。

本书按类型不同分为5篇及附录。其中:第1篇水利工程施工管理列举了几个实际问题的解决方案,水利施工第一线的同仁碰到类似问题时可以借鉴或应用;第2篇水利工程质量控制中的7项"工程实体检查办法"为作者独立起草并以"嘉兴市杭嘉湖南排工程管理局"名义印发的用于施工现场检查的实用性操作方法,非作者本人起草但经修改的其他多项类似操作方法未编入在内。所有"检查办法"经两大工程实践证明行之有效,对于其他类似工程项目建设管理也许会有所启迪和裨益。第3篇工程测量放样收录的是当时所用的方法和解决问题的过程及思路,由于测量仪器的快速更新现今绝大部分早已过时,只有少量内容尚可参考,虽属"鸡肋",但作者自认弃之可惜,权作历史资料保存。第4篇工程案例分析列举了工程施工管理中遇到的一些实际问题,文中分析论证仅为个人观点,在此申明均为对事不对人。其中,言辞可能偏颇,但绝无伤人之意,期望抛砖引玉、

交流切磋;关于“水工混凝土抗冻检测数据处理方法”涉及试验规程的修改,文中观点已向业内有关专家反映过。第5篇发表过的论文按发表时间顺序编录,收入的论文均为作者起草的投稿前原稿,经各有关杂志社编辑修改后正式发表的文章可按相应的杂志期刊页码查阅。隔封后附录的一些图片,涵盖了水利工程施工管理、施工方法、工艺流程、质量控制、原因分析、数据处理、网络计划、测量放样等片断,自诩蕴含些工艺技巧,仅供浏览和水利工程一线的有关同仁参考。

作者在撰写论文初期,受到了许楼山老师的温馨教诲和悉心指导;在碰到疑难工程技术问题时,多年来得到了周春东、章香雅、韩玉玲、胡军法、佘春勇等水利行业专家的鼎力相助和指点迷津,使自己在百思不得其解时得以解惑;文中插图由林海、王斌、包敏佳、杭思健、董陈华、张朋等同仁帮助绘制。谨在此向以上各位专家和其他给予帮助的有关同志表示衷心的感谢!

感谢嘉兴水建给我提供了一个在工作中学习、进取的良好环境和得以施展拳脚的平台,在本书出版之际一并表示诚挚的感谢!

感谢黄河水利出版社王路平编审对本书稿的认真审核和细心勘误,对其付出的辛勤劳动在此表示深深的感谢!

因本人才疏学浅、能力有限,书中难免存在诸多的缺点和不足之处,恳请垂阅者给予指正,不吝赐教。

**卜俊松**

2022年12月于嘉兴

# 目 录

# 第1篇

## 水利工程施工管理

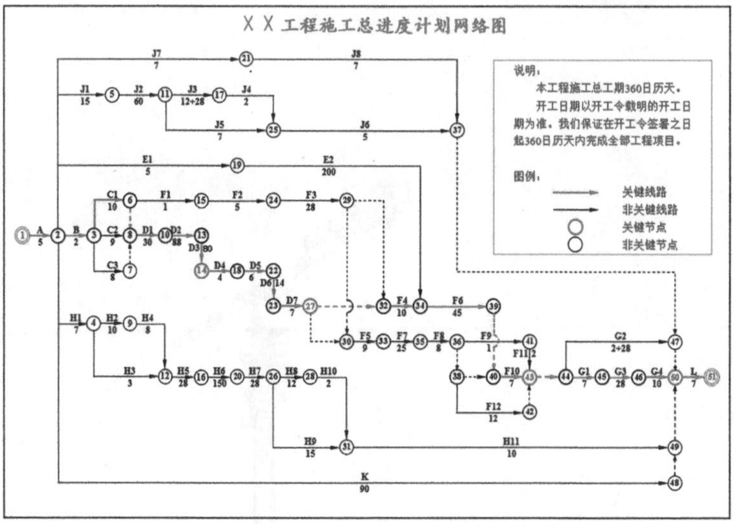
XX工程施工总进度计划网络图
说明：
本工程施工总工期360日历天。
开工日期以开工令载明的开工日期为准。我们保证在开工令签署之日起360日历天内完成全部工程项目。
图例：
关键线路
非关键线路
关键节点
非关键节点

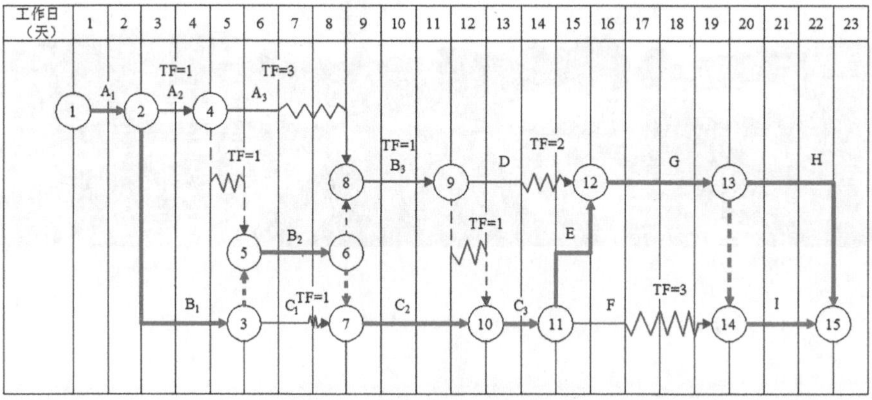
工作日（天）
1 2 3 4 5 6 7 8 9 10 11 12 13 14 15 16 17 18 19 20 21 22 23
TF=1
TF=3
TF=1
TF=1
TF=2
TF=1
TF=1
TF=3
A1 A2 A3 B1 B2 B3 C1 C2 C3 D E F G H I

# 水工混凝土抗压强度数理统计编程

在水利工程施工资料整理时,需要对混凝土试件抗压强度进行数理统计分析,以此判别混凝土总体质量水平。以往采用手工计算费时多、步骤繁,且容易出错,不仅拖延资料整理时间,还会影响施工资料的准确程度。

电脑普及后,关于数理统计的软件很多,但作者查阅后感觉普遍存在的缺陷是统计与资料整编脱钩,统计资料格式与施工资料整编要求不符,因此在输入原始数据后生成的答案或表格不能直接作为归档资料,需要另表录入,这就多了一道环节,增加了无谓的工作量。

借助 Excel 工作表编成"水工混凝土试块抗压强度数理统计表",既可如实反映所统计试块的全部强度值,又可给出所需的统计结果,一表包揽,简单明了。且能达到输入与输出同步,统计资料即刻可打印入编。

本文根据《水利水电工程施工质量检验与评定规程》(SL 176—2007)附录 C"普通混凝土试块试验数据统计方法"罗列了试块组数 $n \geqslant 30$ 和 $30>n \geqslant 5$ 时的水工混凝土试块抗压强度数理统计计算公式和应用 Excel 编程方法,供有兴趣的同仁参考。由于试块组数 $5>n \geqslant 2$ 和只有 1 组的数理统计步骤不多,计算简单,判定方便,因此本文不作叙述,读者可直接判定或自行编程。

## 1　按资料整编要求建立 Excel 工作表

根据承建工程的资料整编要求格式建立 Excel 工作表,力图使统计表内容完全符合资料归档要求。作者根据多年施工实践,按统计表一体化格式编制了示例表(见表 1、表 2),以供参考。

## 2　模拟表式说明

表 1、表 2 中,红色数字(包括后面可输入的空格)为模拟输入的原始数据,空格部分可填入相关信息(如工程名称、分部名称、备注、统计日期等),表尾黑色数字或判定结果为 Excel 自动生成的统计结果和按数据修约要求的取值,计算公式或判定规则为附表(也可不列)。由于 Excel 的局限性,表 1 只能统计自 B4 ~ K28 + B29 ~ F29 的 255 组强度数据,超过 255 组就需另立表,不过按一般分部工程的混凝土试块抗压强度统计来看,试块组数 $n>255$ 的情况较少。表 2 按混凝土设计强度 $R_{标} \geqslant 20$ MPa 和 $R_{标}<20$ MPa 分别列成两表,实际应用时可根据设计强度 $R_{标}$ 自行选择。

**表 1　水工混凝土试块抗压强度数理统计表**

| | A | B | C | D | E | F | G | H | I | J | K | L |
|---|---|---|---|---|---|---|---|---|---|---|---|---|
| 1 | | | | | | | | 工程 | | | 分部 | |
| 2 | 水工混凝土试块抗压强度数理统计表 | | | | | | | | | | | |
| 3 | 试块组数 $n$ | 1 | 2 | 3 | 4 | 5 | 6 | 7 | 8 | 9 | 10 | 备 注 |
| 4 | 10 $n$ | 25.8 | 28.3 | 31.3 | 30.5 | 32.6 | 24.8 | 32.5 | 26.9 | 25.2 | 29.3 | $R_i$ |
| 5 | 1 | 27.6 | 28.5 | 26.8 | 29.7 | 31.6 | 25.8 | 32.6 | 26.5 | 25.8 | 26.1 | $n \geqslant 30$ |
| 6 | 2 | 26.6 | 25.0 | 29.9 | 31.5 | 25.8 | 26.4 | 30.6 | 29.7 | 25.5 | 26.7 | |
| 7 | 3 | 31.3 | 25.4 | 28.8 | 29.2 | 33.8 | 30.8 | 31.5 | 25.4 | 26.0 | 28.2 | |
| 8 | 4 | 26.7 | 25.3 | 28.3 | 25.6 | 29.2 | 30.5 | | | | | |
| 9 | 5 | | | | | | | | | | | |
| 10 | 6 | | | | | | | | | | | |
| 11 | 7 | | | | | | | | | | | |
| 12 | 8 | | | | | | | | | | | |
| 13 | 9 | | | | | | | | | | | |
| 14 | 10 | | | | | | | | | | | |
| 15 | 11 | | | | | | | | | | | |
| 16 | 12 | | | | | | | | | | | |
| 17 | 13 | | | | | | | | | | | |
| 18 | 14 | | | | | | | | | | | |
| 19 | 15 | | | | | | | | | | | |
| 20 | 16 | | | | | | | | | | | |
| 21 | 17 | | | | | | | | | | | |
| 22 | 18 | | | | | | | | | | | |
| 23 | 19 | | | | | | | | | | | |
| 24 | 20 | | | | | | | | | | | |
| 25 | 21 | | | | | | | | | | | |
| 26 | 22 | | | | | | | | | | | |
| 27 | 23 | | | | | | | | | | | |
| 28 | 24 | | | | | | | | | | | |
| 29 | 25 | | | | | | | | | | | $n \leqslant 255$ |
| 30 | 统 计 结 果 | 计 算 值 | | 设计强度 | | 25 | MPa | | $R_{max}$ | 33.8 | $R_{min}$ | 24.8 |
| 31 | 总 组 数 $n$ | 46 | | | 取 值 | | | | 计 算 公 式 | | | |
| 32 | 强度平均值 $R_n$ | 28.302174 | | | | 28.30 | MPa | | $R_n=\sum R_i/n$ | | | |
| 33 | 强度标准差 $S_n$ | 2.55277532 | | | | 2.55 | MPa | | $S_n=\sqrt{(\sum(R_i-R_n)^2/(n-1))}$ | | | |
| 34 | 离差系数 $C_v$ | 0.09010601 | | | 0.09 | | | | $C_v=S_n/R_n$ | | | |
| 35 | 概率度系数 $t$ | -1.294118 | | | -1.294 | | | | $t=(R_{标}-R_n)/S_n$ | | | |
| 36 | 强度保证率 $P$ | 90.216729 | | | | 90.2 | % | | $P=(1-NORMSDIST(t))*100$ | | | |
| 37 | | | | 统计日期： | | | | 年 | | 月 | | 日 |

**表2 水工混凝土试块抗压强度数理统计表**

| | A | B | C | D | E | F | G | H | I | J | K | L |
|---|---|---|---|---|---|---|---|---|---|---|---|---|
| 1 | | | | | | | | 工程 | | | 分部 | |
| 2 | 水工混凝土试块抗压强度数理统计表 | | | | | | | | | | | |
| 3 | 试块组数 $n$ | 1 | 2 | 3 | 4 | 5 | 6 | 7 | 8 | 9 | 10 | 备 注 |
| 4 | $10n$ | 25.1 | 33.7 | 34.6 | 36.5 | 25.1 | 24.6 | 29.5 | 29.9 | 24.5 | 25.4 | $R_{标}\geqslant 20$ |
| 5 | 1 | 25.1 | 25.0 | 33.1 | 24.6 | 24.8 | 38.5 | 25.8 | 35.4 | 25.8 | 24.8 | MPa |
| 6 | 2 | 35.8 | 25.3 | 25.1 | 25.1 | 25.8 | 36.5 | 24.2 | 25.1 | 35.2 | | |
| 7 | 同一标号（或强度等级）混凝土试块28天龄期抗压强度的组数$30>n\geqslant 5$时 | | | | | | | | | | | |
| 8 | 统计结果 | 计算值 | | 设计强度 $R_{标}$ | | 25 | MPa | 混凝土试块强度应同时满足下列要求： | | | | |
| 9 | 总组数 $n$ | 29 | | | 取 值 | | | $R_n-0.7S_n>R_{标}$ | | | | |
| 10 | 强度平均值$R_n$ | 28.617241 | | | 28.62 | | MPa | $R_n-1.60S_n\geqslant 0.83R_{标}$ | | | | |
| 11 | 强度标准差 $S_n$ | 4.9185559 | | | 4.92 | | MPa | 式中$S_n$ | $S_n=\sqrt{(\sum_{i=1}^{n}(R_i-R_n)^2/(n-1))}$ | | | |
| 12 | $R_n-0.7S_n$ | 25.176 | | | $R_{max}$ | 38.5 | MPa | 标准差 | | | | |
| 13 | $R_n-1.60S_n$ | 20.748 | | | $R_{min}$ | 24.2 | MPa | 当统计得到的$S_n<2.0$MPa时，应取 | | | | |
| 14 | 统 计 结 果 判 定 | | | | 不 合 格 | | | $S_n=2.0$MPa | | | | |
| 15 | 试块组数 $n$ | 1 | 2 | 3 | 4 | 5 | 6 | 7 | 8 | 9 | 10 | 备 注 |
| 16 | $10n$ | 15.3 | 17.6 | 15.8 | 16.5 | 18.2 | 16.6 | 19.8 | 18.5 | 14.8 | 18.9 | $R_{标}<20$ |
| 17 | 1 | 16.5 | 15.0 | 18.3 | 19.3 | 16.9 | 18.6 | 19.7 | 16.8 | 15.8 | 17.5 | MPa |
| 18 | 2 | 15.6 | 18.7 | 17.6 | 15.9 | 16.3 | | | | | | |
| 19 | 同一标号（或强度等级）混凝土试块28天龄期抗压强度的组数$30>n\geqslant 5$时 | | | | | | | | | | | |
| 20 | 统计结果 | 计算值 | | 设计强度 $R_{标}$ | | 15 | MPa | 混凝土试块强度应同时满足下列要求： | | | | |
| 21 | 总组数 $n$ | 25 | | | 取 值 | | | $R_n-0.7S_n>R_{标}$ | | | | |
| 22 | 强度平均值$R_n$ | 17.220000 | | | 17.22 | | MPa | $R_n-1.60S_n\geqslant 0.80R_{标}$ | | | | |
| 23 | 强度标准差 $S_n$ | 1.4944341 | | | 1.5 | | MPa | 式中$S_n$ | $S_n=\sqrt{(\sum_{i=1}^{n}(R_i-R_n)^2/(n-1))}$ | | | |
| 24 | $R_n-0.7S_n$ | 16.17 | | | $R_{max}$ | 19.8 | MPa | 标准差 | | | | |
| 25 | $R_n-1.60S_n$ | 14.82 | | | $R_{min}$ | 14.8 | MPa | 当统计得到的$S_n<1.5$MPa时，应取 | | | | |
| 26 | 统 计 结 果 判 定 | | | | 合 格 | | | $S_n=1.5$MPa | | | | |
| 27 | | | | 统计日期: | | | | 年 | | 月 | | 日 |

上述表中，只要改动任一原始数据，计算值和取值或结果判定都将随之更新。

## 3 计算公式与相应程序

### 3.1 SL 176—2007 附录 C 中 C.0.1($n\geqslant 30$)时(对应表 1)

#### 3.1.1 总组数($n$)、最大值($R_{max}$)、最小值($R_{min}$)程序

[n] =COUNT([B4]:[K29]) （所示单元格为模拟表中单元格，下同）

$R_{max}$ =MAX( B4 : K29 )  $R_{min}$ =MIN( B4 : K29 )

3.1.2 强度平均值 $R_n$

计算式：$R_n=\sum R_i/n$  取值：保留小数位数

程 序：$R_n$ =AVERAGE( B4 : K29 )  =ROUND( $R_n$ 计算值 ,2)

3.1.3 强度标准差 $S_n$  (2 为四舍五入至 2 位小数，下同)

计算式：$S_n=\sqrt{(\sum(R_i-R_n)^2/(n-1))}$

程 序：$S_n$ =STDEV( B4 : K29 )  =ROUND( $S_n$ 计算值 ,2)

3.1.4 离差系数 $C_v$

计算式：$C_v=S_n/R_n$  程序：$C_v$ = $S_n$ / $R_n$

3.1.5 计算中间值概率度系数 $t$  (概率度系数计算也可设在表外)

计算式：$t=(R_{标}-R_n)/S_n$  程序：$t$ =( $R_{标}$ - $R_n$ )/ $S_n$

3.1.6 强度保证率 $P$

程序：$P$ =(1-NORMSDIST( $t$ ))＊100  =ROUND( $P$ 计算值 ,1)

3.2 C.0.2(30>$n$≥5)时(对应表 2)

(1)总组数($n$)、最大值($R_{max}$)、最小值($R_{min}$)($R_{max}$、$R_{min}$ 为参考值，不做依据)程序和强度平均值 $R_n$ 计算式及程序同 3.1；强度标准差 $S_n$ 计算式及程序(计算值)同 3.1，取值按 SL 176—2007 附录 C 规定的"当统计得到的 $S_n$<2.0(或 1.5) MPa 时，应取 $S_n$=2.0 MPa($R_{标}$≥20 MPa)；$S_n$=1.5 MPa($R_{标}$<20 MPa)"方法处理。

(2)$S_n$ 取值程序：$S_n$ =IF( B11 <2.0,2.0,ROUND( B11 ,2))

或 $S_n$ =IF( B23 <1.5,1.5,ROUND( B23 ,2))，(式中 B11 或 B23 为 $S_n$ 计算值)。

(3)$R_n-0.7S_n$、$R_n-1.60S_n$ 中的 $S_n$ 按取值计，按计算式编程。

(4)判定程序：E14 =IF(AND( B12 > F8 , B13 >=0.83＊ F8 ),"合格","不合格")

或 E26 =IF(AND( B24 > F20 , B25 >=0.80＊ F20 ),"合格","不合格")

( F8 或 F20 均为相应的强度设计值 $R_{标}$)

## 4 表格程序保护

应用预先编制的 Excel 程序表进行水工混凝土抗压强度数理统计，操作起来非常简便，但一旦误操作打乱了程序将不能继续统计。因此，设计表格时将非输入部分单元格全部锁定(不影响正常计算)，可输入单元格不锁定，这样，不管怎么摆弄，程序都能正常运行，施工一线的同仁均可轻松操作❶。

---

❶ 水利行业同仁如需现成带保护功能的 Excel 统计表，作者乐意免费馈送。

# 坐标换算与 Excel 的应用

在工程建设实施测量放样工作中，往往遇到某一方采用建筑坐标，而总体控制需要大地测量坐标或采用不同坐标系的情况，这就需要在实地放样前先进行坐标换算，以便放样的点位与总体控制相符。

## 1　坐标换算的基本公式

坐标换算是近代测量中常规的工作，有关的文献资料和经验介绍不难查找，测量教科书上也有简单叙述，但作者发现不够严谨的地方很多，有的示意图标注或表述有误，有的计算公式漏掉符号或 X 与×号混淆，有的未进行上下标等等。例如：某《建筑工程测量》教科书上的示意图（见图 1）中，α 表述不妥；某经验介绍示意图（见图 2）中把 $X_0$、$Y_0$、$X_p$、$Y_p$ 标错了坐标轴；某文献资料中把“$X_p=X_0+X_p'\cos\alpha-Y_p'\sin\alpha$”和“$Y_p=Y_0+X_p'\sin\alpha+Y_p'\cos\alpha$”写成了“$X_p=X_0+X_pX\cos\alpha-Y_pX\sin\alpha$”、“$Y_p=Y_0+X_pX\sin\alpha+Y_pX\cos\alpha$”（见图 3）等等，误导了初学者或者给测量计算工作带来了不必要的麻烦。因此，在应用 Excel 前有必要先对坐标换算的基本公式做一验证。

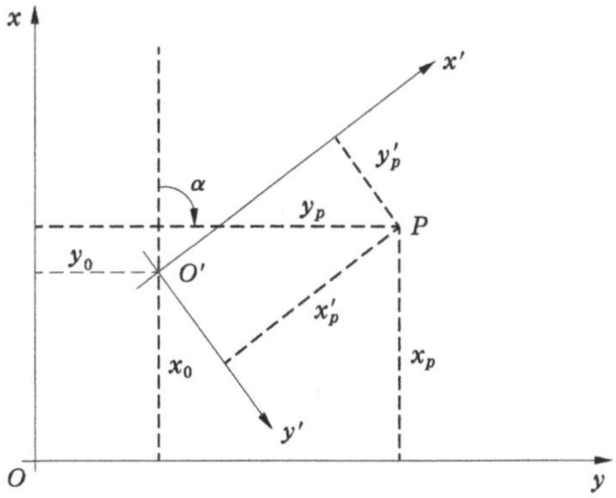


图 1　某《建筑工程测量》插图

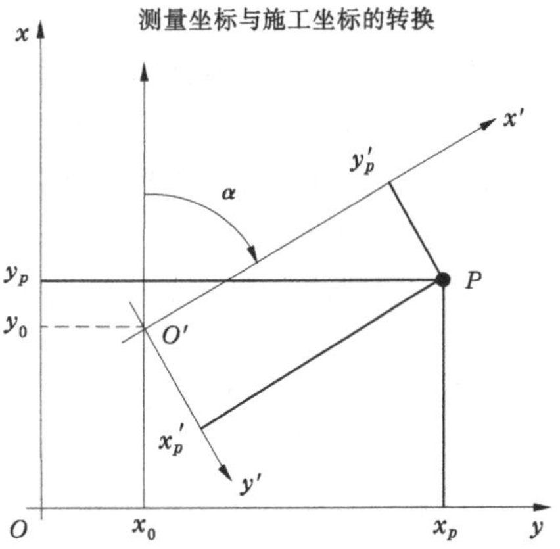


图 2　某坐标转换经验介绍图

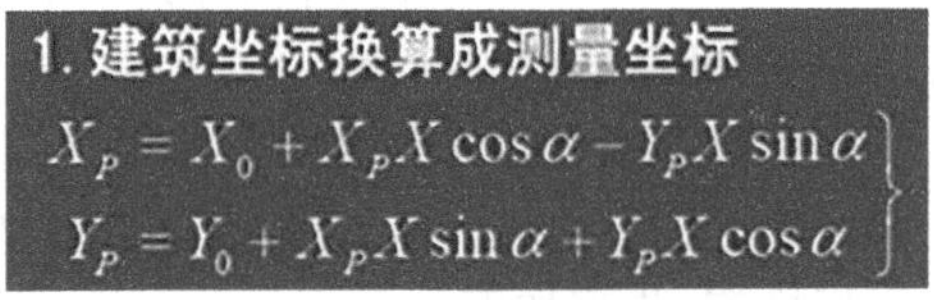


图 3　某文献资料中的坐标换算公式

为便于识别和统一称谓，本文将大地坐标、测量坐标等绝对坐标统称为测量坐标，将建筑坐标、施工坐标、临时坐标等相对坐标统称为建筑坐标。如遇不同坐标系并存，将起全局控制作用的高等级坐标系认定为测量坐标，将施工图采用的或相对低一等级的坐标系认定为建筑坐标。测量坐标统一用大写的“$X$、$Y$”表示，建筑坐标用小写的“$x$、$y$”表示并在右上角加“ ′ ”，坐标原点用“$O$”做下标，换算点用小写“$p$”做下标，见图 4、5。

由图 4 可知：通过简单的三角计算，即可得出将建筑坐标换算成测量坐标的基本公式：$X_p = X_0 + x'_p\cos\alpha - y'_p\sin\alpha$、$Y_p = Y_0 + x'_p\sin\alpha + y'_p\cos\alpha$；同理，按图 5 通过简单的三角计算可得将测量坐标换算成建筑坐标的基本公式：$x'_p = (X_p - X_0)\cos\alpha + (Y_p - Y_0)\sin\alpha$、$y'_p = (Y_p - Y_0)\cos\alpha - (X_p - X_0)\sin\alpha$。

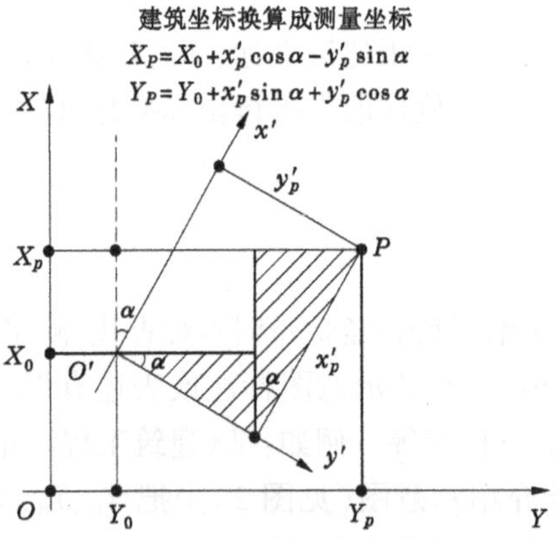

图 4　建筑坐标换算成测量坐标示意图

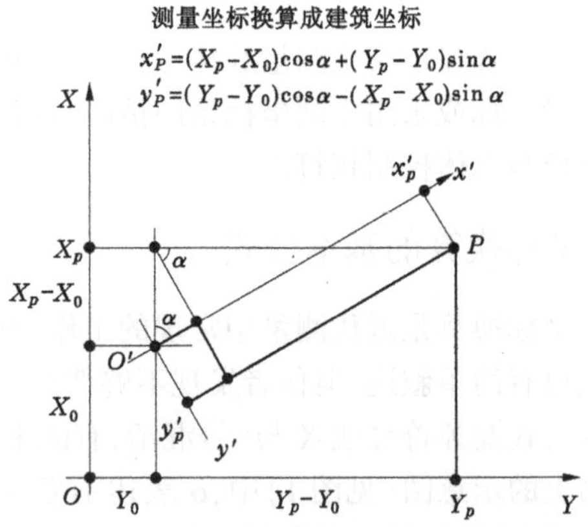

图 5　测量坐标换算成建筑坐标示意图

## 2　坐标换算的三种情形

由于已知条件的不同，坐标换算分为已知建筑坐标原点及两坐标系之间夹角、已知一点坐标值及两坐标系之间夹角和已知两基准点坐标值三种情形。

### 2.1　已知建筑坐标原点及两坐标系之间夹角

这种已知条件是最简单的情形，可直接应用基本公式进行坐标换算。

### 2.2　已知一点坐标值及两坐标系之间夹角

当建筑坐标原点未知而已知一点坐标值 $X_1$、$Y_1$ 与 $x'_1$、$y'_1$ 及两坐标系之间夹角时，可通过简单运算（过程略），得该情形的坐标换算公式如下。

（1）将建筑坐标换算成测量坐标的计算公式：

$$X_p = X_1 + (x'_p - x'_1)\cos\alpha - (y'_p - y'_1)\sin\alpha$$
$$Y_p = Y_1 + (y'_p - y'_1)\cos\alpha + (x'_p - x'_1)\sin\alpha$$

（2）将测量坐标换算成建筑坐标的计算公式：

$$x'_p = x'_1 + (Y_p - Y_1)\sin\alpha + (X_p - X_1)\cos\alpha$$
$$y'_p = y'_1 + (Y_p - Y_1)\cos\alpha - (X_p - X_1)\sin\alpha$$

### 2.3　已知两基准点坐标值

当建筑坐标原点未知且两坐标系之间夹角亦未知的情况下，可根据两基准点坐标值 $X_A$、$Y_A$、$X_B$、$Y_B$ 与 $x'_A$、$y'_A$、$x'_B$、$y'_B$ 先推算出两坐标系之间的夹角，然后按第二种情形的方法进行坐标换算，步骤如下：

（1）先求出两点间的坐标增量。

$$\Delta X = X_B - X_A、\Delta Y = Y_B - Y_A$$
$$\Delta x' = x'_B - x'_A、\Delta y' = y'_B - y'_A$$

（2）用反三角函数计算各自的方位角。

$$\alpha_1 = \operatorname{arctg}\left(\frac{\Delta Y}{\Delta X}\right)$$

$$\alpha_2 = \operatorname{arctg}\left(\frac{\Delta y'}{\Delta x'}\right)$$

(3)计算两坐标系之间的夹角 $\alpha$，即 $\alpha=\alpha_1-\alpha_2$。

(4)计算两基准点间的距离并进行校核。

$$L = \sqrt{\Delta X^2 + \Delta Y^2} = \sqrt{\Delta x'^2 + \Delta y'^2}$$

(5)如校核无误，即可按第二种情形的方法进行坐标换算，换算公式为：

建筑坐标换算成测量坐标的公式为

$$X_p = X_A + (x'_p - x'_A)\cos\alpha - (y'_p - y'_A)\sin\alpha$$
$$Y_p = Y_A + (x'_p - x'_A)\sin\alpha + (y'_p - y'_A)\cos\alpha$$

将测量坐标换算成建筑坐标的公式为

$$x'_p = x'_A + (Y_p - Y_A)\sin\alpha + (X_p - X_A)\cos\alpha$$
$$y'_p = y'_A + (Y_p - Y_A)\cos\alpha - (X_p - X_A)\sin\alpha$$

## 3　应用Excel进行坐标换算的程序编制方法

坐标换算虽可运用上述公式进行，但当坐标点较多时，则计算烦琐且费时。如采用CAD在电脑上操作，则点多时亦不方便，还需增加数据转换步骤且资料不易整编。因此，需配置专业计算软件，以一劳永逸。

作者曾查阅多个换算软件，其特点各有千秋，应用也比较方便，但其共同缺陷是坐标换算未与资料整编合为一体，且表达不够通俗。举例如下：

如图6所示的换算程序，其优点是大而全，既有二维坐标转换，还有三维坐标转换；既可正算，又可反算，输入、输出方便、简捷。但美中不足的是，当有多个点需同时换算后，资料未能按存档要求格式同步给出，且提供界面不够通俗，非专业人士较难操作。

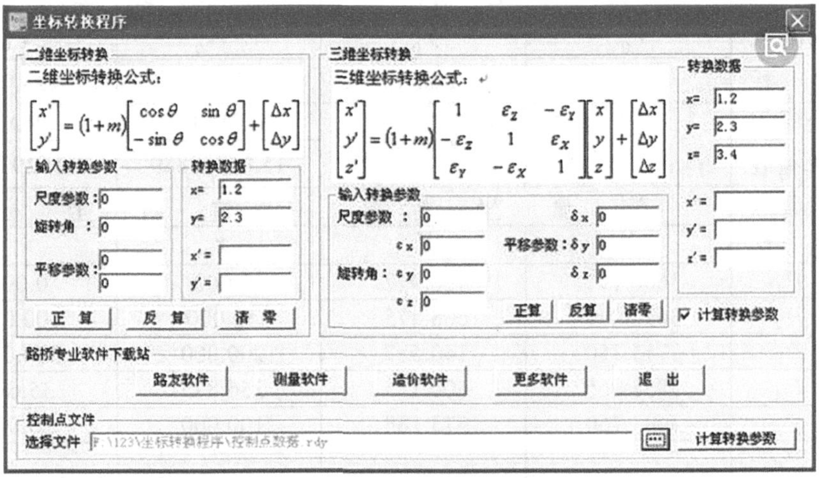


图6　某坐标换算程序界面

鉴于此，作者应用Excel将前述三种已知条件下的二维坐标换算分别编制转换程序，编制过程如下：

## 3.1 已知建筑坐标原点及两坐标系之间夹角换算程序编制方法

### 3.1.1 建立 Excel 工作表

按工程资料归档要求建立 Excel 工作表[见表 1(实际应用时分为两表)],输入相应的已知数据。为便于编程,加设将角度转换成弧度单元格。

**表 1 已知建筑坐标原点及两坐标系之间夹角座标换算例表**

| | A | B | C | D | E | F | G |
|---|---|---|---|---|---|---|---|
| 1 | 坐标换算表 | | | | | | |
| 2 | 已知建筑坐标原点的测量坐标与两坐标间夹角将建筑坐标换算成测量坐标 | | | | | | |
| 3 | 已知 | 测量坐标 | | | | 建筑坐标原点 | |
| 4 | 基准点 | $X_0$ | | | $Y_0$ | $x'_0$ | $y'_0$ |
| 5 | 坐标 | 3600.191 | | | 498.917 | 0.000 | 0.000 |
| 6 | 坐标间 | ° | ′ | ″ | 计算角度值 | DEG | RAD |
| 7 | 夹角 α | 15 | 3 | 50 | | 15.06388889 | **0.262914459** |
| 8 | 换算点 | 建筑坐标 | | | | 测量坐标 | |
| 9 | 名称 | $x$ | | | $y$ | $X$ | $Y$ |
| 10 | $P_1$ | 0.000 | | | 0.000 | 3600.191 | 498.917 |
| 11 | $P_2$ | 50.000 | | | 100.000 | 3622.483 | 608.475 |
| 12 | $P_3$ | 200.000 | | | 300.000 | 3715.350 | 840.587 |
| 13 | $P_4$ | 256.875 | | | 35.683 | 3838.965 | 600.135 |
| 14 | $P_5$ | 100.000 | | | 50.000 | 3683.760 | 573.188 |
| 15 | $P_6$ | | | | | | |
| 16 | | | | | | | |
| 17 | 已知建筑坐标原点的测量坐标与两坐标间夹角将测量坐标换算成建筑坐标 | | | | | | |
| 18 | 已知 | 建筑坐标 | | | | 测量坐标 | |
| 19 | 基准点 | $x'_0$ | | | $y'_0$ | $X_0$ | $Y_0$ |
| 20 | 坐标 | 0.000 | | | 0.000 | 3600.191 | 498.917 |
| 21 | 坐标间 | ° | ′ | ″ | 计算角度值 | DEG | RAD |
| 22 | 夹角 α | 15 | 3 | 50 | | 15.06388889 | **0.262914459** |
| 23 | 换算点 | 测量坐标 | | | | 建筑坐标 | |
| 24 | 名称 | $X$ | | | $Y$ | $x$ | $y$ |
| 25 | $P_1$ | 3600.191 | | | 498.917 | 0.000 | 0.000 |
| 26 | $P_2$ | 3622.483 | | | 608.475 | 50.000 | 100.000 |
| 27 | $P_3$ | 3715.350 | | | 840.587 | 200.000 | 300.000 |
| 28 | $P_4$ | 3838.965 | | | 600.135 | 256.875 | 35.683 |
| 29 | $P_5$ | 3683.760 | | | 573.188 | 100.000 | 50.000 |
| 30 | $P_6$ | | | | | | |
| 31 | | | | | | | |
| 32 | 计算:________ | | | | 复核:________ | | 20 年 月 日 |

在表1中,红字部分为模拟已知数据及拟换算的坐标,黑色数字为计算结果。表中DEG为将分、秒转换成小数的角度值,RAD为弧度值(下同)。

3.1.2 将已知角度转换成弧度(以上表为例,下表转换方法同上表)

(1)将角度° ′ ″转换成DEG。

计算式:DEG = ° + ′/60 + ″/3600

换算表(见表1)中程序: F7 = B7 + C7 /60+ D7 /3600

(2)将DEG转换成弧度RAD。

∵ 1弧度=180°/π ∴ 1° =π/180(RAD)

程序: G7 =RADIANS( F7 )　　也可编为: G7 = F7 * PI()/180

### 3.1.3 坐标换算编程

(1)将建筑坐标换算成测量坐标,以表1(上表)中 $P_1$ 点为例(第10行)。

计算式: $X_p = X_0 + x'_p\cos\alpha - y'_p\sin\alpha$、$Y_p = Y_0 + x'_p\sin\alpha + y'_p\cos\alpha$;

程序: F10 = $B$5 +( B10 ) * cos( $G$7 )-( E10 ) * sin( $G$7 )

G10 = $E$5 +( E10 ) * cos( $G$7 )+( B10 ) * sin( $G$7 )

表中 B10 、 E10 是模拟已知点 $P_1$ 建筑坐标单元格, F10 、 G10 是拟转换 $P_1$ 点的测量坐标单元格,以下各行在 $P_1$ 行程序编制后只要拖曳即可。

(2)将测量坐标换算成建筑坐标,以表1(下表)中 $P_1$ 点为例(第25行)。

首先将角度转换为弧度,编程方法同上,在此不再赘述。

计算式:

$x'_p = (X_p - X_0)\cos\alpha + (Y_p - Y_0)\sin\alpha$、$y'_p = (Y_p - Y_0)\cos\alpha - (X_p - X_0)\sin\alpha$

程序: F25 =( E25 - $G$20 ) * sin( $G$22 )+( B25 - $F$20 ) * cos( $G$22 )

G25 =( E25 - $G$20 ) * cos( $G$22 )-( B25 - $F$20 ) * sin( $G$22 )

表中 B25 、 E25 是模拟已知点 $P_1$ 测量坐标单元格, F25 、 G25 是拟转换 $P_1$ 点的建筑坐标单元格,以下各行在 $P_1$ 行程序编制后只要拖曳即可。

上述例表为正算、反算两表连在一起,实际应用时应分别列表(下同)。

## 3.2 已知一点坐标值及两坐标系之间夹角换算程序编制方法

3.2.1 建立Excel工作表

同上述方法建立Excel工作表[见例表表2(实际应用时分为两表)],输入相应的已知数据。表2中 $X_1$、$Y_1$ 与 $x'_1$、$y'_1$ 即为已知点各自坐标值。

表2设置格式同表1,编程时首先将已知角度转换为弧度,方法同上,在此不再赘述。

**表 2　已知一点坐标值及两坐标系之间夹角坐标换算例表**

| | A | B | C | D | E | F | G |
|---|---|---|---|---|---|---|---|
| 1 | 坐标换算表 | | | | | | |
| 2 | 已知一点坐标与夹角将建筑坐标换算成测量坐标 | | | | | | |
| 3 | 已　知 | 测　量　坐　标 | | | | 建　筑　坐　标 | |
| 4 | 基准点 | $X_1$ | | | $Y_1$ | $x_1'$ | $y_1'$ |
| 5 | 坐　标 | 3683.760 | | | 573.188 | 100.000 | 50.000 |
| 6 | 坐标间 | ° | ′ | ″ | 计算角度值 | DEG | RAD |
| 7 | 夹角 $\alpha$ | 15 | 3 | 50 | | 15.06388889 | **0.262914459** |
| 8 | 换算点 | 建　筑　坐　标 | | | | 测　量　坐　标 | |
| 9 | 名　称 | $x$ | | | $y$ | $X$ | $Y$ |
| 10 | $P_1$ | 0.000 | | | 0.000 | 3600.191 | 498.917 |
| 11 | $P_2$ | 50.000 | | | 100.000 | 3622.483 | 608.475 |
| 12 | $P_3$ | 200.000 | | | 300.000 | 3715.350 | 840.587 |
| 13 | $P_4$ | 256.875 | | | 35.683 | 3838.965 | 600.134 |
| 14 | $P_5$ | 100.000 | | | 50.000 | 3683.760 | 573.188 |
| 15 | $P_6$ | | | | | | |
| 16 | | | | | | | |
| 17 | 已知一点坐标与夹角将测量坐标换算成建筑坐标 | | | | | | |
| 18 | 已　知 | 建　筑　坐　标 | | | | 测　量　坐　标 | |
| 19 | 基准点 | $x_1'$ | | | $y_1'$ | $X_1$ | $Y_1$ |
| 20 | 坐　标 | 100.000 | | | 50.000 | 3683.760 | 573.188 |
| 21 | 坐标间 | ° | ′ | ″ | 计算角度值 | DEG | RAD |
| 22 | 夹角 $\alpha$ | 15 | 3 | 50 | | 15.06388889 | **0.262914459** |
| 23 | 换算点 | 测　量　坐　标 | | | | 建　筑　坐　标 | |
| 24 | 名　称 | $X$ | | | $Y$ | $x$ | $y$ |
| 25 | $P_1$ | 3600.191 | | | 498.917 | 0.000 | 0.000 |
| 26 | $P_2$ | 3622.483 | | | 608.475 | 50.000 | 100.000 |
| 27 | $P_3$ | 3715.350 | | | 840.587 | 200.000 | 300.000 |
| 28 | $P_4$ | 3838.965 | | | 600.134 | 256.875 | 35.683 |
| 29 | $P_5$ | 3683.760 | | | 573.188 | 100.000 | 50.000 |
| 30 | $P_6$ | | | | | | |
| 31 | | | | | | | |
| 32 | 计算:________ | | | | 复核:________ | | 20　年　月　日 |

### 3.2.2 坐标换算编程

(1)将建筑坐标换算成测量坐标,以表 2(上表)中 $P_1$ 点为例(第 10 行)。

计算式:

$$X_p = X_1 + (x'_p - x'_1)\cos\alpha - (y'_p - y'_1)\sin\alpha、Y_p = Y_1 + (y'_p - y'_1)\cos\alpha + (x'_p - x'_1)\sin\alpha$$

程序:

```
F10 = $B$5+(B10-$F$5)*cos($G$7)-(E10-$G$5)*sin($G$7)
G10 = $E$5+(E10-$G$5)*cos($G$7)+(B10-$F$5)*sin($G$7)
```

(2)将测量坐标换算成建筑坐标,以表 2(下表)中 $P_1$ 点为例(第 25 行)。

计算式:

$$x'_p = x'_1 + (Y_p - Y_1)\sin\alpha + (X_p - X_1)\cos\alpha、y'_p = y'_1 + (Y_p - Y_1)\cos\alpha - (X_p - X_1)\sin\alpha$$

程序:

```
F25 = $B$20+(E25-$G$20)*sin($G$22)+(B25-$F$20)*cos($G$22)
G25 = $E$20+(E25-$G$20)*cos($G$22)-(B25-$F$20)*sin($G$22)
```

以下各行在 $P_1$ 行程序编制后只要拖曳即可。

## 3.3 已知两基准点坐标换算程序编制方法

### 3.3.1 建立 Excel 工作表

根据已知两点测量坐标与建筑坐标而未知两坐标系之间夹角的特殊情形,Excel 工作表表头加设已知 $A$、$B$ 两点坐标单元格与求两坐标系夹角中间计算单元格,并设置基线长度校核单元格。

为直观起见,表中角度显示为 ° ′ ″,而将中间计算值、角度(DEG)及校核计算设在表外,本示例中设置如下:

上表:$\Delta X$ = `G5`、$\Delta Y$ = `H5`;$\Delta x'$ = `G7`、$\Delta y'$ = `H7`;$L$ = `G8` = `I8`

$\alpha_1$(测量坐标)= `I5`、$\alpha_2$(建筑坐标)= `J5`;$\alpha$(两坐标系之间夹角)= `I6`

下表:$\Delta x'$ = `G21`、$\Delta y'$ = `H21`;$\Delta X$ = `G23`、$\Delta Y$ = `H23`; $L$ = `G24` = `I24`

$\alpha_1$(测量坐标)= `J21`、$\alpha_2$(建筑坐标)= `I21`;$\alpha$(两坐标系之间夹角)= `I22`

表 3 中红字部分为模拟已知数据及拟换算的坐标,黑色数字为计算结果。表头中角度由已知两点坐标推算而得,本例介绍用角度(DEG)直接编程。

### 3.3.2 表外计算两坐标系之间夹角 $\alpha$ 及校核基线长度 $L$

#### 3.3.2.1 求坐标增量(计算式略)

上表:`G5 = B6 - B5`、`H5 = C6 - C5`;`G7 = D6 - D5`、`H7 = E6 - E5`

下表:`G21 = B22 - B21`、`H21 = C22 - C21`;`G23 = D22 - D21`、`H23 = E22 - E21`

**表 3　已知两基准点坐标值不同坐标系间坐标换算例表**

| | A | B | C | D | E |
|---|---|---|---|---|---|
| 1 | 坐标换算表 | | | | |
| 2 | 已知两基准点坐标将建筑坐标换算成测量坐标 | | | | |
| 3 | 基准点 | 测量坐标 | | 建筑坐标 | |
| 4 | 名称 | $X$ | $Y$ | $x'$ | $y'$ |
| 5 | **A** | 3683.760 | 573.188 | 100.000 | 50.000 |
| 6 | **B** | 3837.903 | 770.013 | 300.000 | 200.000 |
| 7 | 两点间 | 测量坐标 | 建筑坐标 | 坐标间夹角 $\alpha$ | **15　3　50** |
| 8 | 方位角 | **51　56　2** | **36　52　12** | 基线长度 $L$ | **250.000** |
| 9 | 换算点 | 建筑坐标 | | 测量坐标 | |
| 10 | 名称 | $x$ | $y$ | $X$ | $Y$ |
| 11 | $P_1$ | 0.000 | 0.000 | 3600.191 | 498.917 |
| 12 | $P_2$ | 50.000 | 100.000 | 3622.483 | 608.475 |
| 13 | $P_3$ | 200.000 | 300.000 | 3715.350 | 840.587 |
| 14 | $P_4$ | 256.875 | 35.683 | 3838.965 | 600.134 |
| 15 | $P_5$ | 100.000 | 50.000 | 3683.760 | 573.188 |
| 16 | $P_6$ | | | | |
| 17 | | | | | |
| 18 | 已知两基准点坐标将测量坐标换算成建筑坐标 | | | | |
| 19 | 基准点 | 建筑坐标 | | 测量坐标 | |
| 20 | 名称 | $x'$ | $y'$ | $X$ | $Y$ |
| 21 | **A** | 100.000 | 50.000 | 3683.760 | 573.188 |
| 22 | **B** | 300.000 | 200.000 | 3837.903 | 770.013 |
| 23 | 两点间 | 测量坐标 | 建筑坐标 | 坐标间夹角 $\alpha$ | **15　3　50** |
| 24 | 方位角 | **51　56　2** | **36　52　12** | 基线长度 $L$ | **250.000** |
| 25 | 换算点 | 测量坐标 | | 建筑坐标 | |
| 26 | 名称 | $X$ | $Y$ | $x$ | $y$ |
| 27 | $P_1$ | 3600.191 | 498.916 | 0.000 | 0.000 |
| 28 | $P_2$ | 3622.483 | 608.475 | 50.000 | 100.000 |
| 29 | $P_3$ | 3715.349 | 840.587 | 200.000 | 300.000 |
| 30 | $P_4$ | 3838.965 | 600.134 | 256.875 | 35.683 |
| 31 | $P_5$ | 3683.760 | 573.188 | 100.000 | 50.000 |
| 32 | $P_6$ | | | | |
| 33 | | | | | |
| 34 | 计算:____________ | | 复核:____________ | | 20　年　月　日 |

3.3.2.2 求方位角

计算式： $\alpha_1 = \text{arctg}(\frac{\Delta Y}{\Delta X}) \quad \alpha_2 = \text{arctg}(\frac{\Delta y'}{\Delta x'})$

程序如下：

上表：I5 =DEGREES(ATAN2( G5 , H5 )) ; J5 =DEGREES(ATAN2( G7 , H7 ))

下表： J21 = DEGREES ( ATAN2 ( G23 , H23 ) ) ; I21 = DEGREES ( ATAN2 ( G21 , H21 ) )

3.3.2.3 求两坐标系之间夹角 $\alpha$

计算式： $\alpha = \alpha_1 - \alpha_2$

程序如下：

上表：I6 = I5 - J5 ; 下表：I22 = J21 - I21

3.3.2.4 计算并校核两已知点间距离 $L$ 然后链接到表头：上表 E8 ,下表 E24

应符合 $L = \sqrt{\Delta X^2 + \Delta Y^2} = \sqrt{\Delta x'^2 + \Delta y'^2}$ 方可链接。

上表：G8 =ROUND(SQRT( G5 ^2+ H5 ^2),3) ; I8 =ROUND(SQRT( G7 ^2+ H7 ^2),3)

下表：G24 =SQRT( G21 ^2+ H21 ^2) ; I24 =SQRT( G23 ^2+ H23 ^2)

上表计算结果 $L$ 为四舍五入至三位小数，下表为显示三位小数 $L$ 值(其实质相同)。在将建筑坐标换算为测量坐标编程时，如 G8 = I8 ，即可进行下一步编程，否则应检查上述过程；同理，在将测量坐标换算成建筑坐标编程时，应使 G24 = I24 ，否则应检查表头程序。校核无误后即可链接。

3.3.3 将表外角度值(DEG)链接到表头并转换成角度(° ′ ″)

3.3.3.1 上表

程序如下：

测量坐标 $\alpha_1$ B8 =INT( I5 )&" "&INT(( I5 -INT( I5 )) * 60)&" "&ROUND(( I5 -INT( I5 )-INT(( I5 -INT( I5 )) * 60)/60) * 3600,0)

建筑坐标 $\alpha_2$ C8 =INT( J5 )&" "&INT(( J5 -INT( J5 )) * 60)&" "&ROUND(( J5 -INT( J5 )-INT(( J5 -INT( J5 )) * 60)/60) * 3600,0)

两坐标系间夹角 $\alpha$ E7 =INT( I6 )&" "&INT(( I6 -INT( I6 )) * 60)&" "&ROUND(( I6 -INT( I6 )-INT(( I6 -INT( I6 )) * 60)/60) * 3600,0)

3.3.3.2 下表

程序如下：

$\alpha_1$ B24 =INT( J21 )&" "&INT(( J21 -INT( J21 )) * 60)&" "&ROUND(( J21 -INT( J21 )-INT(( J21 -INT( J21 )) * 60)/60) * 3600,0)

$\alpha_2$　　C24 =INT( I21 )&"　　"&INT(( I21 -INT( I21 )) * 60)&"　　"&ROUND(( I21 -INT( I21 )-INT(( I21 -INT( I21 )) * 60)/60) * 3600,0)

$\alpha$　　E23 =INT( I22 )&"　　"&INT(( I22 -INT( I22 )) * 60)&"　　"&ROUND(( I22 -INT( I22 )-INT(( I22 -INT( I22 )) * 60)/60) * 3600,0)

### 3.3.4 坐标换算编程

(1)将建筑坐标换算成测量坐标,以表3(上表)中 $P_1$ 点为例(第11行)。

计算式:

$$X_p = X_A + (x'_p - x'_A)\cos\alpha - (y'_p - y'_A)\sin\alpha、Y_p = Y_A + (x'_p - x'_A)\sin\alpha + (y'_p - y'_A)\cos\alpha$$

程序:

D11 = $B$5 + ( B11 - $D$5 ) * cos(RADIANS( $I$6 )) - ( C11 - $E$5 ) * sin(RADIANS( $I$6 ))

E11 = $C$5 + ( B11 - $D$5 ) * sin(RADIANS( $I$6 )) + ( C11 - $E$5 ) * cos(RADIANS( $I$6 ))

(2)将测量坐标换算成建筑坐标,以表3(下表)中 $P_1$ 点为例(第27行)

计算式:

$$x'_p = x'_A + (Y_p - Y_A)\sin\alpha + (X_p - X_A)\cos\alpha、y'_p = y'_A + (Y_p - Y_A)\cos\alpha - (X_p - X_A)\sin\alpha$$

程序:

D27 = $B$21 + ( C27 - $E$21 ) * sin(RADIANS( $I$22 )) + ( B27 - $D$21 ) * cos(RADIANS( $I$22 ))

E27 = $C$21 + ( C27 - $E$21 ) * cos(RADIANS( $I$22 )) - ( B27 - $D$21 ) * sin(RADIANS( $I$22 ))

以下各行在 $P_1$ 行程序编制后只要拖曳即可。

## 4 编后话

应用Excel编制坐标换算程序看起来比较烦琐,但也有规律可循,不难学会,而且编成后应用时十分方便、实用。在Excel换算表中只要输入已知数据,即能提供答案与资料表格,可直接打印,深受一线施工人员的青睐。

水利行业同仁如需Excel二维坐标换算程序,作者乐意免费馈送。

**作者注:**

本文源于2007年江南太阳城景观护岸工程,2007年5月初稿,2016年10月修改,2020年12月整理成稿。

# 沉井下沉过程中的纠偏处理

## 1　事件起因

2003 年 11 月 19 日下午,嘉兴市七星油库码头改造工程工地向公司领导报告,该油库码头改造工程施工中遇到作为码头基础的沉井沉不下去,要求公司速派工程技术人员前去指导处理。公司领导即打电话指派作者立即从海宁市河道整治工程平阳堰港工地赶去处理。到达现场一看,整个沉井已严重向河侧倾倒,倾斜角度达 25°左右。

## 2　事件经过

据询问,该码头基底由于是流砂土土质,因此为保护基底免受船行波冲刷淘空,采用 M10 浆砌石沉井作为码头基础,沉井为外形尺寸 5.5 m×3 m 的日字形井,外围四角为圆角,高 2.5 m(不包括 0.4 m 深 C25 混凝土刃脚)。该沉井采用小型泥浆泵水力冲挖下沉,第一座从早上 6 时 30 分开始冲挖下沉,至中午 11 时 30 分工人吃饭暂停施工时已下沉 1.6 m 左右。其间下沉顺利,看似一切正常。但至下午 1 时后工人前来准备继续冲挖时发现该沉井已严重倾斜,用泥浆泵再冲时越冲越倾斜严重,只好打电话向公司报告。

## 3　原因分析

据观测,该沉井上部位置土质内外相差不大,但下部靠岸侧土质较好,为香灰色粉土,但靠河侧却是青黑色淤泥,内外土质软硬程度相差甚大。造成沉井倾斜的原因之一是:土质不均,承载能力不一。原因之二是:中午暂停冲挖时沉井受重力作用,蠕动后外侧陷入淤泥中。原因之三是:下午发现倾斜后不采取纠偏措施,反而盲目继续冲挖,导致越冲越偏,造成严重倾斜。

## 4　处置措施

在了解分析了上述原因后,作者提出了以下纠偏措施,指导该施工作业班组工人实施:①在靠岸侧沿沉井壁外侧逐个打入钢管,然后拔去钢管,再向孔内灌入泥浆,以减小靠岸侧的摩阻力;②泥浆泵枪头暂时只冲靠岸侧,不冲靠河侧,让内侧刃脚悬空,使内侧下沉速度略快;③叫来十几个民工,站在沉井壁靠岸侧上面,以加重内侧。经过近 2 h 的纠偏后,沉井徐徐趋于平衡。然后多冲刷靠岸侧,少冲刷靠河侧,加强观测,直至下沉完毕。

## 5　后续处理

该沉井下沉完毕后,作者提出以下意见,要求该施工班组在后续沉井下沉时按此方法实施:①靠岸侧井底超挖一点,使沉井略微向靠岸侧倾斜,因为靠河侧土质较差,慢慢会趋于平衡。然后加强观测,注意沉井动态。②待下沉完毕沉井将趋于平衡时,立即进行沉井封底混凝土浇筑。③封底前在靠河侧刃脚下打入一些小桩，以增加基底承载力；④在靠岸侧的钢管孔中掺入水泥浆，即用小管子插入泥浆孔中，灌入水泥浆，然后边灌边插边拔。

按此方法实施后，其余二十多座沉井均顺利下沉，码头完建后状态稳定。

## 6 经验介绍

该事件以后，在年底施工技术交流时，作者着重强调：沉井施工，特别是沉井下沉，一要事前认真向施工作业人员做好技术交底工作，使之掌握沉井下沉的施工方法、工艺；二是要讲清在河岸临水地段沉井一旦开始下沉，必须一沉到底，中途不允许停顿；三是提示如果下沉过程中发生倾斜，必须首先采取纠偏措施，不得盲目继续下沉，造成不良后果。

**作者注：**

本文为沉井基础施工经验介绍，源于2003年11月嘉兴市七星油库码头改造工程沉井下沉纠偏案例。2004年2月整理成稿。

# 安全生产要点

水利工程施工管理,必须坚持“安全第一、预防为主、综合治理”的方针。“管生产必须管安全”,以“安全高于一切”的价值理念,把关心人、爱护人、尊重人作为安全管理的基本出发点,以严格务实的态度,严密规范的工作,控制“危险源”,消除事故隐患,避免事故发生,确保安全生产。

水利工程的特点是多为野外、邻水施工,交通不便,经常遇到复杂的地质条件,且露天作业受天气影响大,施工强度高、工种多、干扰大。其多发事故为高处坠落、起重伤害、触电、溺水、坍塌、物体打击等。其事故原因往往是麻痹大意、违章指挥、违章操作、违反劳动纪律所致。

针对水利工程施工的特点,作为施工现场管理人员,应该“以人为本”,开展安全教育。根据本工程的具体情况,对员工讲清作业场所和工作岗位存在的危险因素、防范措施及事故应急措施,讲清岗位安全操作规程,生产设备、安全装置、劳动防护用品的正确使用方法。如在土方开挖中,要注意开挖边坡,严禁挖“神仙土”,防止塌方伤人。在水闸、桥梁施工中,脚手架、支承架、模板支撑等必须符合规范要求。吊装工作要经过计算,事先制订吊装方案,并报监理审批。施工用电必须一机一闸一保护,电缆线及电器设备必须符合安全用电要求。疏浚等水上作业时,应穿好救生衣,防止溺水。进入施工现场,戴好安全帽;登高作业时还要系好安全带、配备安全网等。在水利工程施工过程中现场管理人员应做到“四勤”“三不”。口勤:安全生产经常讲;腿勤:多跑工地走现场;眼勤:善于观察查隐患;手勤:制订措施建台账。平时安全不忘,警钟长鸣;关键时刻不软,如发现安全隐患应旗帜鲜明地加以整改,决不放任;如发生安全事故应按“四不放过”原则处理,决不姑息;危急时刻不乱,遇到险情,沉着冷静、有条不紊、指导抢险。

总之,在水利工程安全管理中,应经常开展“三级教育”,贯彻“十项制度”,坚持安全生产“十不准”。项目部须建立并健全安全生产责任制,实施“六项检查”“五条内容”,配备“三宝”,保证安全资源的有效投入。做好“五口”“六临边”防护,杜绝“三违”,确保“三不伤害”。实行安全生产目标管理,全面开展“事故零目标”活动,通过大家的努力和发挥员工的智慧,实现生产过程中人与机械设备、物料、环境的和谐,达到安全生产的目标。

**作者注:**

本文为2006年度公司内部安全认知竞赛文(限1000字内),获公司安全生产一等奖。

# 目 录

水利工程《施工管理工作报告》编写要点与技巧探讨

1.概　述

水利工程《施工管理工作报告》（简称《施工报告》）是在水利工程单位工程验收时向验收工作组和与会人员汇报本工程施工全过程情况以及工程质量管理、安全文明施工、完成的主要工程量及造价、工程质量评定等要素的综合性施工技术文件。它要求客观反映工程全貌，既介绍完整，又言简意赅。既不可三言两语、敷衍了事，又要避免东拼西凑、冗长赘述。一篇好的《施工报告》能从侧面反映施工企业先进的管理水平和精湛的技术能力，对于提升企业知名度、展现企业风采具有积极的意义。

《施工报告》所涉及的内容是全面的、综合性的，因此一般要求由项目经理或项目技术负责人执笔编写。因为只有项目经理最了解工程实施过程,可通盘考虑问题; 只有项目技术负责人深知本工程的重点、难点和解决这些问题的技术要领。编写前应搜集所有施工资料，做到胸有成竹，然后制订框架、理出头绪，最后提笔编写。

水利工程《施工管理工作报告》编写要点与技巧探讨

2.《施工报告》格式

根据《水利水电建设工程验收规程》SL223-2008附录O.3要求编写《施工管理工作报告》

《施工报告》共分八个方面和附件:

施工管理工作报告目录

一、工程概况
二、工程投标
三、施工进度管理
四、主要施工方法
五、施工质量管理
六、文明施工与安全生产
七、合同管理
八、经验与建议
九、附件
1、施工管理机构设置及主要工作人员情况表
2、投标时计划投入的资源与施工实际投入资源情况表
3、工程施工管理大事记
4、技术标准目录

## 水利工程《施工管理工作报告》编写要点与技巧探讨

编写《施工管理工作报告》时应结合工程施工实际，讲你所做的。编写前应仔细回顾施工过程，通过查阅施工日记摘录过程要点、查阅质检资料统计质评数据并统计检测结果。过程要明确，依据要充分，数据要翔实。通过报告，恰如其分地展示工程面貌以及施工管理中的亮点，同时真实地反映施工过程中曾出现的问题及解决的结果。千万不要照搬照抄投标文件中的施工组织设计。

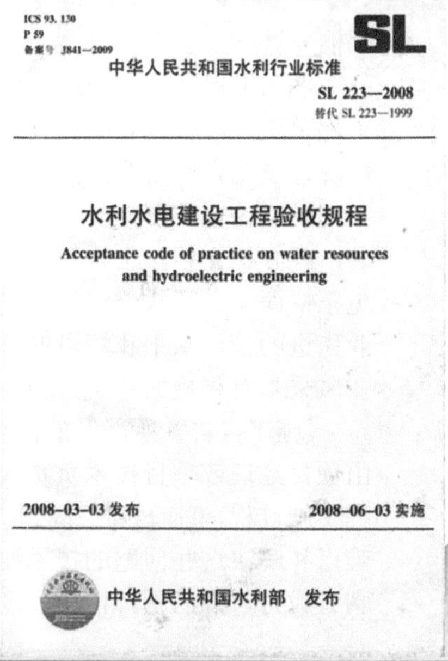
ICS 93.130
P 59
备案号 J841—2009
SL
中华人民共和国水利行业标准
SL 223—2008
替代 SL 223—1999
水利水电建设工程验收规程
Acceptance code of practice on water resources and hydroelectric engineering
2008-03-03 发布　2008-06-03 实施
中华人民共和国水利部　发布

水利工程《施工管理工作报告》编写要点与技巧探讨

### 3．工程概况编写要求

工程概况叙述应大致反映工程基本情况，让大家基本了解本工程所在的地点、工程等级、工程规模、工程特点、功能以及工程造价、质量目标、工期要求。必要时，简要介绍一下本工程的难点、重点。而不是长篇大论，面面俱到，把设计文件或投标文件上的全抄下来；也不是三言两语，草草了事。

水利工程《施工管理工作报告》编写要点与技巧探讨

## 4．工程投标（工程设计变更）

主要是涉及工程设计变更方面的表述。

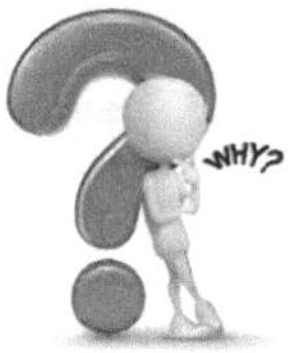

工程设计变更事由均应加以整理
切勿按“设计变更单”照搬照抄

水利工程《施工管理工作报告》编写要点与技巧探讨

当设计变更超过3项时，建议采用表格形式概述设计变更情况，例：

××工程主要设计变更汇总表

| 序号 | 变更名称 | 变更依据 | 变更原因 | 变更结果 | 变更金额 | 备注 |
|---|---|---|---|---|---|---|
| 1 | …… | …… | …… | …… | …… | 详见“××号×××变更单” |
| 2 | …… | …… | …… | …… | …… | 详见“××号×××变更单” |
| 3 | …… | …… | …… | …… | …… | 详见“××号×××变更单” |
| 4 | …… | …… | …… | …… | …… | 详见“××号×××变更单” |
| 5 | …… | …… | …… | …… | …… | 详见“××号×××变更单” |
| … | …… | …… | …… | …… | …… | …… |

说明：变更金额可以为+，也可以为-。当变更金额增减大时，还要说明原因。

水利工程《施工管理工作报告》编写要点与技巧探讨

## 完成的主要工程量

| 序号 | 项目名称 | 单位 | 合同工程量 | 实际工程量 | 备注 |
| --- | --- | --- | --- | --- | --- |
| 1 | …… | …… | …… | …… | ……… |
| 2 | …… | …… | …… | …… | …… |
| 3 | …… | …… | …… | …… | …… |
| 4 | …… | …… | …… | …… | …… |
| 5 | …… | …… | …… | …… | …… |
| … | …… | …… | …… | …… | …… |

※《施工报告》中的实际完成工程量应与业主、监理核对过；

※ 当实际工程量与合同工程量增减较大时，应在备注中加以说明。如涉及原因较复杂，可在备注中说明“详见×××联系单”或“详见×××文件”，不必在《施工报告》中长篇大论。

水利工程《施工管理工作报告》编写要点与技巧探讨

## 5．施工进度管理

大部分《施工报告》都是三言两语讲述了合同工期(总工期要求)、开工日期和完工日期，这在如期完成或提前完成工程任务的情况下当然是可以的。但在工程延期或延期较长时间时这样草草敷衍显然是不行的。重要的是需要说明工程延期的原因，即为什么延期？有的报告把原因全归咎于业主，曰：“政策处理不到位，我方无法进场”；有的把责任推给设计，曰：“由于设计未及时提供图纸，导致我方……”等等。总之，既没有客观反映事实，也没有从自身找原因。

工程延期的原因根本没有说清楚，既不符合客观事实，也不找自身原因，应对照施工进度网络计划好好检查

水利工程《施工管理工作报告》编写要点与技巧探讨

## 6．主要施工方法

这一章目前存在的问题最多，主要表现为：

（1）文不对题；

（2）程序颠倒，逻辑错误；

（3）东拼西凑，生搬硬套；

（4）抄袭数据，不切实际；

（5）通篇拷贝，用词不当；这一点涉及面最多，举例如下：

“主要项目施工程序和方法”中充斥着“应”　“并应有”　“应按”　“必须”　“须将”　“不准”　“还要”　“否则”　“不得”　“不宜”　“严禁”　“严防”　“可”　“是否”　“只有……才”　“方能”　“方可”　“为了……必须”　“避免”　“将”　“保证”　“确保”　“要”　“要求”　“如”　“一般”　“必要时”等等字眼。一个小工程，技术含量又不高，长篇大道却少则二三十页，多则四五十页，全是施工要求应该怎么做的内容，无实质性施工程序和方法，未能真实反映工程实际施工过程和施工情况。

（6）文句不通，别字甚多，单位符号错误，数据错误等。

水利工程《施工管理工作报告》编写要点与技巧探讨

## 6．主要施工方法

（1）实事求是地说你所做的；

（2）根据施工程序和实际施工方法简明扼要地叙述，着重介绍创新；

（3）表述要具有针对性、客观性；

（4）根据施工资料、检测报告和施工日记记载数据，如实反映；

（5）《施工报告》中叙述的施工方法是工程已经完成，介绍你当时是采用什么方法操作的，而不是投标时或工程开工前表态或要求怎么做的，因此应注意用词得当。这是个概念问题，直接反映出你的管理能力；

（6）认真编写，反复检查。

水利工程《施工管理工作报告》编写要点与技巧探讨

## 7. 施工质量管理与安全文明施工

### （1）“施工质量管理”章节存在的问题

①某些《施工报告》对施工质量管理方面叙述三言两语，未具体反映施工过程中有关“质量保证”的方法、手段、措施、责任制及取得的成效，只是口号式的泛泛而谈。例：

5 施工质量管理

5.1 质量保证体系

质量是工程的生命，我们以“百年大计，质量第一”作为一切质量活动的指针，并贯穿于工程实施的全过程，我们的质量目标是保证所承建的工程质量单元合格率达100%，努力争创优良工程，为达到这个目标，我们采取了一系列质量保证措施和根据有关规程，规范开展经常性质量检测工作。

质量保证措施：

（1）建立健全质量管理机构，项目部下设质检科，委派专职质检员，负责施工全过程质量跟踪、监督、检查和技术指导工作。

（2）专业施工人员合理配置，对施工工人，尤其是带班长进行岗前培训工作，强化质量意识，提高施工工艺水平。

（3）在施工中严格“三检”制，凡上道工序未经检验合格，决不进入下道工序施工，对于关键部位和重要工序重点加强检查和监督。

（4）对于施工中出现的工程缺陷，不遮掩、不隐瞒，实事求是，有错必纠。

5.2 质量事故及处理

在工程施工中，严格按照设计要求及规程规范进行施工，施工中未出现质量事故。

5.3 施工中曾出现的问题及处理情况

无。

就这么几句话

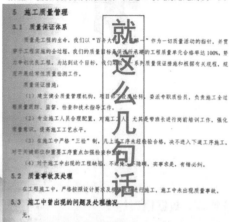

“百年大计，质量第一”不是空洞的口号，它是要实实在在付诸行动的。工程质量，施工是保证。在实际施工过程中，质量管理制度、质量责任制、“三检制”、质量保证措施等都要落到实处，一步一个脚印。而对于质量管理中的亮点或对于曾经发生的质量缺陷的处理过程、效果，在《施工报告》中都要如实反映，客观评价。一是一，二是二，让人信服。举例如下：

5、质量管理及评价分析

5.1 质量保证体系建立

项目部为保证工程质量，使工程质量始终处于受控状态，其根本方法是建立完善的质量保证体系，在项目施工过程中全面推行质量管理，不断完善施工组织措施和质量保证措施，加强工程质量检查、监督，工程质量检查严格实行“三检制”，在施工过程中消除一切可能出现的质量隐患。

14

水利工程《施工管理工作报告》编写要点与技巧探讨

施工质量管理章节示例

河道整治工程施工　标　　施工管理工作报告

本工程质量保证体系如下：

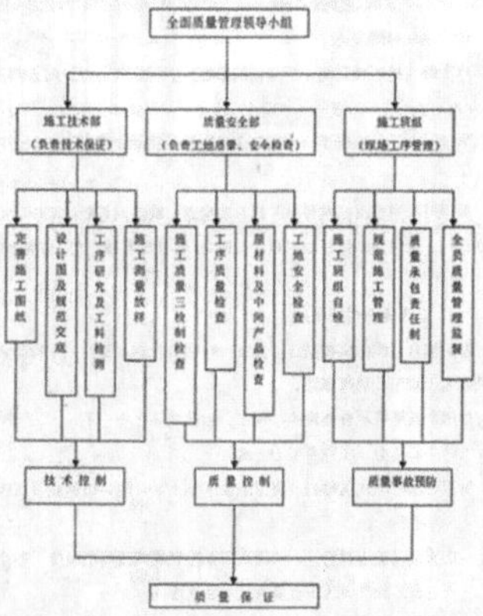


5.2 施工质量控制

建立全面质量管理体系，成立质量检查领导小组，建立质量责任制，实行目标管理；配备质检员、试验员；严格实行“三检制”，对各单元进行分级检查，符合设计要求后进入下道工序施工；认真复核各施工工序是否符合验收规范要求，并按照质量评定标准进行单元工程质量评定工作。按规范要求对进场原材料实行检查制度，并及时对中间产品进行检测，符合设计和验

15

河道整治工程施工　标　　施工管理工作报告

收规范要求才能进入下道工序施工；建立和完善工程技术档案，做好原始记录和资料整理。

质检组严格执行水利工程施工验收规范，按照水利工程质量评定标准进行评定；严把测量关，控制好施工断面尺寸、标高及平整度；本工程所有材料均有出厂合格证和材质报告书，并做好原材料和中间产品检测。

5.3 质量三检制体系

本工程实行项目经理负责制，负责整个工程优良质量目标的全面实施。

建立健全本工程质量保证体系及质量三检制体系。各工序、单元施工质量检查验收严格实行“三检制”，每道工序均由班组质检人员负责初检，项目部质检人员负责复检，公司专职质检人员负责终检。“三检制”人员名单见下表：

“三检制”人员名单表

| 序号 | 三检名称 | 姓　　名 | 担任职务 |
|---|---|---|---|
| 1 | 初检（一检） | | 班组长兼质检员 |
| | | | 班组长兼质检员 |
| | | | 班组长兼质检员 |
| 2 | 复检（二检） | | 项目部专职质检员 |
| 3 | 终检（三检） | | 公司专职质检员 |

5.4 施工过程中质量控制

项目部各成员，各工种均严格执行已通过的有关《质量保证手册》及《质量管理与质量保证体系程序文件》。这是我公司贯彻质量方针、达到质量目标、承担质量责任和向业主提供质量保证的基本文件。

在执行过程中公司及项目部均设专人进行针对性管理，按文件的程序内容逐项办理，并完整地整理好执行过程中的资料（存档）。

16

## 水利工程《施工管理工作报告》编写要点与技巧探讨

河道整治工程施工　标　　施工管理工作报告

质量管理工程实例

（1）201　年　月　日，　　在质量安全检查会议上提出，本项目在建生态砌块工程有少量砌块存在色差，影响外观质量。要求
不得将色差较大的砌块用于本工程，已砌上去的必须拆除重新砌筑。

我项目部积极响应，立即联系供货厂家对存在色差的砌块进行退场处理，并对已经砌筑的存在色差的段落，拆除并重新砌筑，确保了工程外观质量。

（2）201　年　月　日，专职质检员发现在　　部分新浇筑的防浪墙存在线形及平整度问题，我项目部立即召集相关人员确定原因，商量对策。

经分析，造成该处防浪墙线形及平整度问题的主要原因是采用旧模板进行施工，由此造成该处80m防浪墙存在外观缺陷。因此项目部立即指示对该80m防浪墙进行拆除并重新浇筑。

施工班组于201　年　月　日拆除该段80米防浪墙，更换新模板后于201　年　月　日对该段防浪墙进行重新浇筑，保证了本工程现浇挡墙的工程质量。

5.5 质量管理成果

（1）立功竞赛活动

为积极相应嘉兴市　　【201　】　号《关于继续在　　工程建设中开展立功竞赛活动的通知》中提出的目标，本标段开展立功竞赛活动，贯彻落实　　的"保质量、抓进度、保安全"的要求，最大限度地引导好、调动好、发挥好施工及管理人员的工作热情，提升职工素质和技术创新，助力201　年度目标任务的完成，争创浙江省及嘉兴市重点建设立功竞赛先进集体和安全文明标化工地。

17

**施工质量管理章节示例**

河道整治工程施工　标　　施工管理工作报告

项目部以"五比五赛"为主要内容，通过开展立功竞赛活动，充分调动广大参建员工的积极性，充分发挥全体员工"献身、负责、求实"的水利行业精神，促进工程质量、进度、安全、文明和创新管理，为实现"技术创新、工程创精、素质创优、环境创美"的目标提供有力支撑。

通过"比工程质量，赛单体工程一次性合格率"、"比工程进度，赛生产计划的完成率"、"比安全生产，赛事故零发生率"、"比文明施工，赛施工管理水平"、"比技术创新，赛节能增效"等五个环节的比拼，最终我项目部获得了201　年度立功竞赛活动三等奖。

（2）项目部QC小组活动成果

为确保本工程质量，本标段在工程开工后成立了以项目负责人为组长、以项目部主要技术人员和施工班组骨干为主体、老中青相结合的现场型QC小组，其目的是履行公司确立的本工程目标优良工程的职责，发扬QC小组团队精神，解决工程施工中出现的技术难题。

本工程在刚开始浇筑防浪墙时发现内侧模底部印痕影响工程外观质量后，项目部QC小组高度重视，反复改进浇筑方案，通过不懈努力，在多次试验结果不理想和后来采用压模浇筑仍有缺陷的基础上，创新改进成活动压模最终成功消除印痕，取得了理想的浇筑效果，为确保优良工程作出了贡献。

本次活动成果获得了中国水利电力质量管理协会颁发的全国水利优秀QC小组活动成果三等奖。

5.6 原材料检测

本工程使用的各种原材料如水泥、钢筋、土工布、土工格栅、生态砌块、U型塑钢板桩、U型混凝土板桩等产品质保单齐全，并对进场的原材料均按规定的频率和要求委托有相应资质的检测单位进行检测，结果如下表：

河道整治工程施工　标

18

## 水利工程《施工管理工作报告》编写要点与技巧探讨

### 7．施工质量管理与安全文明施工

（1）"施工质量管理"章节存在的问题

②质量评定与开工时的"项目划分"不相吻合，特别是"重要隐蔽工程"；

③列举的"质量评定依据"　"标准"缺乏针对性和时效性；

④统计表不够规范，顺序混乱；

编写《施工报告》前，应系统整理施工资料，单元工程质量评定汇总表中的"重要隐蔽单元工程　""关键部位单元工程　"须与项目划分相符，《施工报告》汇总表中千万不要搞错；

应用的规范、规程、标准应符合本工程实际，具有针对性，并注意公布年号，采用最新版本，符合时效性；

统计表按《水利水电工程施工质量检验与评定规程》（SL176－2007）中4.5数据处理规定进行数值修约；并按附录A、附录C、附录E、附录G要求进行评定和统计汇总。

水利工程《施工管理工作报告》编写要点与技巧探讨

## 7．施工质量管理与安全文明施工

（1）“施工质量管理”章节存在的问题

⑤质量问题解决过程未提，回避事实；质量缺陷（如有）是否已备案同样未提；

《施工报告》不同于合格证、鉴定书，它一方面要反映质量管理的亮点和取得的成效，同时对于施工过程中曾经出现的问题和整改的过程、方法与结果，都要如实反映。有问题不怕，关键是对待问题的态度。如果存在质量问题，那就按照“三不放过”的原则进行处理，并在处理后按照处理方案的质量要求，重新进行工程质量检测和评定。而对于某些无法消除的质量缺陷，应按水利部水建管〔2001〕74号文规定进行备案。以上问题（如有）都应在《施工报告》中叙述清楚，这样反而证明了施工企业的诚信。

水利工程《施工管理工作报告》编写要点与技巧探讨

## 7．施工质量管理与安全文明施工

（1）“施工质量管理”章节存在的问题

⑥讲了“施工中推行TQM管理方法和ISO 9001质量体系运行标准”，却没有具体反映管理过程中的有关亮点，无佐证材料；

⑦讲了“积极开展QC活动”，却只字未提开展活动的有关情况，无具体材料作支撑。

质量管理采取的手段、措施和方法，实际做到了哪些就说哪些，实事求是，不要夸大，没有施行的就不要“拉大旗作虎皮”；

如果确实做到了，应该说明实施过程中取得了什么成效，有哪些亮点，要有具体实例。

他讲得这么好听，
却拿不出一点佐证材料，
可能在吹吧？！！！
请问：什么叫TQM？
QC又是什么？

水利工程《施工管理工作报告》编写要点与技巧探讨

## 7. 施工质量管理与安全文明施工

### （2）文明施工与安全生产

文明施工与安全生产是每个工程必须做到的，应如实反映加以叙述，把安全生产与文明施工事例写清楚。除此以外，还要强调两点：

①对于安全生产资金的投入和使用情况，《施工报告》中应说明清楚；

②创出《标准化》或“安全文明标化工地”的应重点介绍先进经验和展示工程施工亮点，最好附佐证材料。

检查、改进、动态循环的现代安全管理模式

水利工程《施工管理工作报告》编写要点与技巧探讨

## 8. 其他

### （1）关于“大事记”

“大事记”应是叙述施工过程中的几个关键节点，比如合同签订、施工队伍进场、工程开工、基坑开挖、钻机开钻、围堰合龙、重要隐蔽工程联合验收、关键部位施工或验收、梁板张拉或安装、屋面结顶、分部工程验收、闸门试运行、通水前验收、工程完工等。但目前大部分《施工报告》仿佛走入了误区，犯了一个通病，写的基本上是今天××领导前来检查，明天××领导前来视察，后天××领导前来慰问，而对工程施工的关键节点往往很少叙述，甚至好象忘了。这往往在汇报时受到有关专家的质疑。

水利工程《施工管理工作报告》编写要点与技巧探讨

## 8. 其他

### （2）关于《技术标准目录》

引用的《技术标准目录》应具有符合性、针对性、时效性。但有好多《施工报告》没有注意这个问题，本工程应该引用的却没有提到，挨不着边的却罗列了一大串，也不知道编写的人有没有了解本工程，这样的《施工报告》在验收会议上不受批评才怪呢！

还有个问题是标准时效性，因为国家经济建设发展很快，一些规范、规程、标准修订周期较短，所以应经常关注引用最新版本，因为新版本出来后，往往这样说：本《××》所替代《××》的历次版本为：——SL×××，——SL×××。

水利工程《施工管理工作报告》编写要点与技巧探讨

## 题外话

一份好的《施工报告》应是概括全面、文字精练、数据翔实、图文并茂，适当地应用表格、流程图、示意图等形式，栩栩如生地反映工程施工全貌。验收会议上最好采用PPT汇报，插入适当的图片、视频，加上无人机拍摄的现场实景，配以铿锵的解说词，生动、形象地展现你公司的实力和品位，使全体与会人员了解到你公司承建的是优质工程、放心工程、安全工程，值得赞赏。当你汇报完毕、会场掌声一片的时候，你是什么感觉？

**如果相反的话…………，你又是什么感觉？**

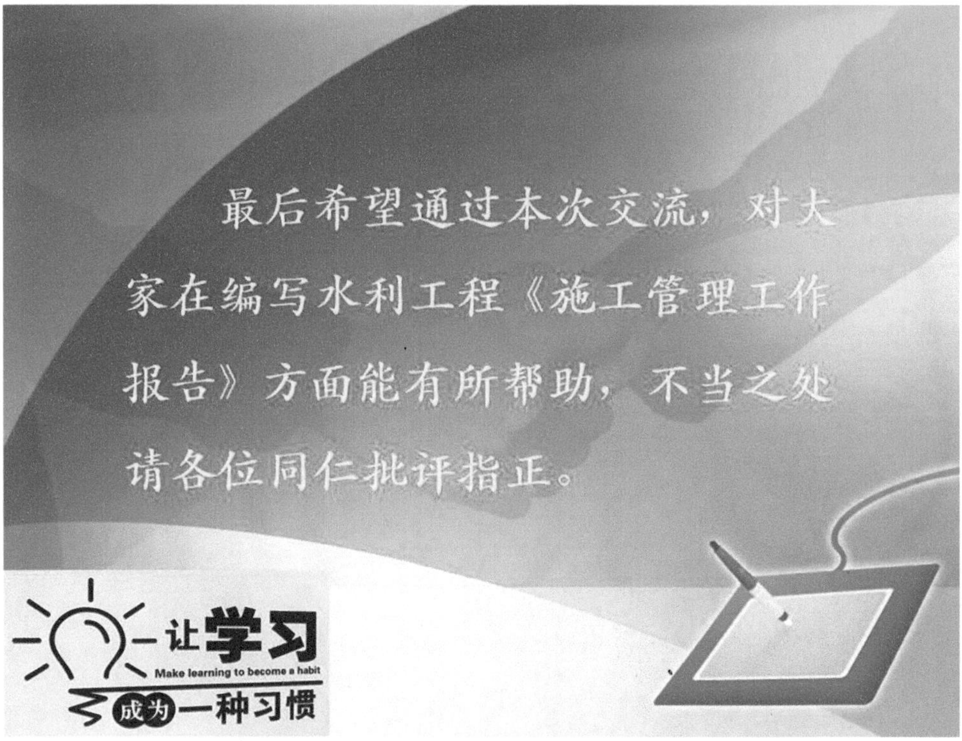


**作者注：**

此为2021年度嘉兴市水利施工企业员工继续教育网上直播PPT课件截图。

# 第2篇

## 水利工程质量控制

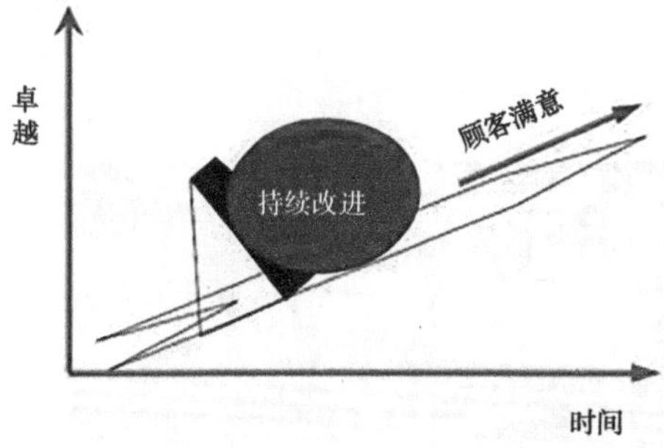
卓越
顾客满意
持续改进
时间

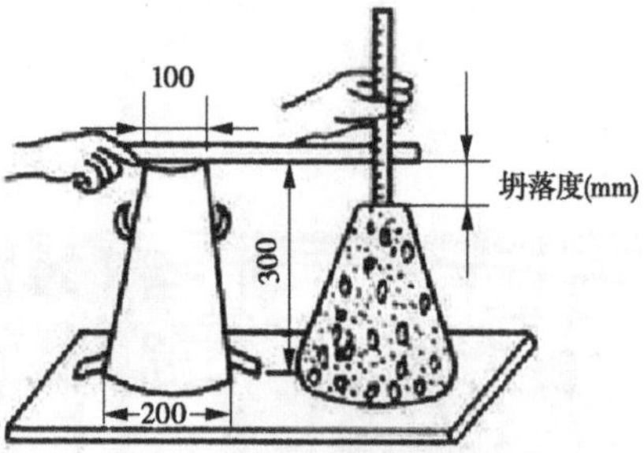
100
坍落度(mm)
300
200

# 趾墙底板混凝土检查办法

趾墙底板是护岸挡墙的关键部位,为了确保该项目工程质量,特制订以下检查办法:

一、混凝土趾墙底板工程质量采取施工单位三检制自检、现场监理全过程旁站、随机抽查和突击检查的办法。

二、检查内容:①▲混凝土强度;②▲趾沟深度;③▲趾沟宽度;④▲底板厚度;⑤▲底板宽度;⑥底板垫层;⑦沉降(伸缩)缝;⑧底板轴线、线型、顶面标高、平整度、表观质量。

三、检查办法:

(1)混凝土强度。采取**试块取样**和**随机钻芯取样**,检测混凝土强度,同时按有关规定进行**第三方检测**;如发现某代表段混凝土强度达不到设计标准,则该段混凝土做全部返工处理。

(2)趾沟深度。采取**事中控制和事后随机抽查相结合**的办法。趾沟开挖和趾墙浇筑时,施工单位必须严格执行**三检制**,现场监理必须全过程**旁站**。随机抽查采用钩子勾深度的办法,如发现深度达不到设计要求,则向前后再各随机取点抽查。如前后两点均合格,则第一点处若干长度外侧补浇趾墙;如一头合格一头不合格,则不合格段返工处理;如前后两点均不合格,该自然段做返工处理,并通报整顿。

(3)趾沟宽度。趾沟开挖时须随时用梯形**模型板检测趾沟宽度**,施工地段必须备有模型板方可进行趾沟开挖,施工单位质检员和旁站监理人员应随时用模型板检测。如在质量检查时发现无模型板控制导致趾沟宽度不够或趾沟中模型板插不进的情况,将该浇筑段趾墙做不合格处理,如发现宽度严重偏小的将通报整顿。

(4)底板厚度和底板宽度。底板厚度采用**钻孔勾深度和量测底板后侧厚度相结合**的检查办法,底板宽度随机取点量测。底板厚度和底板宽度必须符合设计要求,如发现不合格做返工处理。

(5)底板垫层。底板垫层应根据设计图纸施工,底板混凝土必须在垫层(混凝土或碎石,其厚度、宽度和混凝土浇筑质量应符合设计要求)通过**隐蔽工程验收**后方可施工,检查中如发现垫层未验收就擅自进行底板施工,则该段底板将不予计量,等候处理。

(6)沉降(伸缩)缝。沉降(伸缩)缝材料必须符合设计要求,不合格的一律返工。检查时首先检验**填缝材料**和厚度,然后检查放置位置是否准确,前后上下**是否整齐**,如缺陷严重则返工处理,一般缺陷应做缺陷备案。

(7)底板轴线、**线型**、顶面**标高**、**平整度**、表观质量。底板轴线放样必须符合设计图纸,坐标点应准确无误,线型应顺直。底板顶面标高应符合设计标准,其误差必须控制在规范允许范围内。如发现底板线型、顶面标高或平整度不符合设计与规范要求,则查看有关测量放样资料追查有关责任人的责任,严重的返工重做。底板表面**严禁存在裂缝现象**,裂缝严重的须返工重做。

四、检测用具：

（1）勾趾墙深度用钩子由各监理单位根据各自监理范围制备若干个。

（2）梯形模型板由各施工单位根据各自标段内的趾沟几何尺寸制备若干个。

**说明**：1. 检查内容中标▲的为重要检查项目；

2. 字体加粗的项目作重点检查，严格控制。

**嘉兴市杭嘉湖南排工程管理局**

2016年5月

**作者注：**

本检查办法与后面的《生态砌块墙身检查办法》《灌砌块石护坡检查办法》《U形板桩检查办法》《钻孔灌注桩检查办法》《水泥搅拌桩检查办法》《现浇混凝土墙身、压顶（帽梁）检查办法》等7项工程质量控制现场检查办法系作者起草、编制的用于《平湖塘延伸拓浚工程》《扩大杭嘉湖南排（嘉兴部分）》河道堤防工程的施工现场检查办法，实施过程效果良好，有效地加强了工程质量控制。两大工程还有好多其他项目的现场检查办法因非作者独立完成编制，故未收录在内。

# 生态砌块墙身检查办法

生态砌块墙身采用常规坐浆分层砌筑工艺,上下层采用奇偶层错位间隔层对应排列砌筑工艺,锚固孔内插筋注浆,墙高超过 1.8 m 时根据设计要求铺设土工格栅,墙后设土工布,回填土分层压实,墙身顶部按设计图纸设现浇混凝土或砌块压顶。为确保生态砌块墙身质量,特制订以下检查办法:

一、生态砌块墙身工程质量采取施工单位三检制自检、监理巡视检查、随机抽查的办法。

二、检查内容:①▲砌块强度和抗冻指标、吸水限量;②▲砌块尺寸与外观质量;③底板面清洗;④▲锚固孔插筋与注浆;⑤层间错位与坐浆;⑥▲土工格栅锚固与搭接;⑦墙后土工布;⑧压顶;⑨沉降缝;⑩块体空腔内回填;⑪墙体线型、顶面标高、平整度、总体外观质量。

三、检查办法:

(1)砌块强度和抗冻指标、吸水限量。本工程所用生态砌块分成品产品和自制两种,其抗压强度与抗冻指标、吸水限量检测频率按有关规定执行,**检测试验**必须由具有相关资质的单位进行,**严禁使用抗压强度和抗冻指标、吸水限量达不到设计要求的砌块**。检查中如发现不符合设计要求的砌块一律清退出场,已砌筑墙身中如含有抗压强度或抗冻指标或吸水限量达不到设计要求的砌块,则该段生态砌块墙身全部返工。

(2)**砌块尺寸与外观质量**。砌块的长、宽、高或外形的任何一条棱线尺寸允许偏差不应大于±5 mm,砌块上用于自锁的子母槽(榫)和错台的几何尺寸允许偏差不应大于±3 mm,且不得影响砌筑效果和墙体的结构性能。砌块**不得有断裂、缺棱掉角、蜂窝麻面(0.5%以上)、明显裂缝、色差严重和外观质量存在明显缺陷的现象**,如发现不符合设计与规范要求的砌块一律清退出场,如已砌筑在墙身上的一律拆除,换成合格产品重新砌筑。

(3)底板面清洗。生态砌块砌筑前必须认真清洗底板面,**底板面不得有污垢、浮浆**,如发现未经清洗就砌筑砌块的,责令返工,并对相关责任人按有关规定进行处罚。

(4)**锚固孔插筋**与注浆。钢筋加固一般适用于 1.0 m 及以上高的挡墙,按设计图纸要求在锚固孔中插筋与注浆。检查**插筋直径、长度、锚入底板深度**和**搭接长度**是否符合设计要求及插筋孔注浆(或灌注细石混凝土,按设计图)**是否密实**,采用延线检查和剖断面检查相结合的办法,如发现不符合设计要求的做返工处理。

(5)层间错位与坐浆。生态砌块砌筑前应预先对预制件进行洒水湿润,以免细石混凝土或砂浆干裂;砌块底部应坐浆砌筑,坐浆必须饱满;注浆孔应上下对齐,孔的错位量不得超过孔径的 50%,每层用水泥砂浆(强度按设计)坐浆砌筑,**砌块要与细石混凝土或砂浆牢固结合**,不得有晃动、脱壳等现象。

(6)**土工格栅**锚固与搭接。土工格栅应具有**产品合格证、质检证书**,产品内在**质量和**

**外观质量**应符合《土工合成材料塑料土工格栅》(GB/T 17689—2008)的要求。土工格栅必须采用正规生产厂家产品,进场后须经监理工程师检验认可并**取样检测合格**后方可用于本工程。土工格栅一端伸入砌块(或阻滑埂)内不得少于设计长度,另一端埋入后方回填物内。土工格栅在**墙后回填物内铺设应平整**,块与块之间**搭接长度不得小于设计要求**。检查土工格栅**各项技术指标**、**网孔规格**是否符合设计要求及现场铺设情况,如发现不合格的做返工处理。

(7)墙后土工布。**土工布规格**应符合设计图纸要求,土工布进场后须经监理工程师检验认可并**取样检测合格**后方可用于本工程。土工布按设计图纸进行布设,其**搭接长度**应不少于设计要求。检查土工布**各项技术指标**是否符合设计要求及**现场铺设情况**,如发现不合格的做返工处理。

(8)压顶。生态砌块挡墙压顶分现浇混凝土压顶和盖板压顶,其中现浇混凝土压顶检查办法另行实施。盖板放置时,应确保**黏接面干净**,然后用水泥砂浆(强度按设计)砌筑连接,确保表面平整美观。检查盖板混凝土质量、接触面黏接情况及铺设**线型**、**标高**、**平整度**,如发现不合格的做返工处理。

(9)沉降缝。沉降缝材料必须符合设计图纸要求,**沉降缝设置必须与底板沉降缝对齐**。检查沉降缝材料质量与设置位置、是否对齐、垂直度情况。

(10)块体空腔内回填。块体空腔内应边砌筑、边回填。根据设计图纸各个部位所用回填材料检查**砌体内回填材料**是否符合设计要求及回填**密实度**。

(11)墙体**线型**、顶面**标高**、**平整度**、总体外观质量。墙体线型采用仪器观测与肉眼观察相结合的办法;顶面标高采用水准测量;砌块安装每层应检查平整度,平整度采用2 m靠尺检查,最大不平整度不得大于设计和规范要求;蜂窝麻面首先用肉眼观察,必要时采用百格网检测;砌块铺设时渗出的水泥浆应及时用吸水性较强的绵布擦拭干净,确保**外表清洁**、**美观**。

**说明**:1. 检查内容中标▲的为重要检查项目;

2. 字体加粗的项目作重点检查,严格控制。

嘉兴市杭嘉湖南排工程管理局

2016年6月

# 灌砌块石护坡检查办法

为了确保灌砌块石护坡工程质量,特制订以下检查办法:

一、灌砌块石护坡工程质量采取施工单位三检制自检、监理单位巡查复检、坡面随机抽查的办法。

二、检查内容:①▲土工布;②▲碎石垫层;③▲灌砌块石护坡;④护坡平台轮廓线、顶面边线、标高、护坡面平整度、表观质量。

三、质量要求:

(1)**土工布规格**、技术指标、**铺设层数**、**搭接长度**必须符合设计图纸要求;

(2)**碎石垫层质地**、粒径、级配等技术指标和**铺设厚度**必须符合设计要求;

(3)灌砌块石:

①材料质量要求:灌砌块石应选用强度高、无尖角、**无风化**、质地坚硬、耐水性高的块石,饱和抗压强度不小于50 MPa;块石单块重不小于25 kg,最小边长不小于20 cm;在同一施工段内块石表面颜色应尽量一致,避免色差过大;**灌砌混凝土强度等级**不得低于设计强度,灌砌块石中**混凝土含量**应符合设计要求,其误差应控制在±5%范围内。

②块石应敲去尖角,在料场将石料泥垢冲洗干净。

③块石摆放应大面朝下,一般要求竖砌,并使块石间保持一定距离,缝宽以能使振捣棒顺利插入保证充分振捣为准,以确保**混凝土灌缝密实**;严禁石块紧靠、垒砌、叠砌或大面朝上、底下小块石浮塞的现象。

④块石交错排列,分布均匀,不得形成水平通缝或纵向通缝。

⑤块石间空隙采用细石混凝土填灌,混凝土强度等级不得低于设计强度,灌砌时采用插入式振捣器振捣,注意块石间必须由混凝土灌实,不得存在孔洞现象。

⑥**灌砌块石护坡厚度**必须符合设计标准,砌石须露面。其护坡平台轮廓线、顶面边线应顺直,标高准确,护坡面平整,色泽一致,外表美观。

四、检查办法:

(1)在施工单位三检制自检、监理单位巡查复检的基础上,再采取随机在坡面上挖孔抽查的办法。

(2)检查时采用抽点破开检查的办法,即随机在坡面上取2 $m^2$ 大小一块体,撬开面石,量测及观察**灌砌石厚度**、**灌砌混凝土饱满度**、**块石质量**、**碎石垫层质量与厚度**、**土工布铺设**情况等。

(3)如该点合格,则该段合格。如该点不合格,则在前后两个方向再各撬开一点,如该两点合格,则第一点所代表的范围返工至合格区域,如其中一点合格,则不合格方向段返工;如该两点均不合格,则该段全部返工。

(4)灌砌混凝土强度由第三方检测单位在坡面上随机取样检测。

(5)护坡平台轮廓线、顶面边线、标高采用测量仪器观测,护坡面平整度采用2 m靠尺检测和肉眼观测相结合的办法,表观质量由检查人员共同检验。

五、检测用具:

(1)榔头、凿子、撬棒、观测仪器等由施工单位提供;

(2)靠尺由监理单位准备,卷尺由检查人员自备;

(3)取样设备由第三方检测单位自带。

**说明**:1. 检查内容中标▲的为重要检查项目;

2. 字体加粗的项目作重点检查,严格控制。

**嘉兴市杭嘉湖南排工程管理局**

2016年7月

# U 形板桩检查办法

U 形板桩护岸的板桩部分既是重要隐蔽工程，又是主体结构的关键部位，为了确保该项目工程质量，特制订以下检查办法：

一、U 形板桩护岸工程质量采取施工单位三检制自检、现场监理全过程旁站、随机抽查和第三方检测相结合的办法。

二、检查内容：①板桩预应力指标；②▲板桩混凝土强度；③▲板桩尺寸与成品外观；④板桩吊运与沉桩专项施工方案；⑤机械设备检查；⑥板桩测量控制；⑦▲成桩质量检查；⑧缺陷处理检查；⑨▲安全检查。

三、检查办法：

(1)板桩预应力指标。U 形板桩采用有相应资质和专业生产设备及生产能力的厂家生产的优质**商品桩**，U 形板桩不允许采用现场自浇的预制桩。U 形板桩须具备产品合格证，施工按《先张法 U 形预应力混凝土板桩》(图集号 ZPZ—QC—BZ0012010)要求进行。每批次板桩进场都须经过检测并做好记录。

**预应力主筋**采用 1420 MPa 35 级延性低松弛预应力混凝土用螺旋槽钢棒，其质量应符合《预应力混凝土用钢棒》(GB/T 5223.3)的规定；或 1 860 MPa 的预应力钢绞线，其质量应符合《预应力混凝土用钢绞线》(GB/T 5224)的规定。指标见表 1。

**表 1　预应力钢棒和钢绞线技术指标表**

| 品名 | 符号 | 规定非比例延伸强度/MPa | 抗拉强度标准值/MPa | 抗拉强度设计值/MPa | 抗压强度设计值/MPa | 伸长率/% | $E_s$/MPa | 1 000 h 松弛值/% |
|---|---|---|---|---|---|---|---|---|
| 钢棒 | $\Phi^D$ | ≥1 280 | ≥1 420 | 1 005 | 386 | ≥7 | $2.0\times10^5$ | ≤2.0 |
| 钢绞线 | $\Phi$ | ≥1 680 | ≥1 860 | 1 320 | 390 | ≥3.5 | $1.95\times10^5$ | ≤3.5 |

U 形板桩预应力指标检查时首先查看产品合格证和厂方提供的技术指标、质量保证资料，而后由**第三方检测单位随机检测**，不符合要求的不得用于本工程。

(2)板桩混凝土强度。U 形板桩**各部位混凝土强度**不得低于设计值，组成板桩混凝土的材料必须按设计要求配比。无砂混凝土应先做试配试验，厂方须提供有关试验报告资料，无砂混凝土透水系数不小于 2.8 mm/s。混凝土强度检查主要查自检资料及成品桩采用超声波回弹的方法。

(3)板桩尺寸与成品外观。**板桩尺寸**必须符合设计要求。预留排水孔(无砂混凝土填塞)、桩顶锚筋、桩端射水孔、桩尖切角、预埋吊环等必须符合设计要求。桩尖切角应位于阴榫侧，预埋吊环采用暗吊钩+钢丝套索组合结构，钢丝套索套在暗吊钩内，钢丝套索须做相关力学实验。

(4)板桩吊运与沉桩**专项施工方案**。板桩吊运与沉桩施工单位必须编制切实可行的施工方案,并经监理审核签证后方可实施。板桩养护时间、系绑、起吊方法、运输、堆放、沉桩现场准备、沉桩设备、沉桩工艺、质量控制、安全控制等必须在专项方案中阐明,并做好**技术交底**和**安全交底**,交底须由双方签字,无专项方案或未技术交底或未安全交底的不得施工。

(5)机械设备检查。U形板桩沉桩必须采用专门机械设备,一般地段宜采用振动锤,距离原有建筑物较近地段宜采用液压静力沉桩机,但不管采用何种机械设备沉桩,均必须配置定位设施和**导向架**,以控制桩位偏差,无导向设备的不得进行沉桩施工。检查时检查沉桩机械是否为"重锤低击"型,是否配置导向架,机械设备的安全性等等,不符合要求的应暂停施工。

(6)板桩测量控制。①轴线控制:打桩前进行系统的轴线复核,板桩轴线偏差应控制在50 mm以内。检查和调整夹桩装置,以保证桩轴线符合要求,并防止板桩脱榫。②垂直度控制:用两台经纬仪校正和监控桩身垂直度,打桩开始至入土2 m期间,发现偏斜应及时停机**调整桩身和桩架、滑道**,确保**三轴一线**(板桩的中心轴线、替打的中心轴线、桩锤的中轴线)和桩锤冲击力方向在同一铅垂线上,以达到桩身垂直。③高程控制:采用水准仪观测,桩下端位于软土时,以桩下端达到设计标高为符合要求,桩顶允许偏差控制在±100 mm。

(7)**成桩质量检查**。U形板桩施打前应先清除河底块石,以便顺利沉桩。采用单根施打方式,桩顶设置护垫,"重锤轻打""先轻后重",先打入大约2/3,留一部分第二次精打。板桩阴阳榫口必须紧密对接,板桩沉桩以标高控制为主。在确保桩位准确的同时,板桩轴线偏差应控制在20 mm以内,轴线方向的垂直度要求控制在1.5%以内,垂直轴线方向的垂直度要求控制在1.0%以内,施打过程中须加强观测,随时调整,重点抓好导轨控制与顶面控制,并采取措施及时纠正"带下"或"上浮"现象。参考《水运工程质量检验标准》(JTS 257—2008),沉桩允许偏差如下:

①垂直于板桩墙轴线方向平面位置允许偏差为±50 mm;

②垂直于板桩墙轴线方向垂直度允许偏差为10 mm;

③沿板桩墙轴线方向垂直度允许偏差为15 mm;

④桩尖高程允许偏差为±100 mm;

⑤板缝间缝宽允许偏差为25 mm。

板桩成桩检查按以上标准对照,其误差应控制在允许范围内,否则须加以调整。板桩成桩后除桩顶凿除部分外,不得有打碎、断裂现象。阴阳榫口必须紧密对接、不得错位,桩桩相靠,线型顺直。不符合要求的须返工重打。

板桩成桩质量检查按设计要求做低应变试验,指标为:**成桩抽样率为2%,单桩缺陷面积<20%**。要求施工单位做好自检、监理单位做好复查、第三方检测单位随机抽查的工作。

(8)缺陷处理检查。板桩沉桩过程中如发现个别地段由于土质原因或地下障碍物致使无法沉桩到位,应由业主现场代表会同设计、监理和施工单位共同商讨处理方案后实施，并形成书面记录，各方代表须在书面材料上签字，缺陷处理的桩须用红漆做出标记，并在对应的岸坡上做相应标记。如涉及距离较长应暂停施工，召开专题会议商讨解决。严禁施工单位擅自移位或擅自截桩，如发现将严肃处理。

（9）**安全检查**。板桩沉桩施工必须注意安全，吊运或插桩必须由**专人指挥**，起动臂或振动锤**下方严禁站人**，所有施工人员必须戴**安全帽**及穿好**救生衣**。吊装过程中应使钢丝绳套的受力方向在 30°以内，并经常检查**钢丝绳**等是否有破损情况，吊装时 U 形板桩下方严禁站人。吊运应轻起轻放，严禁抛掷、碰撞、滚落，以免发生意外事故。吊、打桩区域上方如有电线应与有关部门联系停电后方可施工。吊、打桩区域应**设置警戒线**，作业过程中严禁无关人员进入。对电器设备、机械设备应经常检查，加强维护，发现问题及时处理。检查中如发现打桩作业不符合安全施工的情况或存在事故隐患，应立即停工整改。

**说明**：1. 检查内容中标▲的为重要检查项目；

2. 字体加粗的项目作重点检查，严格控制。

**嘉兴市杭嘉湖南排工程管理局**

2016 年 7 月

# 钻孔灌注桩检查办法

钻孔灌注桩既是重要隐蔽工程，又是主体结构的关键部位，为了确保该项目工程质量，特制订以下检查办法：

一、钻孔灌注桩必须按先施工素混凝土灌注桩，再施工钢筋混凝土灌注桩的顺序进行；钻孔灌注桩工程质量采取施工单位三检制自检、现场监理全过程旁站、随机抽查、动测、水平静荷载试验和第三方检测相结合的办法。

二、检查内容：①桩位与标高；②▲成孔质量（孔深、孔径、清孔与沉渣厚度、垂直度、泥浆指标）；③▲钢筋笼制作与吊装；④▲混凝土灌注；⑤专项施工方案与技术交底；⑥施工记录与试件制作；⑦▲低应变动测及水平静荷载试验；⑧安全生产与文明施工检查。

三、检查办法：

（1）桩位与标高。随机抽检桩位放样情况和标高控制情况，孔位允许偏差不大于 50 mm；护筒埋设应准确、稳定，护筒中心与桩位中心的偏差不得大于 50 mm；现场需设置施工水准点，以便随时校核桩基标高。

（2）成孔质量。灌注混凝土前，应按规范对已成孔的中心位置、孔深、孔径、垂直度、孔底沉渣厚度等进行检验。

①**孔深**须符合设计要求，孔深采用钻杆或测绳检查，钻孔达到设计标高后量测。

②**孔径**不得小于设计桩径，成孔后用探孔器（探笼）吊入钻孔内检测。

③孔深和孔径达到设计标准后应立即进行清孔，清孔时应注意保持孔内水头，防止坍孔。**不得用加深钻孔深度的方式代替清孔**。清孔后沉渣厚度与泥浆指标应符合以下要求：a. 灌注混凝土前，**孔底沉渣厚度应≤100 mm**；b. 孔内泥浆比重≤1.25；含砂率≤8%；黏度≤28 s。

④桩孔垂直度检测，垂直度允许偏差≤0.5%。

（3）钢筋笼制作应对**钢筋规格**、**主筋根数**、加劲筋、焊条规格、品种、焊口规格、焊缝长度、**焊缝**外观和质量、主筋和箍筋的制作偏差及保护层垫块等进行检查：钢筋笼制作允许偏差为：主筋间距偏差≤10 mm，钢筋笼长度偏差≤100 mm，**箍筋间距**允许偏差≤20 mm，钢筋笼直径偏差≤10 mm。**主筋接头应互相错开**，同一截面上主筋接头不得超过 50%。钢筋笼保护层厚度 6 cm，允许偏差±10 mm。如超过上述允许偏差，一律返工重做。

搬运和吊装钢筋笼时，应防止变形，安放应对准孔位，避免碰撞孔壁和自由落下，就位后应立即固定。钢筋笼中心平面位置误差不得超过 20 mm，钢筋笼顶高程允许偏差±20 mm，如超过须及时调整。

（4）混凝土灌注：

①导管。使用前应进行冲洗并检查导管密闭性；灌注完毕导管卸下后应对其内外进行清洗。

②二次清孔。在吊入钢筋笼并安置导管后灌注水下混凝土前，再次检查泥浆指标和

沉渣厚度，如超过规定，应进行二次清孔；检查成孔质量合格后应尽快灌注混凝土。

③**混凝土强度**不得低于设计标准值。混凝土拌和物必须具备良好的和易性，无离析、泌水现象，灌注时应保持足够的流动性，**坍落度应为18~22 cm**。现场检查混凝土拌和物均匀性与坍落度，如达不到要求，不得使用。

④首罐混凝土灌注前用皮球封堵导管以避免灌注混凝土中夹杂泥浆；**首批灌注混凝土的数量**应能满足导管首次埋置深度≥0.8 m和填充导管底部的要求，其方量应通过计算确定。首批混凝土下落后，应连续灌注。

⑤**导管埋入混凝土深度**宜为2~4 m。严禁将导管提出混凝土灌注面，并应控制提拔导管速度，施工单位应有专人测量导管埋深及管内外混凝土灌注面的高差。应经常测探，及时调整导管埋深，并填写水下混凝土灌注记录。

⑥灌注过程中，应采取措施**防止钢筋笼跌落或上浮**。当灌注的混凝土顶面距钢筋笼底部1 m左右时，应降低混凝土的灌注速度；当混凝土上升到钢筋笼底口4 m以上时，提升导管，使其底口高于钢筋笼底部2 m以上，方可恢复正常灌注速度。

⑦**灌注混凝土必须连续施工**，每根桩的灌注时间按初盘混凝土的初凝时间控制；混凝土上升速度应≥2 m/h，并应控制最后一次灌注量，超灌高度宜为0.8~1.0 m，凿除泛浆后必须保证暴露的桩顶混凝土强度达到设计等级。

⑧将近结束时，应核对混凝土灌入数量，充盈系数应≥1.15；浇筑最终高度须符合设计要求，用水准仪测量灌注高度（需扣除桩顶浮浆层）。

（5）**专项施工方案与技术交底**。钻孔灌注桩开工前施工单位必须根据设计图纸、施工规范结合当地自然环境与所采用的机械设备编制切实可行的专项施工方案报送监理审批，然后根据监理批复同意的专项施工方案向施工班组人员进行技术交底，技术交底应由双方签字，未进行技术交底的不得开工。

（6）施工记录与试件制作。钻孔灌注桩施工时应对施工全过程进行记录，施工记录应**齐全**、**准确**、**清晰**。钻孔、清孔过程应有详细记录；对钢筋笼制作偏差及安放的实际位置等应进行检查，并填写相应质量检测、检查记录；灌注过程中应填写水下混凝土灌注记录；对灌注过程中的故障应记录备案；钢筋强度及焊接试验、混凝土强度试件按设计要求或有关规范制作。

（7）低应变动测及水平静荷载试验。钻孔灌注桩按《建筑桩基技术规范》（JGJ 94—2008）、《建筑基桩检测技术规范》（JGJ 106—2003）等进行质量检验，灌注桩成桩质量可采用可靠的动测法按有关规程进行检测，**低应变动力检测数量为总桩数的30%**；**水平静荷载试验桩数≥1%且≥3根**；灌注桩按有关规范和规定检测验收合格后方可进行上部工程施工。

（8）安全生产与文明施工：

①所有施工人员必须**戴安全帽**，在水上工作平台上施工还应穿好救生衣。

②施工平台必须**牢固**、**稳定**、**平整**，水上工作平台须设置连接通道。

③**施工用电**应实行"三级配电、两级保护"，严格执行"一机一箱一闸一漏"的配电原则，必须安装漏电保护器，电缆线必须架空，严禁随意拖曳；每次移动钻机前必须检查电缆线，防止轧压或拉断；施工区域上方如有电线应与有关部门联系停电后方可施工。

④钻机安装、移动、吊装钢筋笼与安装导管、泵车灌注时需有专人指挥，施工区域应设置警戒线，作业过程中严禁无关人员进入。

⑤灌注桩施工现场所有设备、设施、安全装置、工具配件以及个人劳保用品必须经常检查，加强维护，发现问题及时处理，确保完好和使用安全。检查中如发现不符合安全施工的情况或存在事故隐患，应立即停工整改。

⑥施工单位必须把**钻孔灌注桩安全操作规程**交底至每个操作人员并进行班前教育，同时将安全操作规程牌悬挂在钻机上不影响施工的醒目位置。

⑦泥浆池应设置在岸线内侧，不得沿河设置，并加高加固围堰，防止泥浆溢顶或外漏。废弃的浆、渣应进行处理，不得污染环境。经常检查输泥管道，发现破损漏浆应及时修复，防止泥浆泄漏，**严禁泥浆排入河道或农田**。

⑧护筒的埋设深度不宜小于1.0 m，护筒下端外侧应采用黏土填实；护筒高度应满足孔内泥浆面高度的要求；防止泥浆渗漏或外溢，**确保文明施工**。

**说明**：1. 检查内容中标▲的为重要检查项目；

2. 字体加粗的项目作重点检查，严格控制。

**嘉兴市杭嘉湖南排工程管理局**

2016年8月

# 水泥搅拌桩检查办法

水泥搅拌桩是软基处理的重要隐蔽工程，施工时执行《建筑地基处理技术规范》(JGJ 79—2012)规定。为了确保该项目工程质量，特制订以下检查办法：

一、水泥搅拌桩工程质量采取施工单位三检制自检、现场监理旁站、随机抽查和第三方检测相结合的办法。

二、检查内容：①桩位与标高；②▲桩机设备与配置；③专项施工方案与技术交底；④试桩；⑤▲钻进与提升；⑥▲水泥质量检测与水泥浆液检查；⑦施工原始记录与试件；⑧▲成桩质量检测；⑨缺陷处理检查；⑩▲安全检查。

三、检查办法：

(1)桩位与标高：随机抽检桩位放样情况和标高控制情况。施工前应根据桩位设计平面图进行测量放线，定出每一个桩位。然后依据放样点使钻机定位，钻头正对桩位中心。现场需设置施工水准点，以便随时校核桩基标高。

(2)桩机设备与配置：

①根据设计要求和土质现状合理选择切实可行的**钻机**、**钻杆**和**搅拌(喷浆)头**，一般宜采用"叶缘喷浆"的搅拌头；

②为了确保桩体每米掺合量以及水泥浆用量达到设计要求，每台机械均应配备**电脑自动记录仪**。同时，现场应配备经国家计量部门确认的**水泥浆比重测定仪**，以备随时抽查检验水泥浆水灰比是否满足设计要求；

③为保证水泥搅拌桩桩体垂直度满足规范要求，在主机上悬挂一吊锤，通过控制吊锤与钻杆之间的距离来调整桩机使钻杆处于铅垂状态；

④施工现场还应配备水准仪、钢尺、测绳、秒表等检测用具；

⑤水泥搅拌桩施工机械必须具备良好及稳定的性能，所有钻机开钻之前应由监理工程师和项目经理部组织检查验收合格后方可开钻。

(3)专项施工方案与技术交底。水泥搅拌桩开工前施工单位必须根据设计图纸、施工规范结合当地自然环境与所采用的机械设备编制切实可行的**专项施工方案报送监理审批**，然后根据监理批复同意的专项施工方案向施工班组人员进行**技术交底**，技术交底应由双方签字，未进行技术交底的不得开工。

(4)试桩。水泥搅拌桩正式施工前应按设计要求进行工艺试桩，以确定各项施工参数和成桩质量，施工前成桩试验桩数不得少于设计要求的试桩数。从试桩中分段取样制作**水泥土试块**，分别测出不同**凝结时间**(7 d、30 d、90 d)的轴压强度与抗剪强度，根据试桩和7 d水泥土强度试验的结合，确定原定施工工艺和水泥土配合比(水泥掺量、水泥浆水灰比等)是否满足设计要求，如不满足应做相应调整。施工单位应全面记录试桩过程，编写**试桩报告**，经试桩成功确定的工艺参数将作为正式开工后的重要参考依据。

(5)钻进与提升:

①搅拌桩**施工场地**应事先平整,清除桩位处地上、地下一切障碍物(包括大块石、树根和生活垃圾等)。场地低洼时应回填黏土,不得回填杂土。

②用经纬仪确定层向轨与搅拌轴垂直,调平底盘,保证桩机**主轴倾斜度不大于1%**。

③第一次下钻时为避免堵管可带浆下钻,喷浆量应小于总量的1/2,严禁带水下钻。第一次下钻和提钻时一律采用低挡操作,复搅时可提高一个挡位。

④喷浆搅拌提升,搅拌头下沉到设计深度后,开启灰浆泵将水泥浆压入地基中,同时边喷浆边旋转钻头,边提升钻杆,重复搅拌下沉和提升各一次。

⑤施工时应严格控制**喷浆时间**和停浆时间。每根桩开钻后应连续作业,不得中断喷浆。严禁在尚未喷浆的情况下进行钻杆提升作业。每根桩的正常成桩时间应根据桩长来计算[计算方式:预搅下沉、重复搅拌下沉时间(≤1 m/min)+两次提升喷浆时间(≤0.5 m/min)+两次坐底喷浆时间(各0.5 min)+桩顶标高以上高程的空搅时间+桩机移位时间],**喷浆压力**不小于0.4 MPa。

⑥停浆面需高出桩顶设计高程0.5 m,超浇部分需人工小心凿除或采用切割工具截除,截桩头时不得采用猛烈冲击的方式,严禁侧向碰撞。

(6)水泥质量检测与水泥浆液检查:

①水泥搅拌桩质量检查重点是**水泥质量**和**水泥用量**(施工单位需将每次进场水泥进货单复印件报监理留存)、水泥浆拌制的罐数、压浆过程中是否有断浆现象、提升喷浆时间以及复搅次数、时间。

②水泥质量检测散装水泥每批次中400 t为一取样单位,袋装水泥每批次200 t为一取样单位。

③水泥搅拌桩选用**水泥强度**均为42.5级,根据设计要求的水泥掺量为15%计算出每米桩长的水泥用量,水泥浆水灰比根据设计要求或由试桩成功确定的参数控制(比重仪量测),监理对水泥浆浓度实行不定期随机抽检。

④储浆罐内的储浆应不小于一根桩的用量加50 kg。若储浆量达不到必要的储备标准,不得进行下一根桩的施工。

⑤输浆量应符合设计要求,采用体积法验证,每米喷量偏差不得大于5%,施工中如发现喷浆量不足,应立即进行整桩复搅,复喷的喷浆量不小于设计用量。

(7)施工原始记录与试件:现场施工人员必须认真填写**施工原始记录**,记录内容应包括:①施工桩号、施工日期、天气情况;②喷浆深度、停浆标高;③灰浆泵压力、管道压力;④钻机转速;⑤钻进速度;⑥提升速度(采用秒表、钢尺检测);⑦单桩浆液总量;⑧每米喷浆量;⑨复搅深度。施工记录应**齐全**、**准确**、**清晰**,**试件**按设计要求或有关规范制作且**每台桩机每个台班不少于一组**。电脑自动记录仪记录内容监理每台桩机每个台班打印一次存档。

(8)成桩质量检测:

①搅拌桩质量检验和验收参照《建筑地基基础设计规范》(GB 50007—2011)、《建筑地基处理技术规范》(JGJ 79—2012)等相关规范执行。

②水泥搅拌桩**成桩检测**。按设计成桩检测要求(如设计无要求,按相关规范执行)进

行成桩完整性、均匀性检测，检测总桩数不得小于设计与规范要求的百分比，且不少于设计要求的起始根数；并采用取芯法进行强度检验，检测数量占总桩数的百分比不得低于设计要求，且不少于设计要求的起始点数。

③水泥搅拌桩形成水泥土的标准**抗压强度**和**抗剪强度**均不得小于设计值，水泥土强度检测离差系数应≤1.2。搅拌桩**垂直度**偏差不得超过1%，**桩位**（孔位）偏差不得大于5 cm，**桩径**（采用浅部开挖检查）偏差不得大于4%。成桩**桩长**（孔深，量测钻杆）及桩径（钢尺量测搅拌头）不得小于设计值；桩顶标高应超出设计桩顶0.5 m；桩间土检验采用原位测试和室内土工试验。水泥搅拌桩按有关规范和规定检测验收合格后方可进行上部工程施工。

(9)缺陷处理检查：

①水泥搅拌桩施工过程中如发现个别地段由于**土质原因**或地下障碍物影响出现异常情况，应由业主现场代表会同设计、监理和施工单位共同商讨处理方案后实施，并形成书面记录。如涉及距离较长应暂停施工，召开专题会议商讨解决或请专家论证确定处理方案。

②施工过程中如遇停电、机械故障原因，喷浆中断时应及时记录中断深度。在12 h内采取补喷处理措施，并将补喷情况填报于施工记录内。补喷重叠段应大于100 cm，超过12 h应采取补桩措施。

(10)安全检查：

①所有施工人员必须**戴安全帽**；施工平台必须**牢固**、**稳定**、**平整**；施工区域应设置警戒线，作业过程中严禁无关人员进入。

②**施工用电**应实行"三级配电、两级保护"，严格执行"一机一箱一闸一漏"的配电原则，必须安装漏电保护器，电缆线必须架空，严禁随意拖曳；每次移动钻机前必须检查电缆线，防止轧压或拉断；施工区域上方如有电线应与有关部门联系停电后在**确保安全**的情况下方可施工。

③水泥搅拌桩施工现场所有设备、设施、安全装置、工具配件以及个人劳保用品必须经常检查，加强维护，发现问题及时处理，确保完好和使用安全。检查中如发现不符合安全施工的情况或存在事故隐患，应立即停工整改。

④施工单位必须把水泥搅拌桩**安全操作规程**交底至每个操作人员并进行班前教育，同时将安全操作规程牌悬挂在钻机上不影响施工的醒目位置。

**说明**：1. 检查内容中标▲的为重要检查项目；

2. 字体加粗的项目作重点检查，严格控制。

**嘉兴市杭嘉湖南排工程管理局**

2016年9月

# 现浇混凝土墙身、压顶(帽梁)检查办法

现浇混凝土墙身是堤防护岸工程的主体结构,压顶(帽梁)关系到本工程的形象,因此工程施工不仅要确保内在质量,还必须兼顾外观质量。为了使本工程达到安全、牢固、耐久、美观,特制订以下检查办法:

一、现浇混凝土墙身、压顶(帽梁)工程质量采取施工单位三检制自检、监理巡查、随机抽查和突击检查的办法。

二、检查内容:①▲混凝土强度及抗冻指标;②▲混凝土结构断面尺寸;③▲表观质量与平整度;④标高与线型;⑤沉降(伸缩)缝、排水管等;⑥工序检查。

三、检查办法:

(1)混凝土强度及抗冻指标。采取**试块取样**、回弹和**随机钻芯取样**,检测混凝土强度;如设计为抗冻混凝土,则应按规定进行抗冻指标检测;同时按有关规定进行**第三方检测**;如发现某代表段混凝土强度或抗冻指标达不到设计标准,则该段混凝土做全部返工处理。

(2)混凝土结构断面尺寸。混凝土墙身、压顶(帽梁)必须按设计图纸尺寸立模浇筑,其误差不得超过规范允许值。如发现不符合设计尺寸或误差大于规范允许值的段,则该段必须返工重做。

(3)表观质量与平整度。表面平整度应符合设计要求,采用2 m靠尺检查,其误差不得超过规范允许值;混凝土墙身、压顶(帽梁)不得有孔洞、蜂窝,不允许缺棱掉角,麻面面积不超过0.5%,并不得有连续裂缝或较大裂缝。如有不符合质量标准的段,应返工重做。

(4)标高与线型。混凝土墙身、压顶(帽梁)**标高**应符合设计要求,其误差不得超过规范允许值;平面位置应准确,**线型**应顺直,**棱角**要分明。如发现跑模严重、歪歪扭扭、缺棱掉角、高低不平的段,则必须返工重做。

(5)沉降(伸缩)缝、排水管等。沉降(伸缩)缝应平整、顺直,其材料和断面尺寸必须符合设计要求,检查时首先检验**填缝材料**和厚度、**断面尺寸**,然后检查放置位置是否准确,前后上下**是否整齐**,不合格的一律返工。排水管应通畅,其材质、管径、间距、标高位置与内外坡度应符合设计要求,如不合格则返工处理。

(6)工序检查。现浇混凝土墙身、压顶(帽梁)必须严格按《水工混凝土施工规范》(SL 677—2014)进行施工,其工序检查主要如下:

①基础面或施工缝处理。基础面应**凿毛**、**清洗**(达到基面无乳皮,成毛面,微露粗砂;清洗洁净、无积水、无积渣杂物)。

②帽梁下灌注桩或板桩桩顶部分如设计要求凿除的,按设计要求凿除长度凿除、清洗干净,然后方可布筋、立模。

③钢筋制安。凿除桩顶混凝土并清洗后,按设计要求将桩顶外露钢筋与帽梁主筋焊

接后与帽梁锚固,其搭接长度必须符合设计要求,帽梁布筋按设计要求配置。防(挡)浪墙钢筋制安必须符合设计与规范要求,检查钢筋的**规格**、**根数**、**安装位置**、**搭接长度**、**箍筋间距**、**保护层厚度**等是否符合设计与规范要求。

④模板。应具有一定的**强度**、**刚度**和**稳定性**,确保混凝土浇筑过程中不走样、不跑模,要求支撑牢固、平整光洁,板面缝隙不超过规范允许值;脱模剂应涂刷均匀,无明显色差;并采取**止浆措施**防止漏浆。

⑤**组成混凝土的材料必须合格**,混凝土应按**设计配合比**配制、拌和;混凝土应均匀并具有良好的**和易性**,在运输过程中应防止混凝土离析;商品混凝土进场后应进行**坍落度**试验和制作试块,如发现问题应及时通报厂方。

⑥混凝土入仓。**无不合格料入仓**,检验数量不少于入仓总次数的50%,入仓混凝土应均匀、不离析、无生料、无泌水、无骨料集中现象,并具有良好的和易性;混凝土坍落度在仓面每8 h应检测1~2次,高温雨雪天气应加密检测,其误差不得超过规范允许值。

⑦混凝土振捣。振捣器垂直插入下层5 cm,振捣要做到**有次序**、**无漏振**、无超振,并及时排除泌水;铺筑间歇时间**不得超过混凝土初凝时间**。

⑧脱模与养护。墙身、压顶(或帽梁)混凝土脱模时间应符合施工技术规范或设计要求,脱模时应防止碰撞结构棱角或墙面脱皮。混凝土养护应保持表面湿润,防止产生干缩裂缝,高温或寒冷天气应采取相应措施**加强养护**。

四、检测用具:

(1)2 m靠尺由监理单位配备;取芯设备由检测单位自带。

(2)坍落度筒、混凝土试模、回弹仪等由施工单位配备。

**说明**:1. 检查内容中标▲的为重要检查项目;

2. 字体加粗的项目作重点检查,严格控制。

**嘉兴市杭嘉湖南排工程管理局**

2016年11月

# 第3篇

## 工程测量放样

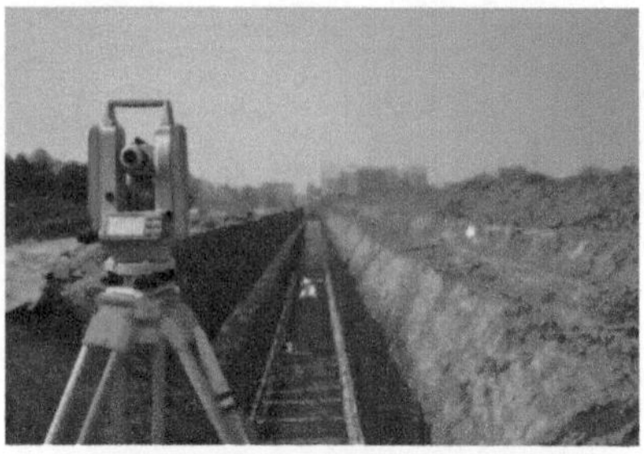

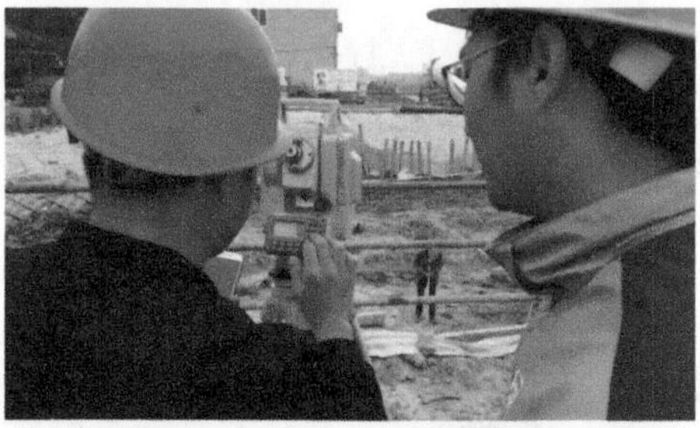

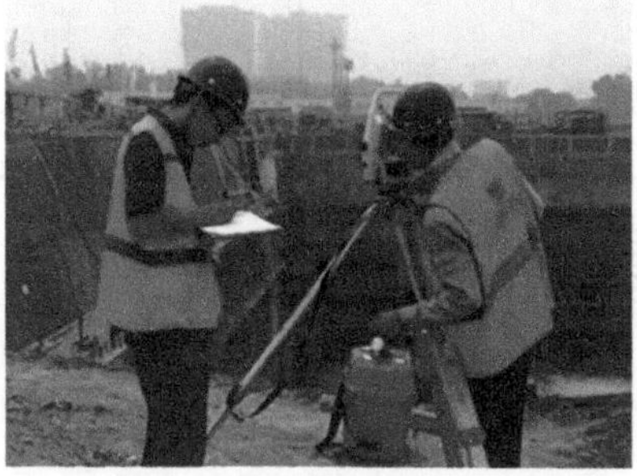

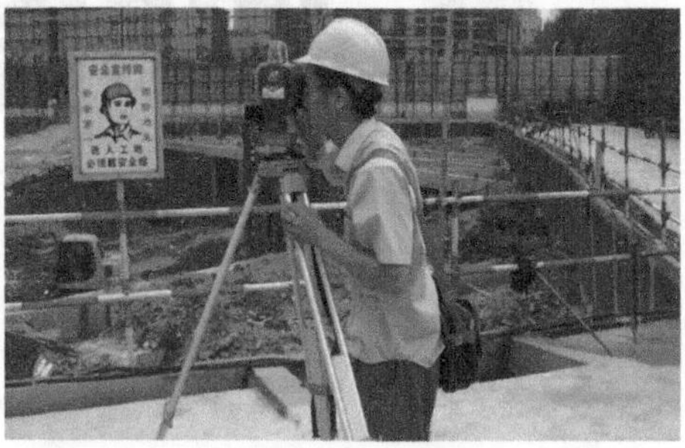

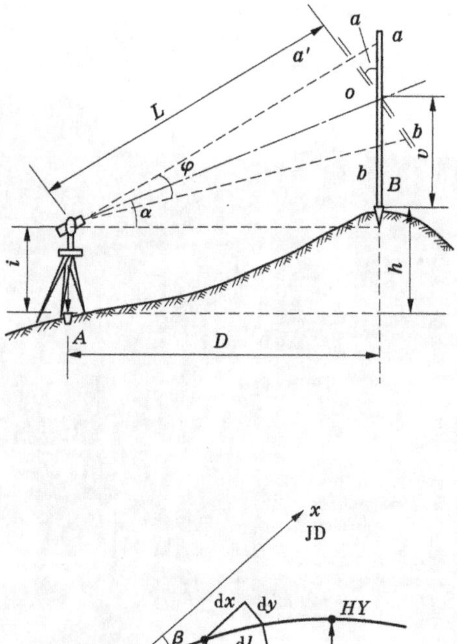
a
a
a'
L
o
φ
b
v
b
B
α
i
h
A
D

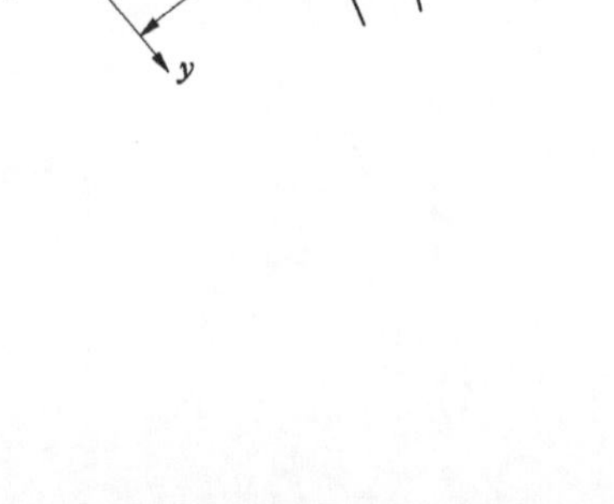
x
JD
dx
dy
HY
β
P
dl
ρ
R
ZH
dβ
∞
β
y

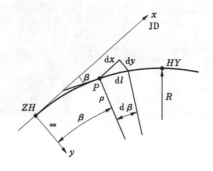

# 下堤道路护坡施工放样实例

## 一、案例背景

1998年海盐县标准海塘工程，混凝土堤顶宽9.00 m，堤顶外边线(与挡浪墙交接处)标高9.30 m，堤顶内边线(与后坡坡顶交接处)标高9.20 m；干砌块石后坡坡比1:2，坡长(水平距离)8.00m，坡脚处标高5.20 m；坡脚后设2.00 m宽浆砌块石平台，坡比5%，平台内边标高5.10 m；平台后设20.00 m护塘地至浆砌块石界墙，护塘地以6%坡度向后倾斜，至界墙处标高为3.90 m。其中，下堤道路与堤顶交接处设计如图1(图中高程以m计，尺寸以cm计，下同)所示，呈90°直角(两侧为圆弧)连接，下堤道路宽度7.00 m，纵坡为6%，自堤顶内边线处向下延伸；横坡5%，自中心线向两侧倾斜。三、四标段以下堤道路中心线为分界线。

## 二、问题发现

根据施工图纸，经计算得自堤顶边线向下25 m处下堤道路宽度为7.00 m(至此圆弧段结束，再往下为直线段)，该点处道路中心高程为7.70 m，据此推算出下堤道路边线的圆弧半径(水平距离)$R$为25 m，下堤道路中心线的圆弧半径为28.5 m。

三标段因施工进度较快，先行一步。放样采用直角交会法在护塘地上找到了圆心点$O$，然后分别以半径28.5 m、25.0 m、17.0 m、15.0 m放出了下堤道路中心线、边线与平台内、外边线，即同心圆弧。施工程序为先砌筑浆砌块石平台，然后砌筑干砌块石斜坡，最后浇筑下堤道路混凝土路面。

三标段浆砌石施工班组根据放样线完成了浆砌块石平台施工后，干砌石施工班组开始进行干砌块石斜坡施工，此时发现该斜坡是个扭坡(圆弧段坡比逐渐变缓)，不符合设计图1所示坡度1:2的要求，且影响工程外观质量，因此只能暂停施工。

## 三、原因分析

由设计图1知：设置下堤道路后，堤顶道路保持不变。而下堤道路则以6%的坡度向下延伸，高程逐渐下降，使其与护塘地的高差逐步减小，相应的边坡坡长亦随着高差的减小而逐渐缩短；如果堤脚处的浆砌块石平台边线高程不变，则干砌块石斜坡的坡长和水平距离可通过计算求得，即可按相应的圆心角所对应的坡长逐点进行放样。但问题是护塘地呈6%的坡度从高程5.10 m降至4.20 m(如图2所示，以下堤道路左半幅为例，下同)，距离15 m，浆砌块石平台的高程是随着护塘地下降而下降，而平台高程下降，势必延长干砌块石斜坡坡长。这就出现了两个变量，使得经简单计算得出的坡脚点没有落在实际的交点上。因此，须进一步分析找出在两个变量前提下的护坡与平台各个交点(坡脚线相应点的位置)。

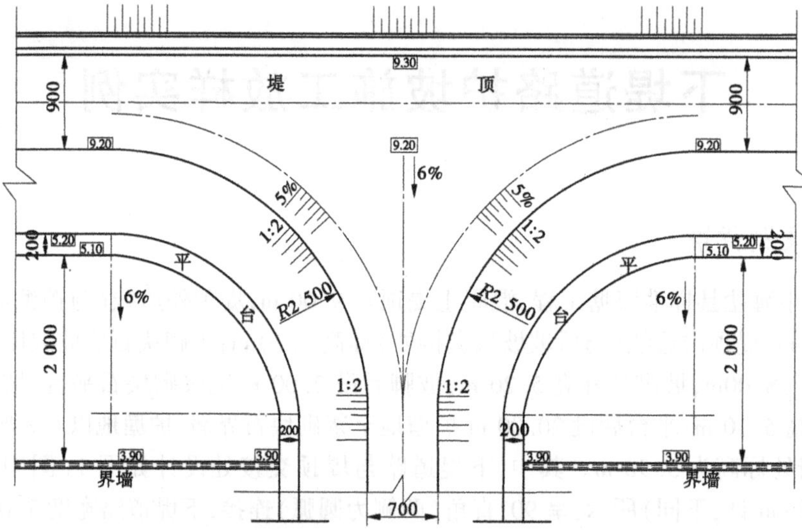


图1　下堤道路施工图　(单位:尺寸,cm;高程,m)

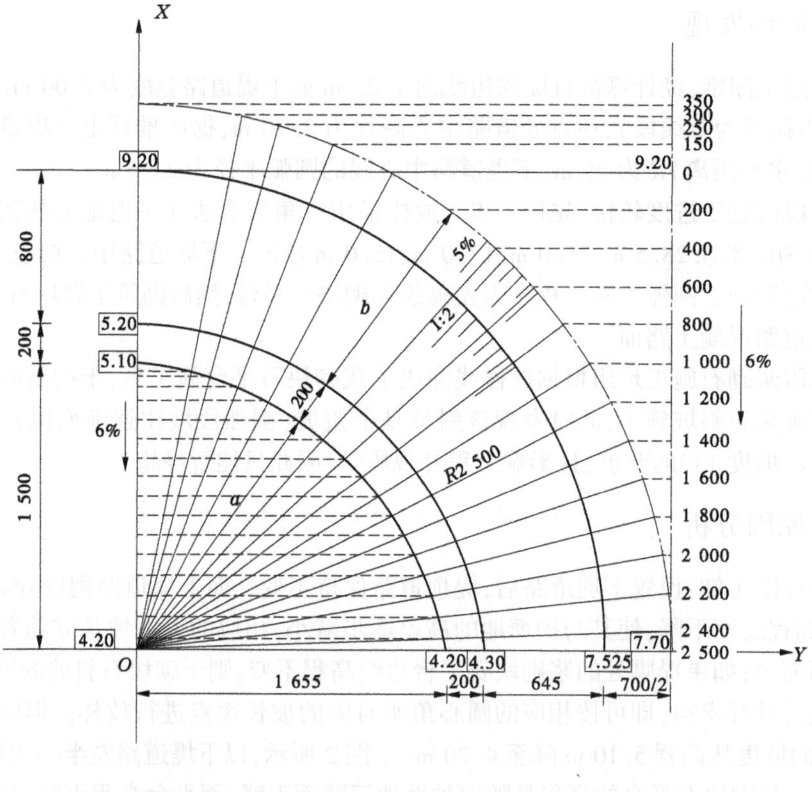


图2　圆弧段护坡分析平面图(左半幅)　(单位:尺寸,cm;高程,m)

## 四、解决方案

第一步：根据设计意图，首先确定各要素相互间的关系。

由图 2 可知：下堤道路横坡为 5%保持不变，因此下堤道路边线（干砌块石斜坡的上边线）的高程是随着下堤道路中心线的高程变化而变化，中心线高程是主变量，边线高程为从变量。下堤道路边线各个点的位置和高程可通过计算求得。而干砌块石斜坡坡度为 1∶2亦保持不变，因此从上往下为已知斜率为-0.5 且过既定点的斜线。浆砌块石平台面线为固定长度和斜率但位置在随时变化的斜线，确定该斜线两端点的位置还须求出以 $O$ 点为起始点各相应角度延线在护塘地上的斜率。①按图 2 所示拟定下堤道路中心线各里程桩号 $S$；②按 $H=9.20-6\%S$ 计算下堤道路中心线相应各点高程亦即以 $O$ 为圆心、以 $(25+3.5)=28.5$ 为半径在下堤道路上相应各点的高程；③按图 2 所示以 $O$ 为圆心、以 $X$ 轴为起始线对相应的圆心角 $\theta$ 进行编号，即 $\theta_0, \theta_1, \theta_2, \cdots, \theta_{17}$；④按 $\theta=\arccos((25-S)/28.5)$ 式逐点计算相应的圆心角 $\theta_0, \theta_1, \theta_2, \cdots, \theta_{17}$；⑤根据各圆心角推算以 $O$ 点为原点在护塘地上各条射线的垂直面斜率，计算公式为 $k_{地}=6\%\cos\theta$，再根据垂直面斜率反算出各条射线的竖直角 $\alpha$，计算公式为：$\alpha=\mathrm{arctg}k_{地}$。采用 Excel 列表计算，结果如表 1 所示。

**表 1　下堤道路对应圆心角及竖直面斜率与坡角计算表**

| 下堤道路中心线里程桩号 $S$ | 下堤道路中心线高程 $H=9.20-6\%S$ | 下堤道路边线高程 $H'=H-3.5\times5\%$ | 边线各点对应圆心角编号 | 边线各点对应圆心角 $\theta$ $\theta=\arccos((25-S)/28.5)$ | | | 护塘地上各对应射线垂直面斜率 $k_{地}=6\%\cos\theta$ | 护塘地上各条射线竖直角 $\alpha$ 编号 | 护塘地上各对应射线以 $O$ 点为原点竖直角 $\alpha$ $\alpha=\mathrm{arctg}k_{地}$ | | |
|---|---|---|---|---|---|---|---|---|---|---|---|
| | | | | ° | ′ | ″ | | | ° | ′ | ″ |
| -3.5 | 9.375 | 9.200 | $\theta_0$ | 0 | 00 | 00 | 0.060000 | $\alpha_0$ | 3 | 26 | 01 |
| -3.0 | 9.350 | 9.175 | $\theta_1$ | 10 | 44 | 54 | 0.058947 | $\alpha_1$ | 3 | 22 | 25 |
| -2.5 | 9.325 | 9.150 | $\theta_2$ | 15 | 13 | 22 | 0.057895 | $\alpha_2$ | 3 | 18 | 48 |
| -1.5 | 9.275 | 9.100 | $\theta_3$ | 21 | 35 | 33 | 0.055789 | $\alpha_3$ | 3 | 11 | 35 |
| 0 | 9.200 | 9.025 | $\theta_4$ | 28 | 41 | 40 | 0.052632 | $\alpha_4$ | 3 | 00 | 46 |
| 2.0 | 9.080 | 8.905 | $\theta_5$ | 36 | 11 | 40 | 0.048421 | $\alpha_5$ | 2 | 46 | 20 |
| 4.0 | 8.960 | 8.785 | $\theta_6$ | 42 | 32 | 13 | 0.044211 | $\alpha_6$ | 2 | 31 | 53 |
| 6.0 | 8.840 | 8.665 | $\theta_7$ | 48 | 11 | 23 | 0.040000 | $\alpha_7$ | 2 | 17 | 26 |
| 8.0 | 8.720 | 8.545 | $\theta_8$ | 53 | 22 | 52 | 0.035789 | $\alpha_8$ | 2 | 02 | 59 |
| 10.0 | 8.600 | 8.425 | $\theta_9$ | 58 | 14 | 35 | 0.031579 | $\alpha_9$ | 1 | 48 | 31 |
| 12.0 | 8.480 | 8.305 | $\theta_{10}$ | 62 | 51 | 42 | 0.027368 | $\alpha_{10}$ | 1 | 34 | 04 |
| 14.0 | 8.360 | 8.185 | $\theta_{11}$ | 67 | 17 | 47 | 0.023158 | $\alpha_{11}$ | 1 | 19 | 36 |
| 16.0 | 8.240 | 8.065 | $\theta_{12}$ | 71 | 35 | 29 | 0.018947 | $\alpha_{12}$ | 1 | 05 | 08 |
| 18.0 | 8.120 | 7.945 | $\theta_{13}$ | 75 | 46 | 55 | 0.014737 | $\alpha_{13}$ | 0 | 50 | 39 |
| 20.0 | 8.000 | 7.825 | $\theta_{14}$ | 79 | 53 | 45 | 0.010526 | $\alpha_{14}$ | 0 | 36 | 11 |
| 22.0 | 7.880 | 7.705 | $\theta_{15}$ | 83 | 57 | 28 | 0.006316 | $\alpha_{15}$ | 0 | 21 | 43 |
| 24.0 | 7.760 | 7.585 | $\theta_{16}$ | 87 | 59 | 21 | 0.002105 | $\alpha_{16}$ | 0 | 07 | 14 |
| 25.0 | 7.700 | 7.525 | $\theta_{17}$ | 90 | 00 | 00 | 0.000000 | $\alpha_{17}$ | 0 | 0 | 0 |

至此,两个变量的参数已确定,即可根据已知条件求出各放样点的平面位置和高程。

第二步:先求出 $O$ 点至浆砌块石平台边各点的水平距离和相应射线在干砌块石斜坡上的水平距离,再根据各线段的水平距离计算高差,经验算结果无误后,确定各相应点高程。

(1)取 $O$ 点至下堤道路边线($C$ 点)任一竖直面,作如图 3 所示的计算图,图 3 中 $O$ 点高程为已知即 4.20 m,$C$ 点高程($H'$)为已知变量,$AB$ 水平距离为 2.00 m、高差 0.10 m,$OC$ 水平距离(总长 25 m)为已知,$OA$ 的斜率 $k_{地}$ 为已知变量,$BC$ 的斜率为常数 1/2。

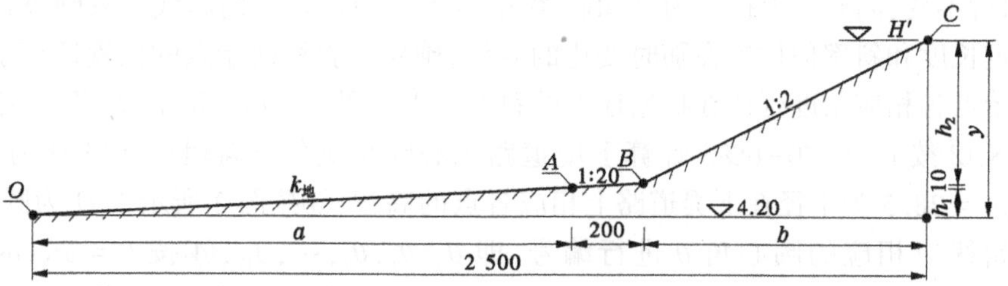


**图 3　圆弧段护坡坡脚平台 AB 点位置计算示意图**　(单位:尺寸,cm;高程,m)

如图 3 所示:设 $OA$ 的水平距离为 $a$、$BC$ 的水平距离为 $b$,$OA$ 的高差为 $h_1$、$BC$ 的高差为 $h_2$,$OC$ 的高差为 $y$,即 $H'-4.20$ 为已知变量。

(2)由上述条件可得以下联立方程:

① $h_1 + 0.1 + h_2 = y$;

② $h_2 = \frac{1}{2}b$, 即 $h_2 = 0.5b$;

③ $h_1 = k_{地}\, a$;

④ $a + 2 + b = 25$,即 $a = 23 - b$;

(3)解这个四元一次方程,得

$$b = \frac{y - 0.1 - 23k_{地}}{0.5 - k_{地}}$$　($b$ 为干砌块石斜坡水平距离)

(4)借助 Excel 列表计算(见表 2),先求出 $b$,然后可方便地得到 $a$、$h_1$ 和 $h_2$,最后计算 $A$ 点(浆砌块石平台与护塘地交接点)与 $B$ 点(浆砌块石平台与干砌块石斜坡交接点)的高程:

表 2 的计算结果经验算无误,即可对该下堤道路护坡坡脚线各点进行放样。

## 五、放样方法与步骤

(1)如图 2 所示,以堤顶道路中心线和下堤道路中心线(互为直角)为基线,采用直角交会法在护塘地上定出圆心 $O$ 点。

(2)在 $O$ 点架设经纬仪(或全站仪),以 $X$ 轴为起始线,按表 1 计算得出的各对应圆心角 $\theta$ 值和下堤道路中心高程 $H$ 及下堤道路边线高程 $H'$,分别确立下堤道路中心线[半径(水平距离,下同)$R$ 为 28.5 m]和下堤道路边线(半径 $r$ 为 25 m)相应各点的平面位置和高程,并采用支距法对各放样点进行校核。

(3)按表 2 计算得出的 $OA$ 段水平距离、$OB$ 段水平距离($OB=OA+2$)以及 $A$ 点高程和

$B$ 点高程依序放样。如此得到的下堤道路圆弧段护坡均为统一坡度,既符合设计要求,又提高了观感质量。三标段经返工后亦参照四标段做法,效果良好。

**表2 下堤道路各对应坡面线长度及相应点高程计算表**

| 下堤道路边线点号 | 下堤道路边线高程 $H'$ C点高程 | OC高差 $y$ $y=H'-4.20$ | OA线斜率 $k_{地}=6\%\cos\theta$ θ为XOC角 | BC段水平距离 $b=\frac{y-0.1-23k_{地}}{0.5-k_{地}}$ | OA段水平距离 $a=23-b$ | OA段高差 $h_1=k_{地}a$ | BC段高差 $h_2=0.5b$ | A点高程 $H_A=4.20+h_1$ | B点高程 $H_B=H'-h_2$ |
|---|---|---|---|---|---|---|---|---|---|
| $C_0$ | 9.200 | 5.000 | 0.060000 | 8.000 | 15.000 | 0.900 | 4.000 | 5.100 | 5.200 |
| $C_1$ | 9.175 | 4.975 | 0.058947 | 7.979 | 15.021 | 0.885 | 3.990 | 5.085 | 5.185 |
| $C_2$ | 9.150 | 4.950 | 0.057895 | 7.958 | 15.042 | 0.871 | 3.979 | 5.071 | 5.171 |
| $C_3$ | 9.100 | 4.900 | 0.055789 | 7.917 | 15.083 | 0.841 | 3.959 | 5.041 | 5.141 |
| $C_4$ | 9.025 | 4.825 | 0.052632 | 7.856 | 15.144 | 0.797 | 3.928 | 4.997 | 5.097 |
| $C_5$ | 8.905 | 4.705 | 0.048421 | 7.731 | 15.269 | 0.739 | 3.866 | 4.939 | 5.039 |
| $C_6$ | 8.785 | 4.585 | 0.044211 | 7.609 | 15.391 | 0.680 | 3.805 | 4.880 | 4.980 |
| $C_7$ | 8.665 | 4.465 | 0.040000 | 7.489 | 15.511 | 0.620 | 3.745 | 4.820 | 4.920 |
| $C_8$ | 8.545 | 4.345 | 0.035789 | 7.371 | 15.629 | 0.559 | 3.686 | 4.759 | 4.859 |
| $C_9$ | 8.425 | 4.225 | 0.031579 | 7.256 | 15.744 | 0.497 | 3.628 | 4.697 | 4.797 |
| $C_{10}$ | 8.305 | 4.105 | 0.027368 | 7.142 | 15.858 | 0.434 | 3.571 | 4.634 | 4.734 |
| $C_{11}$ | 8.185 | 3.985 | 0.023158 | 7.030 | 15.970 | 0.370 | 3.515 | 4.570 | 4.670 |
| $C_{12}$ | 8.065 | 3.865 | 0.018947 | 6.921 | 16.079 | 0.305 | 3.460 | 4.505 | 4.605 |
| $C_{13}$ | 7.945 | 3.745 | 0.014737 | 6.813 | 16.187 | 0.239 | 3.406 | 4.439 | 4.539 |
| $C_{14}$ | 7.825 | 3.625 | 0.010526 | 6.707 | 16.293 | 0.172 | 3.353 | 4.372 | 4.472 |
| $C_{15}$ | 7.705 | 3.505 | 0.006316 | 6.603 | 16.397 | 0.104 | 3.301 | 4.304 | 4.404 |
| $C_{16}$ | 7.585 | 3.385 | 0.002105 | 6.501 | 16.499 | 0.035 | 3.250 | 4.235 | 4.335 |
| $C_{17}$ | 7.525 | 3.325 | 0.000000 | 6.450 | 16.550 | 0.000 | 3.225 | 4.200 | 4.300 |

(4)圆弧段放样完成后,即可对接下去的延伸段(直线段)进行放样。因为下堤道路的纵坡与护塘地的坡度相同,因此干砌块石斜坡在界墙线上的水平距离等同于圆弧段终点处的水平距离,即6.45 m。在下堤道路中心线与界墙线交会处定点放样即可。该水平距离可作如下验证。

(5)由图1可知,护塘地宽20 m至界墙止,因此 $O$ 点至界墙的水平距离为5 m,过界墙后为平地。已知界墙处高程3.90 m,即 $O$ 点与界墙的高差为0.30 m。由表1知,下堤道路圆弧段终点的中心高程为7.70 m,边线高程为7.525 m,由此可以推算出界墙线与下堤道路中心线交点处的高程为7.40 m(7.7−6%×5),界墙线与下堤道路边线交点处的高程为7.225 m(7.4−5%×3.5或7.525−6%×5)。因此,在界墙线上干砌块石护坡的水平距离为[7.225−(3.9+0.1)]×2=6.45(m)。

## 六、拓展思考

上述采用解析几何结合Excel求放样点平面位置及高程的方法切实可行,且放样点

精度高,易控制,但这并不是唯一的方法,尚有好多其他方法可以探讨,举例如下:

(1)由图2可知,$O$点至浆砌块石平台的水平距离起点处为15.00 m,终点处为16.55 m,所有点连接起来为一条其中一端重合于半径15.00 m或16.55 m圆弧的曲线,可以采用作渐近线的方法或导出渐近线函数先求出$OA$段水平距离,然后逐一计算放样点数据。

(2)可借助CAD辅助作图直接在电脑上求相关数据。根据表1结果用CAD依次作图,分别在图上求得$OA$段水平距离、$BC$段水平距离和$h_1$、$h_2$,从而得出放样点数据。

(3)如放样点精度要求不高(但需经监理认可),可根据表1计算结果在放样步骤(1)、(2)后用土办法操作如下:

①以下堤道路边线各点为依托,对准$O$点,拉出1:2样线(干砌块石护坡坡面线);同时以$O$点(高程4.20 m处)为起点,根据护塘地上各条射线的竖直角$\alpha$值分别拉出各对应射线在护塘地上的坡度线。

②用浆砌块石平台模板(1:20坡度尺:长2 m,高0.1 m,斜长2.002 5 m)在上述各射线的上下两条坡度线交会处上下左右移动,分别找到坡度尺两端与上下两条坡度线的交点,即可定出浆砌块石平台两端的平面位置。

③根据定出的平面位置,分别测出$O$点至浆砌块石平台上各点的水平距离,同时测出干砌块石斜坡上下各点的水平距离;然后根据水平距离和相应的斜率分别计算出相应各点的高程。最后列表验算校核误差≤3 mm,如超过允许值应做调整。

**作者注:**

本文源于1998年海盐县标准海塘工程,2002年8月初稿,2010年12月修改,2011年11月整理成稿。

# 桥梁主控点放样实例

2000年,某航道改线工程设计在该航道某直线段和某圆弧段各建桥梁一座。设计图纸标明航道中心线主点坐标以及与桥梁有关的主要控制点坐标等。但工程开工后因当地镇、村要求桥梁移位,业主征求设计意见后回复:该航道桥梁位置可以略微变动,但要求变更后的桥梁跨中点仍与航道中心线重合,且桥梁斜交度与航道走向相符。业主经现场踏勘后按当地镇、村意见在拟建桥梁两头标定了桥梁轴线控制点,指示施工单位按此放样施工。由于设计只提出了桥梁移位后的布置原则,而没有提供具体的桥位坐标与斜交度,因此要求施工项目部技术人员根据现有技术资料和业主现场确定的桥梁轴线点位求得桥梁轴线墩台中心点坐标和斜交度而后进行放样与引桥梁板预制。

## 一、航道直线段桥梁放样

已知:施工控制网点坐标:$I_5$(5 454.484,4 683.912),$I_6$(5 685.006,4 995.857);设计直线段桥梁主跨60.000 m,航道中心线控制点坐标$H_4$(5 366.740,4 676.940),$H_5$(5 599.470,5 070.590)。放样步骤如下:

(1)在$I_6$上架设仪器,以$I_5$为后视点,测得业主现场标定的两个桥梁轴线控制点坐标为$A$(5 561.349,4 851.271),$B$(5 454.653,4 919.613)。

(2)计算确定航道中心线与$A$、$B$两点连线的交点$P$的坐标。

a.用平面解析几何两点式方程求解:

$$\frac{Y-Y_{H_4}}{Y_{H_5}-Y_{H_4}}=\frac{X-X_{H_4}}{X_{H_5}-X_{H_4}}$$

$$\frac{Y-Y_A}{Y_B-Y_A}=\frac{X-X_A}{X_B-X_A}$$

解上述联立方程,并代入相关数据得

$$X_P=\frac{(X_{H_5}-X_{H_4})(X_Ay_B-X_BY_A)-(X_B-X_A)(X_{H_4}Y_{H_5}-X_{H_5}Y_{H_4})}{(X_{H_5}-X_{H_4})(Y_B-Y_A)-(X_B-X_A)(Y_{H_5}-Y_{H_4})}=5\ 494.951$$

$$Y_P=\frac{(Y_B-Y_A)(X_{H_5}Y_{H_4}-X_{H_4}Y_{H_5})-(Y_{H_5}-Y_{H_4})(X_BY_A-X_AY_B)}{(X_{H_5}-X_{H_4})(Y_B-Y_A)-(X_B-X_A)(Y_{H_5}-Y_{H_4})}=4\ 893.801$$

b.先求出两条直线各自的斜率,然后用点斜式分步求解:

$$k_m=\frac{Y_{H_5}-Y_{H_4}}{X_{H_5}-X_{H_4}}=\frac{5\ 070.590-4\ 676.940}{5\ 599.470-5\ 366.740}=1.691\ 445\ 022$$

$$k_n=\frac{Y_B-Y_A}{X_B-X_A}=\frac{4\ 919.613-4\ 851.271}{5\ 454.653-5\ 561.349}=-0.640\ 530\ 1$$

$$\because \quad Y-Y_{H4}=k_m(X-X_{H_4}) \qquad Y-Y_A=k_n(X-X_A)$$

$$\therefore \qquad X_P = \frac{mx_{H_4} - nx_A + y_A - y_{H_4}}{m - n} \qquad ①$$

$$Y_p = k_m(X_p - X_{H_4}) + Y_{H_4} \qquad ②$$

式中，$m$ 为 $k_m$；$n$ 为 $k_n$。

将已知条件 $X_{H_4}$=5 366.740、$Y_{H_4}$=4 676.940；$X_A$=5 561.349、$Y_A$=4 851.271 和求得的 $k_m$、$k_n$ 值代入式①得 $X_P$=5 494.951。

再将 $X_P$ 值和已知条件代入式②得 $Y_P$=4 893.802。（两种方法同解，误差在允许范围内）

(3)根据以上计算所得 $P$ 点坐标（5 494.951，4 893.801）与桥梁轴线控制点 $A$（5 561.349，4 851.271）、$B$（5 454.653，4 919.613）得该桥梁主跨 $A$ 方向墩台中心点坐标为（5 520.213，4 877.620），$B$ 方向墩台中心点坐标为（5 469.689，4 909.982），其余引桥部分墩台中心点坐标以此类推。

亦即 $A$ 方向墩台中心点为 $A$ 点向 $B$ 点方向 48.851 m，$B$ 方向墩台中心点为 $B$ 点向 $A$ 点方向 17.856 m。

由以上数据，即可采用常规方法对全桥轴线进行放样。

(4)计算并确定航道中心线与桥梁轴线的夹角 $\theta$ 与桥梁斜交度。

①由 $\mathrm{tg}\alpha=\dfrac{Y_{H_5}-Y_{H_4}}{X_{H_5}-X_{H_4}}=k_m=1.691\ 445\ 022$ 得 $\alpha=59°24'29''$。

由 $\mathrm{tg}\beta=\dfrac{Y_B-Y_A}{X_B-X_A}=k_n=-0.640\ 530\ 1$ 得 $\beta=147°21'33''$。

所以，夹角 $\theta=87°57'04''$。

②$\mathrm{tg}\theta=\dfrac{m-n}{1+mn}=\dfrac{1.691\ 445\ 022+0.640\ 530\ 1}{1+1.691\ 445\ 022\times(-0.640\ 530\ 1)}=27.954$。

所以，夹角 $\theta=87°57'04''$。（两种方法同解）

直角偏差值=90°−87°57′04″=2°02′56″

所以，该桥梁斜交度为逆时针斜交 2°02′56″，以此可进行墩台细部放样与梁板预制。

## 二、航道圆弧段桥梁放样

已知：施工控制网点坐标 $I_6$（5 685.006，4 995.857），$I_7$（6 076.479，5 287.867）；设计圆弧段桥梁主跨 60.50 m，航道中心线直线段控制点坐标 $H_6$（5 739.490，5 230.610），左转转角点坐标 $JD$（6 229.010，5 476.150），航道中心线圆弧起点坐标 $ZY$（5 951.630，5 337.020），圆弧半径 $R$ 为 700 m。放样步骤如下：

(1)在 $I_7$ 上架设仪器，以 $I_6$ 为后视点，测得业主现场标定的两个桥梁轴线控制点坐标为 $C$（6 005.609，5 335.001），$D$（5 973.759，5 389.843）。

(2)计算确定航道中心线与 $C$、$D$ 两点连线交点 $P$ 点坐标。

方法一：

①用平面解析几何两点式方程或点斜式方程（直线段放样中已叙述）求得 $C$、$D$ 连线

与 $ZY$、$JD$ 连线的交汇点 $P'$ 坐标(5 992.525,5 357.531)。

②按坐标反算方法计算得 $ZY$ 点至 $P'$ 点的平距为 45.750 m;直线 $P'\sim C$ 的方位角为 300°08′43″,直线 $P'\sim H_6$ 的方位角为 206°38′17″,即得 $\angle H_6P'C$ 为 93°30′26″。

③如图 1(示意图,为直观起见,不按比例)所示:因为 $ZY$ 点为圆弧起点,故 $O\sim ZY\perp H_6\sim P'$,连接 $OP'$,得直角三角形 $\triangle OZYP'$。

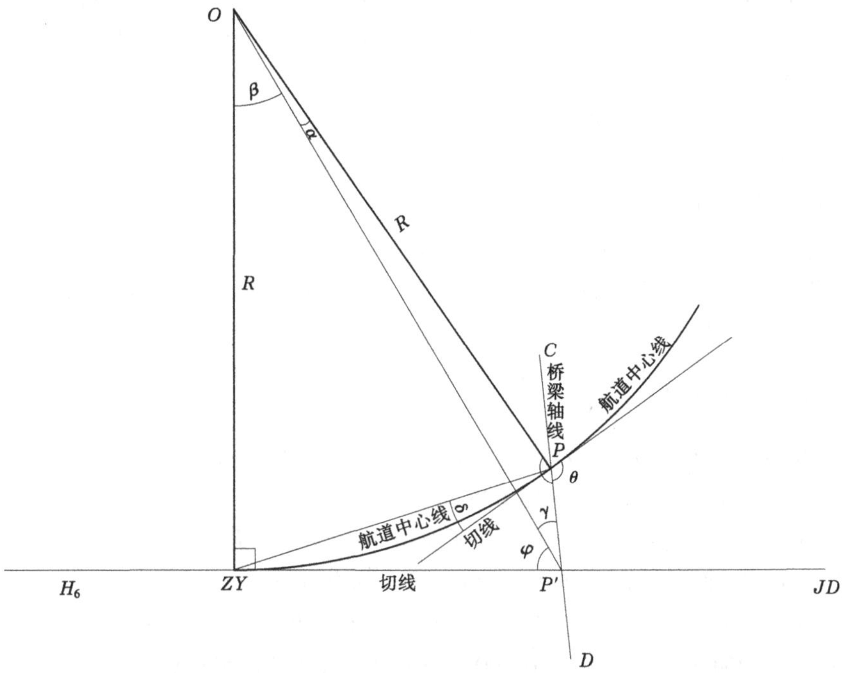


**图 1　航道中心线与桥梁轴线交点坐标与斜交度计算图**

$$\because \quad \mathrm{tg}\beta=\frac{ZY\leftrightarrow P'}{R}=\frac{45.750}{700}$$

$$\therefore \quad \angle\beta=3°44'22''$$

$$\angle\varphi=90°-3°44'22''=86°15'38''$$

$$\because \quad \angle H_6P'C=93°30'26''$$

$$\therefore \quad \angle\gamma=\angle H_6P'C-\angle\varphi=93°30'26''-86°15'38''=7°14'48''$$

$$O\sim P'=\sqrt{700^2+45.750^2}=701.493(\mathrm{m})$$

在 $\triangle OP'P$ 中,$\dfrac{R}{\sin\gamma}=\dfrac{OP'}{\sin\angle P'PO}$ 即 $\dfrac{700}{\sin7°14'48''}=\dfrac{701.493}{\sin\angle P'PO}$ 得 $\angle P'PO=172°44'16''$,

则 $$\angle\alpha=180°-\angle\gamma-\angle P'PO=180°-7°14'48''-172°44'16''=0°00'56''$$

又 $\dfrac{P'P}{\sin\alpha}=\dfrac{700}{\sin\gamma}$,则 $P'\sim P=\dfrac{700\sin0°00'56''}{\sin7°14'48''}=1.507$ m。

④根据 $P'$ 点坐标、$P'\sim C$ 方位角和 $P'\sim P$ 距离,由坐标正算得航道中心线与桥梁轴线交汇点 $P$ 坐标为(5 993.282,5 356.228)。

方法二：

①计算圆心 $O$ 点坐标并列出圆的方程。

由已知条件航道中心线圆弧起点坐标 $ZY$(5 951.630,5 337.020)知,$ZY$ 点在圆弧上,且 $H_6\sim ZY\sim JD$ 直线为圆弧切线。

所以,$O\sim ZY\perp H_6\sim ZY\sim JD$($O\sim ZY$ 为过 $ZY$ 点法线)。

根据航道中心线直线段控制点坐标 $H_6$(5 739.490,5 230.610)与左转转角点坐标 $JD$(6 229.010,5 476.150)由坐标反算得 $H_6\sim ZY\sim JD$ 直线方位角为 26°38′17″。

所以,$ZY\sim O$ 点连线方位角为 26°38′17″+270°=296°38′17″。

由已知条件 $ZY$ 点坐标、$ZY\sim O$ 点连线方位角与圆弧半径 $R$=700 m,经坐标正算得 $O$ 点坐标(6 265.477,4 711.320)。

由圆的标准方程 $(X-X_0)^2+(Y-Y_0)^2=R^2$ 得

$$(X-6\,265.477)^2+(Y-4\,711.320)^2=700^2$$

②根据实测得到的桥梁轴线控制点坐标 $C$(6 005.609,5 335.001)、$D$(5 973.759,5 389.843)求得 $CD$ 直线方程。

由直线两点式方程 $\dfrac{Y-Y_1}{Y_2-Y_1}=\dfrac{X-X_1}{X_2-X_1}$ 得

$Y-5\,335.001=(X-6\,005.609)\times(5\,389.843-5\,335.001)/(5\,973.759-6\,005.609)$

化简得:$Y=-1.721\,883\,83X+15\,675.962\,03$。

③由圆方程和直线方程联立求解圆弧航道中心线与桥梁轴线交汇点 $P$ 坐标。

将 $Y=-1.721\,883\,83X+15\,675.962\,03$ 代入圆方程,得

$(X-6\,265.477)^2+(-1.721\,883\,83X+15\,675.962\,03-4\,711.320)^2=700^2$

整理得:$3.964\,883\,924X^2-50\,290.633\,63X+158\,989\,576.9=0$

解得:$X_1=6\,690.731$(大于 $O$ 点坐标,不合题意,舍去);$X_2=5\,993.280$;$Y=5\,356.230$。

两种方法计算结果误差 2 mm,属允许范围。可按常规方法放样,两侧墩台主控点放样方法同直线段桥梁放样,前已叙述。

(3)计算通过 $P$ 点的航道中心线切线与桥梁轴线的夹角 $\theta$ 及桥梁斜交度。

方法一：

①连接 $P\sim ZY$,根据 $P$ 点坐标和 $ZY$ 点坐标,由坐标反算得直线 $P\sim ZY$ 的方位角为 204°45′25″,$P\sim ZY$ 的距离(弦长 $C$)为 45.868 m。

②根据圆弧半径 $R$ 和弦长,计算偏角 $\delta$,从而得到过 $P$ 点的航道中心线切线方位角。

$$\sin\delta=\frac{C}{2R}=\frac{45.868}{2\times700}\qquad\delta=1°52'39''$$

切线方位角=204°45′25″−1°52′39″=202°52′46″(22°52′46″)。

③计算夹角,确定斜交度。

∵ $P'\sim C$ 方位角为 300°08′43″。

∴ 夹角 $\theta$=300°08′43″−202°52′46″=97°15′57″,即正交偏差值为 7°15′57″。

∴ 该桥梁斜交度为顺时针斜交 7°15′57″,以此可进行墩台细部放样与梁板预制。

方法二:

①根据 $O$ 点坐标(6 265.477,4 711.320)和 $P$ 点坐标(5 993.280,5 356.230)经坐标反算得 $O\sim P$ 连线(过 $P$ 点法线)方位角为 112°52′59″,因此过 $P$ 点切线方位角为 202°52′59″(22°52′59″)。

②根据 $C$ 点坐标(6 005.609,5 335.001)与 $P$ 点坐标(5 993.280,5 356.230)经坐标反算得桥梁轴线方位角为 300°08′47″(120°08′47″)。

③计算夹角,确定斜交度。

夹角 $\theta$=300°08′47″-202°52′59″=97°15′48″,即正交偏差值为 7°15′48″,以此可进行墩台细部放样与梁板预制。

两种方法计算结果差值为 9″,属允许范围。

换位思考:

以上放样是在 2000 年实施的,当时计算机技术尚未普及,只能采用解析几何方法结合函数计算器求解、经纬仪+红外测距仪放样。随着计算机技术的推广应用,放样点坐标与斜交度求解的问题可以借助 CAD 在电脑上方便地完成,减少了大量的计算,且达到同样的精度。但是,现场放样的基本原理却是一致的,特别是桥位变更引起的一系列数据改变,须遵循客观规律通过科学计算确定,切不可简单行事,主观定桩。

**作者注:**

本文源于 2000 年平湖市河改线工程,2001 年 12 月初稿,2005 年 5 月修改,2010 年 4 月整理成稿。

# 导数在施工放样中的应用

## ——现浇弧形桥梁底模放样实例(抛物线形)

在较大跨度的预应力钢筋混凝土桥梁工程施工中,因其主梁(主拱)距离长、质量大,故采用现浇施工工艺的实例较多。而对于现浇拱肋的线型(关乎受力精准与否)控制,保证底模准确是重中之重,也是一大难点。

目前中承式、下承式桥梁主拱大多采用二次函数(抛物线、双曲线或其他二次函数)线型,采用圆曲线线型的较少。中承式桥梁示例如图 1 所示。

图 1　中承式桥梁示例

桥梁施工图上或设计技术交底时,设计一般给出主拱与边拱中心线函数式,很少有给出拱底线函数式的,最多只提供几个代表点的垂直坐标数据(这一方面是代表点点位间距太大,另一方面是实际放样时点位水平位置不可能正好落在支架钢管上),因此放样前施工单位需先求出拱底有关数据,方可根据支架钢管立杆位置逐点标记底模标高。

实际支模施工时,常受到场地、支架钢管位置等现实问题影响,因此不可能照搬设计图纸上给定的底模点位数据进行实地标记。而只有将梁底各点的平面位置和所对应高程的点位准确地标记在支架钢管上,才能依此准确无误地支设底模。

本例为 2000 年某航道改线工程一中承式系杆拱桥梁,主桥三跨,中跨跨径 65 m。中跨主拱节段 $A$、$B$、$C$ 和主梁节段 $A$、$B$、$C$ 均为预制梁,其中 $B$、$C$ 段一端分别与两边跨悬臂连接,中间段 $A$ 两端与 $B$、$C$ 段连接。主拱悬臂段与边拱连同边梁为一体式现浇梁,引桥部分为预制后张法预应力空心板梁结构。中跨与边跨拱肋均采用抛物线型工字结构,拱厚 100 cm(如主桥半拱肋结构纵剖面图中的旋转剖视所示),主桥结构详见图 2。

由主桥半拱肋放样图(见图 3)知,中跨拱中心线函数式为 $y=x^2/75$,坐标原点位于主拱中心(距主墩中心 32.5 m,标高 19.470 m);边跨拱河侧中心线函数式为 $y=0.0067x^2+0.0163x-0.264$,横坐标 $x$ 原点位于主墩中心至岸侧 25 m(标高 9.982 m);中跨主梁为 $R=1\ 500$ m 的竖曲线。

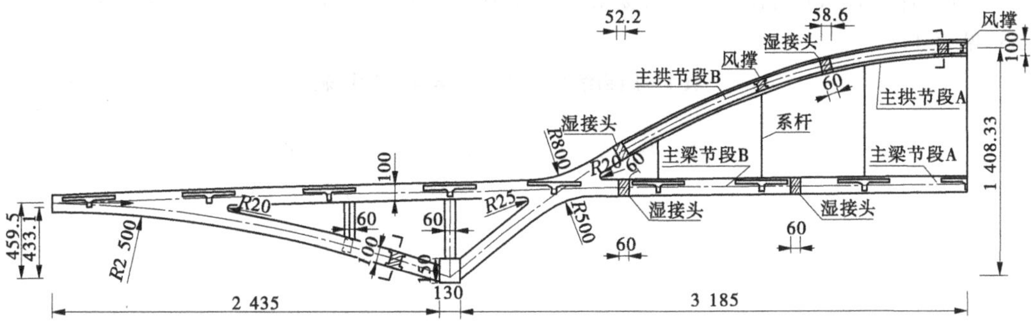


图 2　主桥半拱肋结构纵剖面图　（单位：cm）

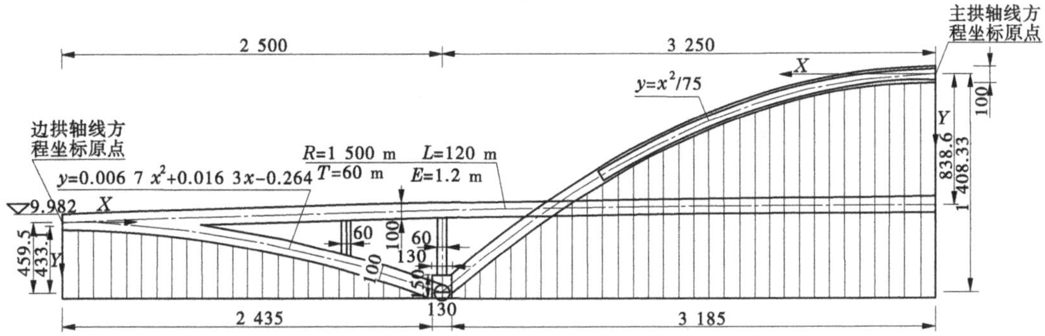


图 3　主桥半拱肋放样图　（单位：尺寸，cm；高程，m）

本例放样难点为主拱悬臂段与边拱两处底模面标高的确定，因为设计图只提供了拱肋中心线的两个函数式和坐标原点，而拱肋顶面、底面与中心线是互相平行的二次函数曲线，不能直接得到，因此须通过计算先求出与中心线平行的二次曲线方可进行各放样点高程计算。现以比较复杂的边跨拱河侧为例解此问题，步骤如下：

(1)求二次函数 $y=0.006\ 7x^2+0.016\ 3x-0.264$ 的切线斜率。

∵ 二次函数的导数即为该函数的切线斜率。

∴　$k_1 = \mathrm{tg}\alpha_{切} = y' = 0.013\ 4x + 0.016\ 3(y = ax^2 + bx + c, y' = 2ax + b)$。

(2)求切线对应的法线斜率。

$$k_2 = \mathrm{tg}\alpha_{法} = - 1/k_1$$

(3)求法线的正弦与余弦。

$$\sin\alpha = \sqrt{\frac{k_2^2}{1 + k_2^2}} \qquad \cos\alpha = \sqrt{\frac{1}{1 + k_2^2}}$$

(4)求底面至中心线的坐标增量。

$$\Delta x = - 0.5\cos\alpha \qquad \Delta y = 0.5\sin\alpha$$

(5)求底面线各点坐标。

$$x_1 = x + \Delta x \qquad y_1 = y + \Delta y$$

(6)借助 Excel 列表计算上述数值，本例中 $x$ 取值 0，2.5，5.177 5（$y=0$），10，15，20，25，见表 1。

**表 1　抛物线平行线对应坐标值计算表**

| | A | B | C | D | E | F | G | H | I | J | K |
|---|---|---|---|---|---|---|---|---|---|---|---|
| 1 | 抛物线平行线对应坐标值计算表 | | | | | | | | | | |
| 2 | 点号 | $X$ | $Y$ | $k_1=y'$ | $k_2$ | $\sin\alpha$ | $\cos\alpha$ | $\Delta x$ | $\Delta y$ | $x_1$ | $y_1$ |
| 3 | 1 | 0 | -0.26400 | 0.016300 | -61.349693 | 0.999867 | 0.016298 | -0.008149 | 0.499934 | 0 | 0.23593 |
| 4 | 2 | 2.5 | -0.18138 | 0.049800 | -20.080321 | 0.998762 | 0.049738 | -0.024869 | 0.499381 | 2.47513 | 0.31801 |
| 5 | 3 | 5.1775 | 0 | 0.085679 | -11.671472 | 0.996350 | 0.085366 | -0.042683 | 0.498175 | 5.13485 | 0.49817 |
| 6 | 4 | 10 | 0.56900 | 0.150300 | -6.653360 | 0.988893 | 0.148631 | -0.074315 | 0.494446 | 9.92568 | 1.06345 |
| 7 | 5 | 15 | 1.48800 | 0.217300 | -4.601933 | 0.977195 | 0.212344 | -0.106172 | 0.488597 | 14.89383 | 1.97660 |
| 8 | 6 | 20 | 2.74200 | 0.284300 | -3.517411 | 0.961882 | 0.273463 | -0.136732 | 0.480941 | 19.86327 | 3.22294 |
| 9 | 7 | 25 | 4.33100 | 0.351300 | -2.846570 | 0.943475 | 0.331443 | -0.165721 | 0.471738 | 24.83428 | 4.80274 |
| 10 | | $y$ | $x^2$ | $x$ | | $A$ | $B$ | $C$ | 计算公式 | | |
| 11 | Ⅰ | 0.498175 | 26.366723 | 5.134854 | 代入解方程 | 195.459383 | 9.758974 | 1.478423 | $k_1=y'$ | $k_2=-1/k_1$ | |
| 12 | Ⅱ | 1.976597 | 221.826106 | 14.893828 | 1.018596 | 394.915286 | 9.940451 | 2.826140 | $k_1=\mathrm{tg}\alpha_{切}$ | $k_2=\mathrm{tg}\alpha_{法}$ | |
| 13 | Ⅲ | 4.802738 | 616.741392 | 24.834279 | | 199.094123 | 9.940451 | 1.505915 | $y'=0.0134x+0.0163$ | | |
| 14 | | | | | | 195.821163 | 0.000000 | 1.320225 | $\sin\alpha=\mathrm{SQRT}(k_2^2/(1+k_2^2))$ | | |
| 15 | | | | | | **0.006741993** | **0.016460412** | **0.235888738** | $\cos\alpha=\mathrm{SQRT}(1/(1+k_2^2))$ | | |
| 16 | 中心线函数式: | | $y=0.0067x^2+0.0163x-0.264$ | | | | | | $\Delta X=-0.5\cos\alpha$ | | |
| 17 | 平行线函数式: | | $y=0.006742x^2+0.0164604x+0.235889$ | | | | | | $\Delta Y=0.5\sin\alpha$ | | |
| 18 | 验 | $X_1$ | 0 | 2.475130819 | 5.134853743 | 9.925684707 | 14.89382778 | 19.86326841 | 24.83427857 | 25 | 结　论 |
| 19 | 算 | $Y_1$ | 0.235888738 | 0.317933701 | 0.49817482 | 1.063485516 | 1.976597441 | 3.222896021 | 4.802737645 | 4.861144971 | 精确到mm级 |

(7)取具有代表性的三点即 $y=0$，$x=15$，$x=25$ 时 $x_1$ 和 $y_1$ 的值分别代入二次函数标准式 $y=Ax^2+Bx+C$ 得三元一次联立方程（其 $y$ 值、$x^2$ 和 $x$ 值见表 1 中 B11 ~ D13），即 B11 = C11 A+ D11 B+C，B12 = C12 A+ D12 B+C，B13 = C13 A+ D13 B+C。

(8)解这个三元一次联立方程，见表 1 的 E10 ~ H14（红字部分），得 A = F15，B = G15，C = H15，则得平行线函数式：$y=$ F15 $x^2+$ G15 $x+$H15（计算过程略）。

(9)验算：将表 1 中 J3 ~ J9 的 $x_1$ 值分别代入上式验证，见表 1 的 C18 ~ J19，所得 $y$ 值分别与对应的 K3 ~ K9 比较，结论为精确到毫米级（如未达到应重新演算）。

(10)结合设计图中控制点高程，将 $y=$ F15 $x^2+$ G15 $x+$ H15 编程，按支架各竖杆钢管平面实际位置逐个输入 $x$ 值，应用水准仪即可对拱肋底面线进行放样，将标记刻在钢管上。

(11)同理，主拱悬臂段底面线可按上述方法进行计算放样，过程略。

## 后　话

应用求导建立顶面、底面线函数式进行放样并不是唯一的方法，有借助 CAD 作图画出平行线在电脑上求相应点位置的，也有对设计提供的定点点位数据用插入法进行加密的办法的。但作者根据放样实践,认为采用求导新建函数式的方法准确、实用,适宜现场操作。计算过程看似烦琐,但借助 Excel 化繁为简,非常方便,且取值精确,达到毫米级绝无问题,如需再提高精度,只要延长小数点后位数即可。

**作者注:**

本文源于 2000~2001 年平湖市河改线工程,2002 年 3 月初稿,当时采用 CASIO*fx*-3800*P* 计算器编程计算。2008 年 9 月应用 Excel 列表计算整理成稿。

# 在大地上画圆

## ——圆弧曲线放样程序编制过程回忆

### 一、案例背景

在面广线长的堤防护岸工程中，鉴于现场地形和工程美观需要，设计在河道转弯处往往设置为圆弧连接。而对于圆弧段的施工放样方法，则随着工程技术的不断创新和测量仪器的更新换代，越来越趋于简单易操作，且放样精度亦越来越高。

1995 年之前，河道护岸圆弧的放样一般都是毛估估，看上去顺就是了，但要使弧线圆滑平顺，现场样线调整则相当费时，且难于达到理想的效果，岸线也没有标准和依据。

1996 年六平申线航道改造工程由浙江省交通设计院设计，河道等级提高。但当时海盐酱园港地形复杂，河道弯曲，护岸岸线圆弧繁多，按照航道设计的要求，全部采用坐标控制，转弯圆弧段必须按设计弧线放样。但限于当时施工单位的测量设备条件，只有经纬仪配加红外测距仪测角量距，计算则应用 CASIO*fx*-3600*P* 计算器（能同时存储Ⅱ个程序）编程。因为当时的测距仪不能自动显示平距，如在控制基准点上架设仪器放样，则由于高差的原因，每个圆弧段加密点的放样数据都要经过倾斜改正处理，这样连同圆弧计算程序和坐标计算程序一起在计算器上就不可能同时完成。为了避免倾斜改正计算额外的麻烦，我们在每段圆弧的起点均测设展点，然后将仪器搬至该展点（见图 1 中的 $P$ 点）实地逐段放样，经纬仪调至水平测距，计算则只需偏角法一个程序就够了。这虽然对放样精度有一定的影响，但也能达到厘米级要求，工程验收时浙江省交通工程质量监督站对该护岸的线型表示满意。直至 2000 年前一直沿用此办法进行圆弧曲线放样。

但上述方法的缺点是显而易见的：①布设的展点为Ⅴ级控制点，致使放样点达不到毫米级精度；②测设展点较费时，在每个展点上架设仪器也要花费一定的时间，加长了整个放样进程；③不能自动生成放样记录，需增派一人专门记录放样原始数据，放样资料还得重新整理，重复工作较多。

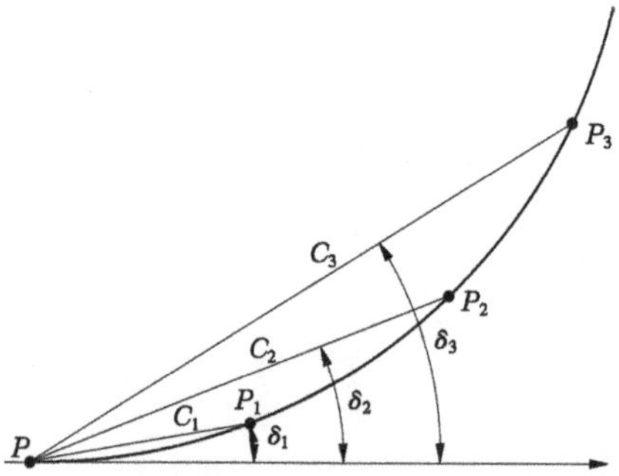

图 1　在展点上用偏角法放样示意图

2001 年六平申线航道改造平湖市河改线工程，涉及护岸线弯道较多且圆弧半径较大（其中最长的一段圆弧半径为 1 500 m），设计对岸线放样的精度要求也比以前提高。施工单位采用宾得 PTS-$V_2$ 全站仪（具有测角、量距功能，能同时显示平距、斜距、高差、水平角、竖直角等数据，但不具备自动计算功能）放样，计算则应用 CASIO*fx*-3800*P* 计算器（能同时存储Ⅳ个程序）编程。这样，较之以前的设备有了很大的进步，一方面全站仪能直接读取平距,不必再进行倾斜改正,因此可在控制基准点上直接放样;另一方面 CASIO*fx*-3800*P* 能同时存储圆弧主点计算程序、加密点坐标计算程序、放样计算程序和测设点计算程序。因此,圆弧放样的一系列工作可在控制基准点上一次性完成,大大地节省了野外作业时间,且提高了放样精度。

这虽然比以前有了很大的进步,方便了现场放样,但仍存在着放样记录不能自动生成、需专人记录和重新整理放样资料的问题。

2007 年嘉兴市某景观护岸工程,设计单位为外省××市园林设计院。因设计理念为园林风格,故护岸形式设计为 2 级观赏性挡墙,即一条河道分为 4 条岸线,其中 1 级挡墙还设有多个外凸圆弧形的亲水平台,岸线绝大部分为凹凸交替的圆弧线形,直线段极少。总共 2.8 km 的弯弯曲曲的老河道,共设有圆弧 126 段,圆弧半径最小的只有 10 m,最大的为 500 m。但由于当时该工程为边设计、边施工,因此施工图上所有圆弧均无加密点坐标,而且标注的曲线要素亦未统一:有的标注了圆弧两端点的坐标和里程桩号及圆弧走向,而没有注明圆弧半径,需要施工单位推算;有的标注了直线段(圆弧段前)的两个坐标和圆弧半径及转向角,而没有提供圆弧主点数据和圆弧总长,也需要施工单位推算后放样;最好的也只标注了圆弧两端点坐标和圆弧半径及圆弧走向。如果按照以往方法放样,其大量的计算将在野外耗费相当长的时间,实际操作是完全行不通的。针对这一情况,我们首先编制了三种不同程序,然后采用宾得 PTS-$V_2$ 全站仪外配手提电脑放样。由于手提电脑能大量编制或存储程序,且放样数据可即时生成、自动记录,野外作业完毕回到办公室即可打印放样资料,方便、省工、省时、准确。放样资料报审后得到了业主管理人员和监理人员的一致赞赏。

但当时编程忽略了一个细节,即没有考虑手提电脑在现场发生误操作的问题,第一天就遇到了麻烦,因为一旦误操作将引发错误或废掉程序,放样无法继续。因此,后来只好复制了多个备份程序,如发生误操作即启用备份,用这个方法完成了 1 级挡墙圆弧的放样。

那次放样后,我们总结了经验教训,将"输入—输出"部分和"计算"部分分开再互相链接,"输入—输出"部分为操作程序,"计算"部分加密为后台文件。这样即使发生误操作也不致破坏计算程序,因为不管怎么摆弄都不可能修改或删除计算程序,操作者只要在前台输入已知数据,电脑就即刻显示放样数据,方便易行。如前台误操作也不影响与后台重新链接,因为计算程序虽不可修改却不影响链接,而且链接一下十分方便。这样,2 级挡墙所有圆弧的放样进行得十分顺利。

## 二、圆弧段放样计算程序编制

圆弧段放样计算程序分三种情况:①已知圆弧段两端点坐标和里程桩号及圆弧走向;②已知直线段(圆弧段前)的两点坐标和圆弧半径及转向角;③已知圆弧段两端点坐标和圆弧半径及圆弧走向。分别叙述如下。

### (一)已知圆弧两端点坐标和里程桩号及圆弧走向

第一步:建立 Excel 工作表并设计表格(见表 1)

在表 1 中,圆弧要素部分设置如下:已知圆弧段 *ZY*(直圆,即圆弧起点,下同)点坐标 $x$、$y$,分别设在 B4 和 D4 单元格中(如遇合并单元格,则以最前单元格序号命名,下同);

YZ(圆直,即圆弧终点,下同)点坐标 $x$、$y$,分别设在B5和D5单元格中;圆弧两端点坐标增量 $\Delta x$、$\Delta y$ 分别设在E4和F4单元格中;弦线长 $D$ 设在H4单元格中;弦线方位角 $\alpha_{弦}$(° ′ ″)设在K3单元格中,弦线方位角 $\alpha_{弦}$(DEG,即分秒为小数形式的角度,以方便计算,下同)设在K4单元格中;里程桩号(圆弧起讫点桩号)分别设在M2和M3单元格中;圆弧段总长 $l_{总}$ 设在M5单元格中;因圆弧半径 $R$ 为未知,需中间计算求 $R$,$R_{初设}$ 设在O3单元格中;求得的 $R$ 设在O5单元格中;圆弧走向[方向,左转(逆时针)时定为-1,右转(顺时针)时定为1,下同]设在Q5单元格中;圆弧起始点弦线偏角 $\angle\delta_0$ 设在R3单元格中;圆心角 $\theta$ 设在R5单元格中;切线方位角(DEG)设在T3单元格中;切线方位角(° ′ ″)分别设在T5、U5和V5单元格中。

**表1 已知圆弧两端点坐标与里程桩号及圆弧走向放样计算空白表**

| | A | B | C | D | E | F | G | H | I | J | K | L | M | N | O | P | Q | R | S | T | U | V |
|---|---|---|---|---|---|---|---|---|---|---|---|---|---|---|---|---|---|---|---|---|---|---|
| 1 | | | | | | | | | 工程圆弧段放样表 | | | | | | | | | | | | | |
| 2 | 圆弧段两端点坐标 | | | | $\Delta x$ | $\Delta y$ | | 弦线长 $D$ | | 弦线方位角 $\alpha_{弦}$ | | 里程 | | | $R_{初设}$ | | 方向 | 偏角 $\angle\delta_0$ | | 切线方位角 | | |
| 3 | 点名 | $x$ | | $y$ | | | | m | | ° ′ ″ | | 桩号 | | | | | 左- | | | | | |
| 4 | ZY | | | | | | | | | DEG | | 圆弧段总长: m | | | $R$ | | 右+ | 圆心角 $\theta$ | | ° | ′ | ″ |
| 5 | YZ | | | | | | | | | | | $l_{总}$ | | | | | | | | | | |
| 6 | 仪器设置点 | | $X_0$ | | 所对基准点 | $X_{基}$ | | | | $\Delta X$ | | | 基准点方向方位角 | | | | 基线长 | | | 放样日期 | | |
| 7 | | | $Y_0$ | | | $Y_{基}$ | | | | $\Delta Y$ | | | | | | | | | | | | |
| 8 | 点 | 弧长 | | 弦长 | 偏角 | 弦线方位角 $\alpha$ | | | $\Delta x$ | $\Delta y$ | | 放样点坐标 | | | | | 放样点方位角 | | | 水平距离 | | 点 |
| 9 | 号 | $l$ | | $C$ | $\angle\delta$ | ° | ′ | ″ | | | | $x$ | $y$ | | | | ° | ′ | ″ | m | | 号 |
| 10 | ZY | | | | | | | | | | | | | | | | | | | | | ZY |
| 11 | $P_1$ | | | | | | | | | | | | | | | | | | | | | $P_1$ |
| 12 | $P_2$ | | | | | | | | | | | | | | | | | | | | | $P_2$ |
| 13 | $P_3$ | | | | | | | | | | | | | | | | | | | | | $P_3$ |
| 14 | $P_4$ | | | | | | | | | | | | | | | | | | | | | $P_4$ |
| 15 | $P_5$ | | | | | | | | | | | | | | | | | | | | | $P_5$ |
| 16 | $P_6$ | | | | | | | | | | | | | | | | | | | | | $P_6$ |
| 17 | $P_7$ | | | | | | | | | | | | | | | | | | | | | $P_7$ |
| 18 | $P_8$ | | | | | | | | | | | | | | | | | | | | | $P_8$ |
| 19 | $P_9$ | | | | | | | | | | | | | | | | | | | | | $P_9$ |
| 20 | $P_{10}$ | | | | | | | | | | | | | | | | | | | | | $P_{10}$ |
| 21 | $P_{11}$ | | | | | | | | | | | | | | | | | | | | | $P_{11}$ |
| 22 | $P_{12}$ | | | | | | | | | | | | | | | | | | | | | $P_{12}$ |
| 23 | $P_{13}$ | | | | | | | | | | | | | | | | | | | | | $P_{13}$ |
| 24 | $P_{14}$ | | | | | | | | | | | | | | | | | | | | | $P_{14}$ |
| 25 | YZ | | | | | | | | | | | | | | | | | | | | | YZ |
| 26 | | 司仪: | | | | | | 计算: | | | | | | 复核: | | | | | | | | |

仪器与基线部分设置如下:仪器设置点坐标 $X_0$、$Y_0$ 分别设在D6和D7单元格中,所对应基准点坐标 $X_{基}$、$Y_{基}$ 分别设在G6和G7单元格中;仪器设置点和所对基准点之间的坐标增量 $\Delta X$、$\Delta Y$ 分别设在K6和K7单元格中;基准点方向方位角(° ′ ″)分别设在M7、O7和P7单元格中;基线长设在Q7单元格中。

放样点要素及计算与放样数据部分设置如下:从圆弧起点至放样点各弧长 $l$ 设在B列,第一点为B10;从圆弧起点至放样点各弦长C设在D列,第一点为D10;相应的偏角

$\angle\delta$ 设在E列，第一点为 E10 ；弦线方位角 $\alpha$(° ′ ″)分别设在F、G、H列，第一点分别为 F10 、G10 和 H10 单元格；仪器设置点与放样点之间的坐标增量 $\Delta x$、$\Delta y$ 分别设在I列和K列，第一点分别为 I10 和 K10 单元格；放样点坐标 $x$、$y$ 分别设在L列和N列，第一点分别为 L10 和 N10 单元格；放样点方位角(° ′ ″)分别设在Q、R、S列，第一点分别为 Q10 、R10 和 S10 单元格；仪器设置点至放样点水平距离设在T列，第一点为 T10 单元格。考虑到实地放样与资料同步，因此根据A4纸的页面每页设置放样点只有16行，即每页只能放样16个点，如圆弧较长行数不够可复制表格继续。

这样，一段圆弧一份表格，使用方便，资料清晰。

第二步：计算程序编制

1. 输入已知数据(编程时为模拟已知数据)

输入的已知数据见表2。

**表2 已知圆弧两端点坐标与里程桩号及圆弧走向放样的已知数据示意表**

______工程圆弧段放样表

| | | | | | | | | | | | | |
|---|---|---|---|---|---|---|---|---|---|---|---|---|
| 圆弧段两端点坐标 | | | $\Delta x$ | $\Delta y$ | 弦线长 $D$ | 弦线方位角 $\alpha_{弦}$ | 里程 | 438.696 | $R_{初设}$ | 方向 | 偏角 $\angle\delta_0$ | 切线方位角 |
| 点名 | $x$ | $y$ | | | m | ° ′ ″ | 桩号 | 789.988 | 700 | 左− | | |
| $ZY$ | 78857.370 | 5368.020 | | | | DEG | 圆弧段总长：m | | $R$ | 右+ | 圆心角 $\theta$ | ° ′ ″ |
| $YZ$ | 79195.478 | 5432.013 | | | | | $l_{总}$ | | | −1 | | |
| 仪器设置点 | $X_0$ | 79083.188 | 所对基准点 | $X_{基}$ | 79315.783 | $\Delta X$ | | 基准点方向方位角 | | 基线长 | | 放样日期 |
| | $Y_0$ | 5149.176 | | $Y_{基}$ | 4862.563 | $\Delta Y$ | | | | | | |

| 点号 | 弧长 $l$ | 弦长 $C$ | 偏角 $\angle\delta$ | 弦线方位角 $\alpha$ ° ′ ″ | $\Delta x$ | $\Delta y$ | 放样点坐标 $x$ | 放样点坐标 $y$ | 放样点方位角 ° ′ ″ | 水平距离 m | 点号 |
|---|---|---|---|---|---|---|---|---|---|---|---|
| $ZY$ | 0 | | | | | | | | | | $ZY$ |
| $P_1$ | 10 | | | | | | | | | | $P_1$ |
| $P_2$ | 30 | | | | | | | | | | $P_2$ |
| $P_3$ | 50 | | | | | | | | | | $P_3$ |
| $P_4$ | 70 | | | | | | | | | | $P_4$ |
| $P_5$ | 100 | | | | | | | | | | $P_5$ |
| $P_6$ | 120 | | | | | | | | | | $P_6$ |
| $P_7$ | 150 | | | | | | | | | | $P_7$ |
| $P_8$ | 180 | | | | | | | | | | $P_8$ |
| $P_9$ | 200 | | | | | | | | | | $P_9$ |
| $P_{10}$ | 230 | | | | | | | | | | $P_{10}$ |
| $P_{11}$ | 250 | | | | | | | | | | $P_{11}$ |
| $P_{12}$ | 280 | | | | | | | | | | $P_{12}$ |
| $P_{13}$ | 300 | | | | | | | | | | $P_{13}$ |
| $P_{14}$ | 330 | | | | | | | | | | $P_{14}$ |
| $YZ$ | 351.292 | | | | | | | | | | $YZ$ |

司仪：　　计算：　　复核：

(1)将圆弧要素部分已知数据"圆弧段两端点坐标"$x$、$y$ 分别输入至 B4 、B5 和 D4 、D5 单元格；将圆弧两端点里程桩号分别输入至 M2 、M3 单元格；将人为拟定的假设圆弧半径 $R_{初设}$(大致估计一个数值)输入至 O3 单元格中；将圆弧走向值1(右转)或−1(左转)输入至 Q5 单元格中；(本例中假定圆弧为左转，因此为−1)。

(2)将仪器设置点坐标 $X_0$、$Y_0$ 分别输入至 D6 和 D7 单元格中，将所对基准点坐标

$X_{基}$、$Y_{基}$分别输入至G6和G7单元格中。

(3)将假定第一个放样点的弧长(例表中为 ZY 点,弧长为 0)输入至B10单元格中;以后各点实际弧长可在放样时输入,打印资料前各列拖曳即可。(本例为模拟数据填满)

2. 编制计算程序

1)圆弧要素部分

(1)表 2 中的圆弧两端点坐标增量 $\Delta x$、$\Delta y$、圆弧段总长 $l_{总}$ 等都是简单计算,程序如下:

E4 = B5 - B4, F4 = D5 - D4

M5 = M3 - M2

(2)计算圆弧段两端点弦线长 $D$ 与弦线方位角 $\alpha_{弦}$。

计算式:$D = \sqrt{\Delta x^2 + \Delta y^2}$

程序:H4 =ROUND(SQRT(E4^2+F4^2),3)　　(四舍五入至毫米)

计算式:$\alpha_{弦} = \text{atctg}\dfrac{\Delta y}{\Delta x}$(反三角函数)

程序:$\alpha_{弦}$(DEG) K4 = DEGREES(PI() * (1-SIGN(F4)/2)-ATAN((E4)/(F4)))

$\alpha_{弦}$(° ′ ″) K3 =INT(K4)&"　　"&INT((K4-INT(K4))*60)&"　　"&ROUND((K4-INT(K4)-INT((K4-INT(K4))*60)/60)*3600,0)

※$\alpha_{弦}$(° ′ ″)是将带小数的角度转换成° ′ ″,只供查看或校核,也可不计算。

(3)计算圆弧半径 $R$。

设弦长为 $D$,弧长为 $l$,圆弧半径为 $R$,则 $\dfrac{l}{R}$ 为圆心角(弧度)。

所以
$$\frac{D}{2R} = \sin\frac{l}{2R}$$

因此,不能直接求 $R$,可采用弧长、弦长及假设的圆弧半径 $R_{初设}$用迭代法求解。

计算式为

$$R_{n+1} = (1+(D-2\times R_n\times\sin(l/(2\times R_n)))/(D-l\times\cos(l/(2\times R_n))))\times R_n$$

编制求 $R$ 程序:在表外建立一个迭代计算表(为使计算结果准确,需多设迭代次数,本例设 15 次迭代)。

▲待最后两次计算结果均相同时,才说明求得的 $R$ 准确,程序如下:

AA2 =(1+(H4 -2 * O3 * sin(M5/(2 * O3)))/(H4 - M5 * cos(M5/(2 * O3)))) * O3

AA3 =(1+(H4 -2 * AA2 * sin(M5/(2 * AA2)))/(H4 - M5 * cos(M5/(2 * AA2)))) * AA2

AA4 =(1+(H4 -2 * AA3 * sin(M5/(2 * AA3)))/(H4 - M5 * cos(M5/(2 * AA3)))) * AA3

…

AA16 =(1+(H4 -2 * AA15 * sin(M5/(2 * AA15)))/(H4 - M5 * cos(M5/(2 * AA15)))) * AA15

最后链接一下:O5 = AA16 即得圆弧半径 $R$ 真值。

(4)计算偏角 $\angle\delta_0$、切线方位角。

应用偏角法计算已知弦线与过圆弧起点(ZY 点)切线的偏角。

计算式:$\angle\delta$(DEG)= 90×$l$/π/$R$×(已知圆弧方向值)

程序:R3 =90/PI()/O5 * M5 * Q5

计算式:切线方位角=弦线方位角-偏角,即 $\alpha_{切}=\alpha_{弦}-\angle\delta_0$

程序:T3 = K4 - R3　　(T3 为未转换为° ′ ″的角度(DEG)

将切线方位角(DEG)转换为切线方位角(° ′ ″)

程序:T5 =INT(T3)　　T5 为°

U5 =INT((T3 - T5) * 60)　　U5 为′

V5 =ROUND((T3 - T5 - U5/60) * 3600,0)　　V5 为″

※该步骤是将带小数的切线方位角转换成° ′ ″,只供查看或校核,也可不计算。

(5)计算圆心角 $\theta$。

计算式:$\theta=\dfrac{l}{R}$ [$\theta$ 为弧度,程序已将其转换为角度(DEG),如手动计算则乘以$\dfrac{180}{\pi}$]

程序:AF3 = DEGREES(M5/O5)　　(AF3 为设在表外的中间计算结果(DEG))

再将 $\theta$(DEG)转换为 $\theta$(° ′ ″),采用综合计算程序:

R5=INT(AF3)&"  "&INT((AF3-INT(AF3)) * 60)&"  "&ROUND((AF3-INT(AF3)-INT((AF3-INT(AF3)) * 60)/60) * 3600,0)

※圆心角 $\theta$ 只供查看或校核,对后续计算没有关系,也可不计算。

2)仪器与基线部分

(1)表 2 中仪器设置点与所对基准点坐标增量 $\Delta X$、$\Delta Y$ 为简单计算,程序如下:

K6 = G6 - D6,K7 = G7 - D7

(2)计算仪器设置点至所对基准点方向方位角。

计算式:$\alpha_{基}=\arctan\dfrac{\Delta Y}{\Delta X}$(反三角函数)

程序:X3 =DEGREES(PI() * (1-SIGN(K7)/2)-ATAN((K6)/(K7)))

（X3为设在表外的中间计算结果 $\alpha_{基}$(DEG)）

分步计算将 $\alpha_{基}$(DEG)转换为 $\alpha_{基}$(°　′　″)

M7 =INT(X3)　　　　($\alpha_{基}$(°))

O7 =INT((X3-M7)＊60)　　　　($\alpha_{基}$(′))

P7 =ROUND((X3-M7-O5/60)＊3600,0)　　　　($\alpha_{基}$(″))

以上O7、P7为个位数时，$\alpha_{基}$(′ ″)显示为一位数。如因常规读法需自动显示两位数，可添加程序。举例：先将计算所得的 $\alpha_{基}$(′)设在表外的X5单元格，$\alpha_{基}$(″)设在表外的X6单元格，然后再将其转换为两位数的(′ ″)。则

程序：O7 =TEXT(X5,"00")　　　　P7 =TEXT(X6,"00")

（这样，当(′ ″)为个位数时，显示前面会自动加0，如计算结果为3，则自动显示03，下同）

(3)计算基准线长度。

计算式：基线长= $\sqrt{\Delta X^2 + \Delta Y^2}$

程序：Q7 =ROUND(SQRT(K6^2+K7^2),3)　　　　(四舍五入至毫米)

※基线长只供查看或校核，对后续计算没有关系，也可不计算。

3)计算放样点坐标

程序编在第10行，下面各行计算结果只要拖曳即可。

(1)根据放样点至 $ZY$ 点(圆弧起点，下同)弧长(可根据现场实际自定)计算放样点至 $ZY$ 点弦长[为便于区分，将此处弦长命名为 $C$(上述已知两端点弦长为 $D$)]。

计算式：$C=2R\times\sin(90\times l/\pi/R)$，即 $C=2R\sin\dfrac{90\times l}{\pi\times R}$

程序：D10 =2＊$O$5＊SIN(RADIANS(90/PI()/$O$5＊B10))

(2)计算 $ZY$ 点至放样点弦线偏角∠$\delta$。

计算式：∠$\delta=90\times l/\pi/R\times$(已知圆弧方向值)

程序：E10 =90/PI()/$O$5＊B10＊$Q$5

(3)计算 $ZY$ 点至放样点弦线方位角 $\alpha$。

计算式：$\alpha$=过 $ZY$ 点切线方位角+弦线偏角(∠$\delta$)

先在表外计算 $\alpha$(DEG)，$\alpha$(DEG)设置在X列，然后分步计算 $\alpha$(°　′　″)。

程序：X10 =$T$3+E10　　　　($\alpha$(DEG))

F10 =INT(X10)　　　　($\alpha$(°))

G10 =INT((X10-F10)＊60)　　　　($\alpha$(′))

H10 =ROUND((X10-F10-G10/60)×3600,0)　　　　($\alpha$(″))

※$\alpha$(° ′ ″)为显示直观起见，不影响后续计算，因此该步骤也可以省略。

(4)计算放样点至 ZY 点坐标增量 $\Delta x$、$\Delta y$。

计算式：$\Delta x = C\times\cos\alpha$，$\Delta y = C\times\sin\alpha$

程序：I10 =ROUND( D10 * COS(RADIANS( X10 )),3)

K10 =ROUND( D10 * SIN(RADIANS( X10 )),3)　　　(四舍五入至毫米)

(5)计算放样点坐标 $x$、$y$。

计算式：$x=x(ZY)+\Delta x$，$y=y(ZY)+\Delta y$

程序：L10 = $B$4 + I10　　　N10 = $D$4 + K10

4)计算放样读数

程序编在第 10 行，下面各行计算结果只要拖曳即可。

(1)根据放样点坐标($x$、$y$)计算仪器设置点至放样点方位角。

首先计算仪器设置点至放样点坐标增量 $\Delta x$、$\Delta y$。

计算式：$\Delta x = x - X_0$　$\Delta y = y - Y_0$

程序：先在表外设置中间结果列，将 $\Delta x$ 设在 $AB$ 列，将 $\Delta y$ 设在 $AC$ 列：

AB10 = L10 - $D$6　　　AC10 = N10 - $D$7

再计算仪器设置点至放样点方位角 $\alpha_{放}$(DEG)。

计算式：$\alpha_{放}(\mathrm{DEG}) = \mathrm{arctg}\dfrac{\Delta y}{\Delta x}$(反三角函数)

程序：AD10 = DEGREES ( PI ( ) * ( 1 - SIGN ( AC10 )/2 ) - ATAN (( AB10 )/( AC10 )))

(中间结果 $\alpha_{放}$(DEG)设置在表外 AD 列)

最后将放样点方位角 $\alpha_{放}$(DEG)转换为仪器读数 $\alpha_{放}$(°　′　″)。

Q10 =INT( AD10 )　　　($\alpha_{放}$(°))

AE10 =INT(( AD10 - Q10 ) * 60)

R10 =TEXT( AE10 ,"00")　　　($\alpha_{放}$(′))

AF10 =ROUND(( AD10 - Q10 - AE10 /60) * 3600,0)　　　(四舍五入至整数秒)

S10 =TEXT( AF10 ,"00")　　　($\alpha_{放}$(″))

(2)根据仪器设置点至放样点坐标增量 $\Delta x$、$\Delta y$ 计算仪器设置点至放样点水平距离 $S$。

计算式：$S=\sqrt{\Delta x^2+\Delta y^2}$

程序：T10 =ROUND(SQRT( AB10 ^2+ AC10 ^2),3)　　　(四舍五入至毫米)

至此，即可按 Q 、R 、S (° ′ ″)和 T (水平距离)读数进行圆弧放样。

打印放样资料见表 3(实际打印时仅放样表部分)。

※表 3 中已知数值(表头中红色字体)及各放样点弧长(计算表中红色字体)均为假定值，实际操作时按实输入即可，计算值均自动显示(黑色正体字)。

**表 3　已知圆弧两端点坐标与里程桩号及圆弧走向的圆弧段放样计算表**

**工程圆弧段放样表**

| | | | | | | | | | | | | | |
|---|---|---|---|---|---|---|---|---|---|---|---|---|---|
| 2 | 圆弧段两端点坐标 | | | $\Delta x$ | $\Delta y$ | 弦线长 $D$ | 弦线方位角 $\alpha_{弦}$ | | 里程 | 438.696 | $R_{初设}$ | 方向 | 偏角 $\angle\delta_0$ | 切线方位角 |
| 3 | 点名 | $x$ | $y$ | | | m | ° ′ ″ | 10 43 3 | 桩号 | 789.988 | 700 | 左- | -20.128 | 30.8452959 |
| 4 | ZY | 78857.370 | 5368.020 | 338.108 | 63.993 | 344.111 | DEG | 10.717478 | 圆弧段总长：m | | $R$ | 右+ | 圆心角 $\theta$ | ° ′ ″ |
| 5 | YZ | 79195.478 | 5432.013 | | | | | | $l_{总}$ | 351.292 | 499.993 | -1 | 40 15 20 | 30 50 43 |
| 6 | 仪器设置点 | $X_0$ | 79083.188 | 所对基准点 | $X_{基}$ | 79315.783 | $\Delta X$ | 232.595 | 基准点方向方位角 | | 基线长 | | 放样日期 |
| 7 | | $Y_0$ | 5149.176 | | $Y_{基}$ | 4862.563 | $\Delta Y$ | -286.613 | 309 03 37 | | 369.117 | | |

| | 点号 | 弧长 $l$ | 弦长 $C$ | 偏角 $\angle\delta$ | 弦线方位角 $\alpha$ ° | ′ | ″ | $\Delta x$ | $\Delta y$ | 放样点坐标 $x$ | 放样点坐标 $y$ | 放样点方位角 ° | ′ | ″ | 水平距离 m | 点号 |
|---|---|---|---|---|---|---|---|---|---|---|---|---|---|---|---|---|
| 10 | ZY | 0 | 0.0000 | 0 | 30 | 50 | 43 | 0 | 0 | 78857.370 | 5368.020 | 135 | 53 | 55 | 314.462 | ZY |
| 11 | $P_1$ | 10 | 9.9998 | -0.572965 | 30 | 16 | 20 | 8.636 | 5.041 | 78866.006 | 5373.061 | 134 | 07 | 46 | 311.917 | $P_1$ |
| 12 | $P_2$ | 30 | 29.9955 | -1.718896 | 29 | 07 | 35 | 26.203 | 14.600 | 78883.573 | 5382.620 | 130 | 31 | 60 | 307.152 | $P_2$ |
| 13 | $P_3$ | 50 | 49.9792 | -2.864827 | 27 | 58 | 50 | 44.137 | 23.449 | 78901.507 | 5391.469 | 126 | 51 | 51 | 302.843 | $P_3$ |
| 14 | $P_4$ | 70 | 69.9428 | -4.010758 | 26 | 50 | 04 | 62.411 | 31.573 | 78919.781 | 5399.593 | 123 | 07 | 34 | 299.016 | $P_4$ |
| 15 | $P_5$ | 100 | 99.8334 | -5.729654 | 25 | 06 | 56 | 90.394 | 42.374 | 78947.764 | 5410.394 | 117 | 24 | 13 | 294.235 | $P_5$ |
| 16 | $P_6$ | 120 | 119.7122 | -6.875585 | 23 | 58 | 11 | 109.388 | 48.634 | 78966.758 | 5416.654 | 113 | 31 | 23 | 291.720 | $P_6$ |
| 17 | $P_7$ | 150 | 149.4381 | -8.594482 | 22 | 15 | 03 | 138.310 | 56.587 | 78995.680 | 5424.607 | 107 | 37 | 33 | 288.998 | $P_7$ |
| 18 | $P_8$ | 180 | 179.0295 | -10.31338 | 20 | 31 | 55 | 167.657 | 62.791 | 79025.027 | 5430.811 | 101 | 40 | 06 | 287.578 | $P_8$ |
| 19 | $P_9$ | 200 | 198.6693 | -11.45931 | 19 | 23 | 10 | 187.406 | 65.944 | 79044.776 | 5433.964 | 97 | 40 | 54 | 287.367 | $P_9$ |
| 20 | $P_{10}$ | 230 | 227.9775 | -13.17821 | 17 | 40 | 02 | 217.225 | 69.188 | 79074.595 | 5437.208 | 91 | 42 | 32 | 288.160 | $P_{10}$ |
| 21 | $P_{11}$ | 250 | 247.4039 | -14.32414 | 16 | 31 | 16 | 237.190 | 70.354 | 79094.560 | 5438.374 | 87 | 44 | 53 | 289.422 | $P_{11}$ |
| 22 | $P_{12}$ | 280 | 276.3556 | -16.04303 | 14 | 48 | 08 | 267.184 | 70.604 | 79124.554 | 5438.624 | 81 | 52 | 00 | 292.389 | $P_{12}$ |
| 23 | $P_{13}$ | 300 | 295.5201 | -17.18896 | 13 | 39 | 23 | 287.166 | 69.772 | 79144.536 | 5437.792 | 77 | 59 | 59 | 295.064 | $P_{13}$ |
| 24 | $P_{14}$ | 330 | 324.0429 | -18.90786 | 11 | 56 | 15 | 317.035 | 67.026 | 79174.405 | 5435.046 | 72 | 18 | 10 | 300.070 | $P_{14}$ |
| 25 | YZ | 351.292 | 344.1110 | -20.12782 | 10 | 43 | 03 | 338.108 | 63.993 | 79195.478 | 5432.013 | 68 | 20 | 47 | 304.312 | YZ |
| 26 | | 司仪： | | | | | | 计算： | | | 复核： | | | | | |

## (二)已知直线段(圆弧段前)的两点坐标和圆弧半径及转向角

已知直线段(圆弧段前)的两点坐标和圆弧半径及转向角的分析图如图 2 所示。

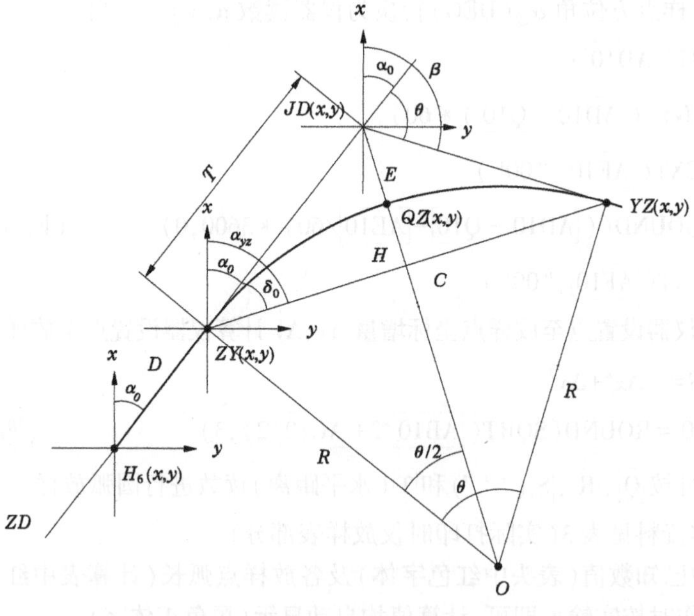


**图 2　已知直线段的两点坐标和圆弧半径及转向角的分析图**

第一步：建立 Excel 工作表并设计表格。

设计的表格如表 4 所示。

从表 4 可以看出，除表头圆弧要素部分外，基准部分和放样部分均与第一种情况相同，因此除不同部分外不再赘述。

表 4 中，圆弧要素部分设置如下：已知 $ZY$ 点（圆弧起点）前直线上某点坐标 $x$、$y$，分别设在 B4 和 D4 单元格中；已知 $ZY$ 点（直线终点，圆弧起点）坐标 $x$、$y$，分别设在 B5 和 D5 单元格中；直线上某点至 $ZY$ 点之间的坐标增量 $\Delta x$、$\Delta y$ 分别设在 E4 和 F4 单元格中；直线上某点至 $ZY$ 点之间的水平距离（直线段长）设在 H4 单元格中；过 $ZY$ 点的切线方位角（即直线上某点至 $ZY$ 点的方位角）$\alpha_0$（DEG）设在 K4 单元格中，$\alpha_0$（° ′ ″）设在 K3 单元格中；已知圆弧半径（设计图提供）$R$ 设在 L5 单元格中；已知圆曲线转向角（圆心角）$\theta$（° ′ ″）分别设在 N4、O4、P4 单元格中；经转换的 $\theta$（DEG）设在 N5 单元格中；圆弧走向设在 Q5 单元格中；圆弧段总长 $L$ 设在 R5 单元格中；曲线要素 T 线长设在 U2 单元格中；交点坐标 $X$、$Y$ 分别设在 U4、U5 单元格中。

**表 4 已知直线段（圆弧段前）的两点坐标和圆弧半径及转向角的圆弧放样空白表**

| | | | | | | | | | | | | |
|---|---|---|---|---|---|---|---|---|---|---|---|---|
| 1 | ____________工程圆弧段放样表 | | | | | | | | | | | |
| 2 | 直线段（圆弧段前）坐标 | | | $\Delta x$ | $\Delta y$ | 直线段长 | 切线方位角 $\alpha_0$ | 圆弧 | 转向角（圆心角） | 方向 | 圆弧段 | $T$ |
| 3 | 点名 | $x$ | $y$ | | | m | ° ′ ″ | 半径 | $\theta$ | 左- | 总长 | 交点坐标 |
| 4 | | | | | | | DEG | $R$ | ° ′ ″ | 右+ | $L$ | $X$ |
| 5 | ZY | | | | | | | | DEG | | | $Y$ |
| 6 | 仪器设置点 | $X_0$ | | 所对基准点 | $X_{基}$ | | $\Delta X$ | | 基准点方向方位角 | 基线长 | 放样日期 | |
| 7 | | $Y_0$ | | | $Y_{基}$ | | $\Delta Y$ | | | | | |
| 8 | 点 | 弧长 | 弦长 | 偏角 | 弦线方位角 $\alpha$ | $\Delta x$ | $\Delta y$ | 放样点坐标 | | 放样点方位角 | 水平距离 | 点 |
| 9 | 号 | $l$ | $C$ | $\angle\delta$ | ° ′ ″ | | | $x$ | $y$ | ° ′ ″ | m | 号 |
| 10 | $ZY$ | | | | | | | | | | | $ZY$ |
| 11 | $P_1$ | | | | | | | | | | | $P_1$ |
| 12 | $P_2$ | | | | | | | | | | | $P_2$ |
| 13 | $P_3$ | | | | | | | | | | | $P_3$ |
| 14 | $P_4$ | | | | | | | | | | | $P_4$ |
| 15 | $P_5$ | | | | | | | | | | | $P_5$ |
| 16 | $P_6$ | | | | | | | | | | | $P_6$ |
| 17 | $P_7$ | | | | | | | | | | | $P_7$ |
| 18 | $P_8$ | | | | | | | | | | | $P_8$ |
| 19 | $P_9$ | | | | | | | | | | | $P_9$ |
| 20 | $P_{10}$ | | | | | | | | | | | $P_{10}$ |
| 21 | $P_{11}$ | | | | | | | | | | | $P_{11}$ |
| 22 | $P_{12}$ | | | | | | | | | | | $P_{12}$ |
| 23 | $P_{13}$ | | | | | | | | | | | $P_{13}$ |
| 24 | $P_{14}$ | | | | | | | | | | | $P_{14}$ |
| 25 | $YZ$ | | | | | | | | | | | $YZ$ |
| 26 | 司仪： | | | | 计算： | | | | 复核： | | | |

第二步：计算程序编制。

1. 输入已知数据（编程时为模拟已知数据）

输入的已知数据见表 5。

（1）将已知直线上某点（假定点名为 $H_6$）坐标 $x$、$y$ 分别输入至 B4、D4 单元格中；将

已知 $ZY$ 点坐标 $x$、$y$ 分别输入至 B5、D5 单元格中；将已知圆弧半径 $R$ 输入至 L5 单元格中；将已知转向角 $\theta$(°　′　″)值分别输入至 N4、O4、P4 单元格中；将圆弧走向值 1(右转)或-1(左转)输入至 Q5 单元格中。

(2)将仪器设置点坐标 $X_0$、$Y_0$ 分别输入至 D6 和 D7 单元格中，将所对基准点坐标 $X_基$、$Y_基$ 分别输入至 G6 和 G7 单元格中。

(3)将假定第一个放样点的弧长(例表中为 $ZY$ 点，弧长为 0)输入至 B10 单元格中；以后各点实际弧长可在放样时输入，打印资料前各列拖曳即可。(本例为模拟数据填满)

**表 5　已知直线段两点坐标和圆弧半径及转向角的圆弧放样已知数据示意表**

**工程圆弧段放样表**

| 直线段（圆弧段前）坐标 | | | $\Delta x$ | $\Delta y$ | 直线段长 | 切线方位角 $\alpha_0$ | | 圆弧 | 转向角（圆心角） | | | | 方向 | 圆弧段 | $T$ | |
|---|---|---|---|---|---|---|---|---|---|---|---|---|---|---|---|---|
| 点名 | $x$ | $y$ | | | m | ° ′ ″ | | 半径 | $\theta$ | | | | 左- | 总长 | 交点坐标 | |
| $H_6$ | 78719.490 | 5285.680 | | | | DEG | | $R$ | ° ′ ″ | 40 | 15 | 18 | 右+ | $L$ | $X$ | |
| $ZY$ | 78857.370 | 5368.020 | | | | | | 500 | DEG | | | | -1 | | $Y$ | |

| 仪器设置点 | | | 所对基准点 | | | | | 基准点方向方位角 | 基线长 | 放样日期 |
|---|---|---|---|---|---|---|---|---|---|---|
| 仪器设置点 | $X_0$ | 79083.188 | 所对基准点 | $X_基$ | 79315.783 | $\Delta X$ | | | | |
| | $Y_0$ | 5149.176 | | $Y_基$ | 4862.563 | $\Delta Y$ | | | | |

| 点号 | 弧长 $l$ | 弦长 $C$ | 偏角 $\angle\delta$ | 弦线方位角 $\alpha$ ° ′ ″ | $\Delta x$ | $\Delta y$ | 放样点坐标 $x$ | 放样点坐标 $y$ | 放样点方位角 ° ′ ″ | 水平距离 m | 点号 |
|---|---|---|---|---|---|---|---|---|---|---|---|
| $ZY$ | 0 | | | | | | | | | | $ZY$ |
| $P_1$ | 10 | | | | | | | | | | $P_1$ |
| $P_2$ | 30 | | | | | | | | | | $P_2$ |
| $P_3$ | 50 | | | | | | | | | | $P_3$ |
| $P_4$ | 70 | | | | | | | | | | $P_4$ |
| $P_5$ | 100 | | | | | | | | | | $P_5$ |
| $P_6$ | 120 | | | | | | | | | | $P_6$ |
| $P_7$ | 150 | | | | | | | | | | $P_7$ |
| $P_8$ | 180 | | | | | | | | | | $P_8$ |
| $P_9$ | 200 | | | | | | | | | | $P_9$ |
| $P_{10}$ | 230 | | | | | | | | | | $P_{10}$ |
| $P_{11}$ | 250 | | | | | | | | | | $P_{11}$ |
| $P_{12}$ | 280 | | | | | | | | | | $P_{12}$ |
| $P_{13}$ | 300 | | | | | | | | | | $P_{13}$ |
| $P_{14}$ | 330 | | | | | | | | | | $P_{14}$ |
| $YZ$ | 351.291 | | | | | | | | | | $YZ$ |

司仪：　　　　计算：　　　　复核：

2. 编制计算程序

1) 圆弧要素部分

(1)直线上某点至 $ZY$ 点之间的坐标增量 $\Delta x$、$\Delta y$ 都是简单计算，程序如下：

E4 = B5 - B4，　　　F4 = D5 - D4

(2)计算直线上某点至 $ZY$ 点之间的水平距离(直线段长)$D$。

计算式：$D=\sqrt{\Delta x^2+\Delta y^2}$

程序：H4 =ROUND(SQRT(E4^2+F4^2),3)　　　(四舍五入至毫米)

(3)计算过 $ZY$ 点的切线方位角(即直线上某点至 $ZY$ 点的方位角)$\alpha_0$。

计算式：$\alpha_0 = \mathrm{arctg}\dfrac{\Delta y}{\Delta x}$(反三角函数)

程序：$\alpha_0$(DEG)：

[K4] = DEGREES(PI() * (1-SIGN([F4])/2)-ATAN(([E4])/([F4])))

$\alpha_0$(° ′ ″)：[K3] = INT([K4])&"  "&INT(([K4] - INT([K4])) * 60)&"  "&ROUND(([K4]-INT([K4])-INT(([K4]-INT([K4])) * 60)/60) * 3600,0)

※$\alpha_0$(° ′ ″)是将带小数的角度转换成° ′ ″，只供查看或校核，也可不计算。

(4)将已知转向角 $\theta$(° ′ ″)转换为可用于计算的 $\theta$(DEG)。

计算式：$\theta(DEG)=\theta(°)+\theta(')/60+\theta('')/3600$

程序：[N5] = [N4] + [O4]/60+[P4]/3600

(5)根据已知的圆弧半径 $R$ 与转向角 $\theta$(DEG)计算圆弧段总长 $L$。

计算式：$L=\pi/180\times\theta\times R$

程序：[R5] = ROUND(PI()/180 * [N5] * [L5],3)　　（四舍五入至毫米）

(6)计算 $T$ 线长度。

计算式：$T=R\text{tg}\dfrac{\theta}{2}$

程序：[U2] = [L5] * TAN(RADIANS([N5]/2))

(7)计算圆弧转向交点坐标 $X$、$Y$。

计算式：交点坐标 $X_{交}=T\cos\alpha_0+x_{(ZY)}$，交点坐标 $Y_{交}=T\sin\alpha_0+y_{(ZY)}$

程序：[U4] = ROUND([U2] * COS(RADIANS([K4])),3)+[B5]

[U5] = ROUND([U2] * SIN(RADIANS([K4])),3)+[D5]　　（四舍五入至毫米）

(8)在表外校核计算圆弧终点坐标（程序略）。

①交点至圆弧终点方位角 $\beta=\alpha_0+\theta\times$(已知圆弧方向值)(DEG)。

圆弧终点坐标：$x_{(YZ)}=T\cos\beta+X_{交}$，$y_{(YZ)}=T\sin\beta+Y_{交}$。

②根据已求得的圆弧总长 $L$ 用偏角法计算 $ZY\rightarrow YZ$ 的水平距离（弦长 $C$）及偏角 $\angle\delta_0$、弦线方位角 $\alpha_{(YZ)}$。

计算式：$C=2R\times\sin(90\times l/\pi/R)$

$\angle\delta_0=90\times l/\pi/R\times$(已知圆弧方向值)　　$\alpha_{(YZ)}=\alpha_0+\angle\delta_0$

③计算 $ZY\rightarrow YZ$ 点的坐标增量 $\Delta x$、$\Delta y$。

计算式：$\Delta x=C\times\cos\alpha_{(YZ)}$，$\Delta y=C\times\sin\alpha_{(YZ)}$

④计算圆弧终点($YZ$ 点)坐标。

计算式：$x_{(YZ)}=x_{(ZY)}+\Delta x$，$y_{(YZ)}=y_{(ZY)}+\Delta y$。

(②~④编程方法参见“3)计算放样点坐标”，在此不再赘述)

比较①和④计算结果，因小数保留位数关系，可能存在毫米级的误差。

2)仪器与基线部分

仪器与基线部分计算式与程序均与二→(一)→第二步→2.→2)同，在此略。

3)计算放样点坐标

程序编在第10行，下面各行计算结果只要拖曳即可。

(1)根据放样点至 *ZY* 点弧长 *l* 计算放样点至 *ZY* 点弦长 *C*,计算式略。

程序:D10 =2 * $L$5 * SIN(RADIANS(90/PI()/$L$5 * B10))

(2)计算 *ZY* 点至放样点弦线偏角∠δ,计算式略。

程序:E10 =90/PI()/$L$5 * B10 * $Q$5

(3)计算 *ZY* 点至放样点弦线方位角 α。

计算式:α=过 ZY 点切线方位角($\alpha_0$)+弦线偏角(∠δ)。

先在表外计算 α(DEG),α(DEG)设置在 X 列,然后分步计算 α(° ′ ″)。

程序:X10 = $K$4 + E10　(α(DEG))

α(° ′ ″)计算程序同二→(一)→第二步→2→3)→(3),在此略。

(4)计算放样点至 *ZY* 点坐标增量 Δ*x*、Δ*y*。

计算式与计算程序详见二→(一)→第二步→2→3)→(4),在此略。

(5)计算放样点坐标 *x*、*y*,计算式略。

程序:L10 = $B$5 + I10　　　　N10 = $D$5 + K10

4)计算放样读数

程序编在第 10 行,下面各行计算结果只要拖曳即可。

计算式与程序均与二→(一)→第二步→2→4)同,在此略。

打印放样资料见表 6(实际打印时仅放样表部分)。

**表 6　已知直线段(圆弧段前)两点坐标和圆弧半径及转向角的圆弧段放样计算表**

| | A | B | C | D | E | F | G | H | I | J | K | L | M | N |
|---|---|---|---|---|---|---|---|---|---|---|---|---|---|---|
| 1 | ________工程圆弧段放样表 | | | | | | | | | | | | | |
| 2 | 直线段(圆弧段前)坐标 | | | Δ*x* | Δ*y* | 直线段长 | 切线方位角 $\alpha_0$ | | 圆弧 | 转向角(圆心角) | | 方向 | 圆弧段 | *T* 183.246 |
| 3 | 点名 | *x* | *y* | | | m | ° ′ ″ | 30 50 42 | 半径 | *θ* | | 左- | 总长 | 交点坐标 |
| 4 | $H_6$ | 78719.490 | 5285.680 | 137.880 | 82.340 | 160.595 | DEG | 30.845056 | *R* | ° ′ ″ | 40 15 18 | 右+ | *L* | *X* 79014.697 |
| 5 | *ZY* | 78857.370 | 5368.020 | | | | | | 500 | DEG | 40.255 | -1 | 351.291 | *Y* 5461.974 |
| 6 | 仪器设置点 | $X_0$ | 79083.188 | 所对基准点 | $X_基$ | 79315.783 | Δ*X* | 232.595 | 基准点方向方位角 | | | 基线长 | | 放样日期 |
| 7 | | $Y_0$ | 5149.176 | | $Y_基$ | 4862.563 | Δ*Y* | -286.613 | 309 03 37 | | | 369.117 | | |

| | 点号 | 弧长 *l* | 弦长 *C* | 偏角 ∠δ | 弦线方位角 α ° | ′ | ″ | Δ*x* | Δ*y* | 放样点坐标 *x* | *y* | 放样点方位角 ° | ′ | ″ | 水平距离 m | 点号 |
|---|---|---|---|---|---|---|---|---|---|---|---|---|---|---|---|---|
| 10 | *ZY* | 0 | 0 | 0 | 30 | 50 | 42 | 0 | 0 | 78857.370 | 5368.020 | 135 | 53 | 55 | 314.462 | *ZY* |
| 11 | $P_1$ | 10 | 9.999833334 | -0.572958 | 30 | 16 | 20 | 8.636 | 5.041 | 78866.006 | 5373.061 | 134 | 07 | 46 | 311.917 | $P_1$ |
| 12 | $P_2$ | 30 | 29.9955002 | -1.718873 | 29 | 07 | 34 | 26.203 | 14.600 | 78883.573 | 5382.620 | 130 | 31 | 60 | 307.152 | $P_2$ |
| 13 | $P_3$ | 50 | 49.97916927 | -2.864789 | 27 | 58 | 49 | 44.137 | 23.449 | 78901.507 | 5391.469 | 126 | 51 | 51 | 302.843 | $P_3$ |
| 14 | $P_4$ | 70 | 69.94284734 | -4.010705 | 26 | 50 | 04 | 62.411 | 31.573 | 78919.781 | 5399.593 | 123 | 07 | 34 | 299.016 | $P_4$ |
| 15 | $P_5$ | 100 | 99.83341665 | -5.729578 | 25 | 06 | 56 | 90.395 | 42.374 | 78947.765 | 5410.394 | 117 | 24 | 13 | 294.235 | $P_5$ |
| 16 | $P_6$ | 120 | 119.7122073 | -6.875494 | 23 | 58 | 10 | 109.388 | 48.633 | 78966.758 | 5416.653 | 113 | 31 | 23 | 291.719 | $P_6$ |
| 17 | $P_7$ | 150 | 149.4381325 | -8.594367 | 22 | 15 | 02 | 138.310 | 56.586 | 78995.680 | 5424.606 | 107 | 37 | 33 | 288.997 | $P_7$ |
| 18 | $P_8$ | 180 | 179.0295734 | -10.31324 | 20 | 31 | 55 | 167.657 | 62.791 | 79025.027 | 5430.811 | 101 | 40 | 06 | 287.578 | $P_8$ |
| 19 | $P_9$ | 200 | 198.6693308 | -11.45916 | 19 | 23 | 09 | 187.406 | 65.944 | 79044.776 | 5433.964 | 97 | 40 | 54 | 287.367 | $P_9$ |
| 20 | $P_{10}$ | 230 | 227.9775235 | -13,17803 | 17 | 40 | 01 | 217.225 | 69.188 | 79074.595 | 5437.208 | 91 | 42 | 32 | 288.160 | $P_{10}$ |
| 21 | $P_{11}$ | 250 | 247.4039593 | -14.32394 | 16 | 31 | 16 | 237.190 | 70.354 | 79094.560 | 5438.374 | 87 | 44 | 53 | 289.422 | $P_{11}$ |
| 22 | $P_{12}$ | 280 | 276.3556486 | -16.04282 | 14 | 48 | 08 | 267.184 | 70.604 | 79124.554 | 5438.624 | 81 | 52 | 00 | 292.389 | $P_{12}$ |
| 23 | $P_{13}$ | 300 | 295.5202067 | -17.18873 | 13 | 39 | 23 | 287.166 | 69.772 | 79144.536 | 5437.792 | 77 | 59 | 59 | 295.064 | $P_{13}$ |
| 24 | $P_{14}$ | 330 | 324.0430284 | -18.90761 | 11 | 56 | 15 | 317.035 | 67.026 | 79174.405 | 5435.046 | 72 | 18 | 10 | 300.070 | $P_{14}$ |
| 25 | *YZ* | 351.291 | 344.1102515 | -20.12749 | 10 | 43 | 03 | 338.108 | 63.993 | 79195.478 | 5432.013 | 68 | 20 | 47 | 304.312 | *YZ* |
| 26 | | 司仪: | | | | 计算: | | | | | 复核: | | | | | |

※表 6 中已知数值(表头中红色字体)及各放样点弧长(计算表中红色字体)均为假定值,实际操作时按实输入即可,计算值均自动显示(黑色正体字)。

**(三)已知圆弧段两端点坐标与圆弧半径**

第一步:建立 Excel 工作表并设计表格。

设计表格见表 7。

**表 7 已知圆弧两端点坐标与圆弧半径圆弧段放样空白表**

| | A | B | C | D | E | J | K | L | N | Q | T | V |
|---|---|---|---|---|---|---|---|---|---|---|---|---|
| 1 | ________工程圆弧段放样表 | | | | | | | | | | | |
| 2 | 圆弧段两端点坐标 | | | Δx | Δy | 弦线长 D | 弦线方位角 $\alpha_{弦}$ | 圆弧半径 R | 圆心角 θ | 方向 | 偏角$\angle\delta_0$ | 切线方位角 |
| 3 | 点名 | x | y | | | m | ° ′ ″ | | DEG | 左- | | |
| 4 | ZY | | | | | | DEG | 圆弧段总长 l | ° ′ ″ | 右+ | 计算中间值 | ° ′ ″ |
| 5 | YZ | | | | | | | | | | | |
| 6 | 仪器设置点 | $X_0$ | | 所对基准点 | $X_{基}$ | | ΔX | | 基准点方向方位角 | 基线长 | 放样日期 | |
| 7 | | $Y_0$ | | | $Y_{基}$ | | ΔY | | | | | |
| 8 | 点 | 弧长 | 弦长 | 偏角 | 弦线方位角α | Δx | Δy | 放样点坐标 | | 放样点方位角 | 水平距离 | 点 |
| 9 | 号 | l | C | ∠δ | ° ′ ″ | | | x | y | ° ′ ″ | m | 号 |
| 10 | ZY | | | | | | | | | | | ZY |
| 11 | $P_1$ | | | | | | | | | | | $P_1$ |
| 12 | $P_2$ | | | | | | | | | | | $P_2$ |
| 13 | $P_3$ | | | | | | | | | | | $P_3$ |
| 14 | $P_4$ | | | | | | | | | | | $P_4$ |
| 15 | $P_5$ | | | | | | | | | | | $P_5$ |
| 16 | $P_6$ | | | | | | | | | | | $P_6$ |
| 17 | $P_7$ | | | | | | | | | | | $P_7$ |
| 18 | $P_8$ | | | | | | | | | | | $P_8$ |
| 19 | $P_9$ | | | | | | | | | | | $P_9$ |
| 20 | $P_{10}$ | | | | | | | | | | | $P_{10}$ |
| 21 | $P_{11}$ | | | | | | | | | | | $P_{11}$ |
| 22 | $P_{12}$ | | | | | | | | | | | $P_{12}$ |
| 23 | $P_{13}$ | | | | | | | | | | | $P_{13}$ |
| 24 | $P_{14}$ | | | | | | | | | | | $P_{14}$ |
| 25 | YZ | | | | | | | | | | | YZ |
| 26 | | 司仪: | | | | 计算: | | | 复核: | | | |

从表 7 可以看出,圆弧要素部分的前半部分与基准部分及放样部分的表格设置均与第一种情况相同,因此除圆弧要素部分的后半部分外其余不再赘述。

表 7 中圆弧要素部分设置如下:已知圆弧半径 $R$ 设在 L3 单元格中;计算所得的圆弧段总长 $l_{总}$ 设在 L5 单元格中;计算所得的圆心角 $\theta$(DEG)设在 O3 单元格中;转换成的 $\theta$(° ′ ″)分别设在 N5 、O5 和 P5 单元格中;圆弧走向(方向)值设在 Q5 单元格中;圆弧起始点至圆弧终点弦线偏角 $\angle\delta_0$(DEG)设在 R3 单元格中;切线方位角(DEG)设在 T3 单元格中;切线方位角(′ ″)计算中间值分别设在 R5 和 S5 单元格中;切线方位角(° ′ ″)分别设在 T5 、U5 和 V5 单元格中。

第二步:计算程序编制。

1. 输入已知数据(编程时为模拟已知数据)

输入的已知数据见表 8。

**表 8　已知圆弧两端点坐标与圆弧半径圆弧段放样的已知数据示意表**

| | A | B–C | D | E | F–G | H–I | J–K | L–M | N–P | Q | R | S–V |
|---|---|---|---|---|---|---|---|---|---|---|---|---|
| 1 | ________工程圆弧段放样表 | | | | | | | | | | | |
| 2 | 圆弧段两端点坐标 | | | $\Delta x$ | $\Delta y$ | 弦线长 $D$ | 弦线方位角 $\alpha_{弦}$ | 圆弧半径 $R$ | 圆心角 $\theta$ | 方向 | 偏角$\angle\delta_0$ | 切线方位角 |
| 3 | 点名 | $x$ | $y$ | | | m | ° ′ ″ | 500 | DEG | 左- | | |
| 4 | ZY | 78857.370 | 5368.020 | | | | DEG | 圆弧段总长 $l$ | ° ′ ″ | 右+ | 计算中间值 | ° ′ ″ |
| 5 | YZ | 79195.478 | 5432.013 | | | | | | | -1 | | |
| 6 | 仪器设置点 | $X_0$ | 79083.188 | 所对基准点 | $X_{基}$ | 79315.783 | $\Delta X$ | | 基准点方向方位角 | 基线长 | | 放样日期 |
| 7 | | $Y_0$ | 5149.176 | | $Y_{基}$ | 4862.563 | $\Delta Y$ | | | | | |

| | 点号 | 弧长 $l$ | 弦长 $C$ | 偏角 $\angle\delta$ | 弦线方位角$\alpha$ ° ′ ″ | $\Delta x$ | $\Delta y$ | 放样点坐标 $x$ | 放样点坐标 $y$ | 放样点方位角 ° ′ ″ | 水平距离 m | 点号 |
|---|---|---|---|---|---|---|---|---|---|---|---|---|
| 10 | ZY | 0 | | | | | | | | | | ZY |
| 11 | $P_1$ | 10 | | | | | | | | | | $P_1$ |
| 12 | $P_2$ | 30 | | | | | | | | | | $P_2$ |
| 13 | $P_3$ | 50 | | | | | | | | | | $P_3$ |
| 14 | $P_4$ | 70 | | | | | | | | | | $P_4$ |
| 15 | $P_5$ | 100 | | | | | | | | | | $P_5$ |
| 16 | $P_6$ | 120 | | | | | | | | | | $P_6$ |
| 17 | $P_7$ | 150 | | | | | | | | | | $P_7$ |
| 18 | $P_8$ | 180 | | | | | | | | | | $P_8$ |
| 19 | $P_9$ | 200 | | | | | | | | | | $P_9$ |
| 20 | $P_{10}$ | 230 | | | | | | | | | | $P_{10}$ |
| 21 | $P_{11}$ | 250 | | | | | | | | | | $P_{11}$ |
| 22 | $P_{12}$ | 280 | | | | | | | | | | $P_{12}$ |
| 23 | $P_{13}$ | 300 | | | | | | | | | | $P_{13}$ |
| 24 | $P_{14}$ | 330 | | | | | | | | | | $P_{14}$ |
| 25 | YZ | 351.292 | | | | | | | | | | YZ |
| 26 | | 司仪： | | | | 计算： | | | 复核： | | | |

(1)将圆弧要素部分已知数据圆弧起点坐标 $x$、$y$ 分别输入至[B4]、[D4]单元格中，圆弧终点坐标 $x$、$y$ 分别输入至[B5]、[D5]单元格中；将已知圆弧半径 $R$ 输入至[L3]单元格中；将圆弧走向值 1(右转)或-1(左转)输入至[Q5]单元格中。

(2)将仪器设置点坐标 $X_0$、$Y_0$ 分别输入至[D6]和[D7]单元格中，将所对基准点坐标 $X_{基}$、$Y_{基}$分别输入至[G6]和[G7]单元格中。

(3)将假定第一个放样点的弧长(例表中为 ZY 点，弧长为 0)输入至[B10]单元格中；以后各点实际弧长可在放样时输入，打印资料前各列拖曳即可。(本例为模拟数据填满)

2. 编制计算程序

1)圆弧要素部分

(1)表 8 中圆弧两端点坐标增量 $\Delta x$、$\Delta y$、圆弧段两端点弦线长 $D$ 与 ZY 点至 YZ 点弦线方位角 $\alpha_{弦}$ 计算式与程序同二→(一)→第二步→2→1)→(1)、(2)，在此略。

(2)根据圆弧半径 $R$ 与弦线长 $D$ 计算圆心角 $\theta$(DEG)。

计算式：$\theta(\text{DEG}) = 2\arcsin\dfrac{D/2}{R}$

程序：[O3] = DEGREES(ASIN(([H4]/2)/[L3]))*2

将 $\theta$(DEG)转换成 $\theta$(°　′　″)(供查看或校核，不影响后续计算，也可不转换)

N5 =INT( O3 )　　(θ(°))

O5 =INT( ( O3 - N5 ) * 60)　　(θ(′))

P5 =ROUND( ( O3 - N5 - O5 /60) * 3600,0)　　(θ(″))

(3)根据计算所得的圆心角 θ(DEG)和已知圆弧半径 $R$ 计算圆弧段总长 $l_{总}$:

计算式: $l_{总}=\frac{\pi}{180}\theta R$

程序: L5 =PI()/180 * O3 * L3

(4)根据已求得的圆弧总长 $l_{总}$ 与已知圆弧半径 $R$ 及圆弧走向值计算偏角 $\angle\delta_0$。

计算式: $\angle\delta_0=90\times l_{总}/\pi/R\times$(已知圆弧方向值)

程序: R3 = L5 * 90/PI()/ L3 * Q5

(5)计算过 $ZY$ 点的切线方位角。

计算式:切线方位角(DEG)= 弦线方位角 $\alpha_{放}$(DEG)-偏角 $\angle\delta_0$(DEG)。

程序: T3 = K4 - R3

将切线方位角(DEG)转换成(° ′ ″),(供查看或校核,不影响后续计算,也可不转换)

T5 =INT( T3 )　　(°)

计算中间值 R5 =INT( ( T3 - T5 ) * 60)　　(′)

S5 =ROUND( ( T3 - T5 - R5 /60) * 3600,0)　　四舍五入至(″)

结果: U5 =TEXT( R5 ,"00")　　(′)

V5 =TEXT( S5 ,"00")　　(″)

2)仪器与基线部分

仪器与基线部分计算式与程序均与二→(一)→第二步→2→2)同,在此略。

3)计算放样点坐标

程序编在第10行,下面各行计算结果只要拖曳即可。

(1)根据放样点至 $ZY$ 点弧长 $l$ 计算放样点至 $ZY$ 点弦长 $C$,计算式略。

程序: D10 =2 * $L$3 * SIN(RADIANS(90/PI()/ $L$3 * B10 ))

(2)计算 $ZY$ 点至放样点弦线偏角 $\angle\delta$,计算式略。

程序: E10 =90/PI()/ $L$3 * B10 * $Q$5

(3)计算 $ZY$ 点至放样点弦线方位角 $\alpha$。

计算式: $\alpha$=过 ZY 点切线方位角+弦线偏角($\angle\delta$)

先在表外计算 $\alpha$(DEG),$\alpha$(DEG)设置在 X 列,然后分步计算 $\alpha$(° ′ ″)。

程序: X10 = $T$3 + E10　　($\alpha$(DEG))

$\alpha$(° ′ ″)计算程序同二→(一)→第二步→2→3)→(3),在此略。

(4)计算放样点至 $ZY$ 点坐标增量 $\Delta x$、$\Delta y$ 与计算放样点坐标 $x$、$y$。

计算式与计算程序详见二→(一)→第二步→2→3)→(4)、(5),在此略。

4)计算放样读数

程序编在第 10 行,下面各行计算结果只要拖曳即可。

计算式与程序均与二→(一)→第二步→2→4)同,在此略。

打印放样资料见表 9(实际打印时仅放样表部分)。

**表 9　已知圆弧两端点坐标与圆弧半径圆弧段的放样计算表**

工程圆弧段放样表

| | 圆弧段两端点坐标 | | | Δx | Δy | 弦线长 D | 弦线方位角 $\alpha_{弦}$ | | 圆弧半径 R | 圆心角 θ | | 方向 | 偏角 $\angle\delta_0$ | 切线方位角 |
|---|---|---|---|---|---|---|---|---|---|---|---|---|---|---|
| 3 | 点名 | x | y | | | m | ° ′ ″ | 10 43 3 | 500 | DEG | 40.255 | 左- | -20. 13 | 30.8450157 |
| 4 | ZY | 78857.370 | 5368.020 | 338.108 | 63.993 | 344.111 | DEG | 10.717478 | 圆弧段总长 l | ° ′ ″ | | 右+ | 计算中间值 | ° ′ ″ |
| 5 | YZ | 79195.478 | 5432.013 | | | | | | 351.292 | 40 15 18 | | -1 | 50 42 | 30 50 42 |
| 6 | 仪器设置点 | $X_0$ | 79083.188 | 所对基准点 | $X_{基}$ | 79315.783 | ΔX | 232. 595 | 基准点方向方位角 | | | 基线长 | | 放样日期 |
| 7 | | $Y_0$ | 5149.176 | | $Y_{基}$ | 4862.563 | ΔY | -286. 613 | 309 03 37 | | | 369.117 | | |

| 行 | 点号 | 弧长 l | 弦长 C | 偏角 ∠δ | 弦线方位角 α ° | ′ | ″ | Δx | Δy | 放样点坐标 x | y | 放样点方位角 ° | ′ | ″ | 水平距离 m | 点号 |
|---|---|---|---|---|---|---|---|---|---|---|---|---|---|---|---|---|
| 10 | ZY | 0 | 0.000 | 0 | 30 | 50 | 42 | 0 | 0 | 78857.370 | 5368.020 | 135 | 53 | 55 | 314.462 | ZY |
| 11 | $P_1$ | 10 | 10.000 | -0. 572958 | 30 | 16 | 19 | 8.636 | 5.041 | 78866.006 | 5373.061 | 134 | 07 | 46 | 311.917 | $P_1$ |
| 12 | $P_2$ | 30 | 29.996 | -1. 718873 | 29 | 07 | 34 | 26.203 | 14.600 | 78883.573 | 5382.620 | 130 | 31 | 60 | 307.152 | $P_2$ |
| 13 | $P_3$ | 50 | 49.979 | -2. 864789 | 27 | 58 | 49 | 44.137 | 23.449 | 78901.507 | 5391.469 | 126 | 51 | 51 | 302.843 | $P_3$ |
| 14 | $P_4$ | 70 | 69.943 | -4. 010705 | 26 | 50 | 04 | 62.411 | 31.573 | 78919.781 | 5399.593 | 123 | 07 | 34 | 299.016 | $P_4$ |
| 15 | $P_5$ | 100 | 99.833 | -5. 729578 | 25 | 06 | 56 | 90.395 | 42.374 | 78947.765 | 5410.394 | 117 | 24 | 13 | 294.235 | $P_5$ |
| 16 | $P_6$ | 120 | 119.712 | -6. 875494 | 23 | 58 | 10 | 109.388 | 48.633 | 78966.758 | 5416.653 | 113 | 31 | 23 | 291.719 | $P_6$ |
| 17 | $P_7$ | 150 | 149.438 | -8. 594367 | 22 | 15 | 02 | 138.310 | 56.586 | 78995.680 | 5424.606 | 107 | 37 | 33 | 288.997 | $P_7$ |
| 18 | $P_8$ | 180 | 179.030 | -10. 31324 | 20 | 31 | 54 | 167.657 | 62.790 | 79025.027 | 5430.810 | 101 | 40 | 06 | 287.577 | $P_8$ |
| 19 | $P_9$ | 200 | 198.669 | -11. 45916 | 19 | 23 | 09 | 187.406 | 65.944 | 79044.776 | 5433.964 | 97 | 40 | 54 | 287.367 | $P_9$ |
| 20 | $P_{10}$ | 230 | 227.978 | -13. 17803 | 17 | 40 | 01 | 217.225 | 69.188 | 79074.595 | 5437.208 | 91 | 42 | 32 | 288.160 | $P_{10}$ |
| 21 | $P_{11}$ | 250 | 247.404 | -14. 32394 | 16 | 31 | 16 | 237.190 | 70.354 | 79094.560 | 5438.374 | 87 | 44 | 53 | 289.422 | $P_{11}$ |
| 22 | $P_{12}$ | 280 | 276.356 | -16. 04282 | 14 | 48 | 08 | 267.184 | 70.604 | 79124.554 | 5438.624 | 81 | 52 | 00 | 292.389 | $P_{12}$ |
| 23 | $P_{13}$ | 300 | 295.520 | -17. 18873 | 13 | 39 | 23 | 287.166 | 69.771 | 79144.536 | 5437.791 | 77 | 59 | 59 | 295.063 | $P_{13}$ |
| 24 | $P_{14}$ | 330 | 324.043 | -18. 90761 | 11 | 56 | 15 | 317.035 | 67.026 | 79174.405 | 5435.046 | 72 | 18 | 10 | 300.070 | $P_{14}$ |
| 25 | YZ | 351.292 | 344.111 | -20. 12755 | 10 | 43 | 03 | 338.109 | 63.993 | 79195.479 | 5432.013 | 68 | 20 | 46 | 304.312 | YZ |
| 26 | | 司仪: | | | | | | 计算: | | | 复核: | | | | | |

※表 9 中已知数值(表头中红色字体)及各放样点弧长(计算表中红色字体)均为假定值,实际操作时按实输入即可,计算值均自动显示(黑色正体字)。

## 三、"输入—输出"部分和"计算"部分链接程序编制

根据圆弧段放样已知条件不同的三种情况,分别编制"输入—输出"工作表与对应的计算表相互链接。为确保"输入—输出"工作表的方便应用和避免出错,在"工作表"编制好后可将非操作部分单元格锁定,只留操作部分单元格可供"输入数据"用。

放样时只要打开"输入—输出"操作表,输入已知数据,输出部分就会即时显示放样操作数据,使用非常方便。链接程序编制如下。

**(一)已知圆弧两端点坐标和里程桩号及圆弧走向**

(1)建立"输入—输出"工作表(见表 10),因比较简单,表内已填入模拟数据。

表 10 圆弧段放样(已知圆弧两端点坐标与里程桩号)操作表

| | A | B | C | D | E | F | G | H | I | J | K |
|---|---|---|---|---|---|---|---|---|---|---|---|
| 1 | | 圆弧段放样(已知圆弧两端点坐标与里程桩号) | | | | | | | | | |
| 2 | | 圆弧段两端点坐标 | | | | | | 里程桩号 | | $R_{初设}$ | 方向 |
| 3 | | 点名 | $x$ | | $y$ | | | 起点 | 终点 | 700 | 左 − |
| 4 | | ZY | 78857.370 | | 5368.020 | | | 438.696 | 789.988 | R | 右 + |
| 5 | | YZ | 79195.478 | | 5432.013 | | | 圆弧段总长 | 351.292 | 499.993 | −1 |
| 6 | | | | | | | | | | | |
| 7 | | 仪器设置点 | | 所对基准点 | | | | 基线长 | 基准点方向方位角 | | |
| 8 | | $X_0$ | 79083.188 | $X_{基}$ | | 79315.783 | | 369.117 | ° | ′ | ″ |
| 9 | | $Y_0$ | 5149.176 | $Y_{基}$ | | 4862.563 | | | 309 | 03 | 37 |
| 10 | | | | | | | | | | | |
| 11 | | 放样点数据 | | | | | | | | | |
| 12 | | 点号 | 弧长 | 放样点坐标 | | | | 水平距离 | 放样点方向方位角 | | |
| 13 | | | m | $x$ | | | $y$ | m | ° | ′ | ″ |
| 14 | | | 0 | 78857.370 | | | 5368.020 | 314.462 | 135 | 53 | 55 |
| 15 | | | 10 | 78866.006 | | | 5373.061 | 311.917 | 134 | 07 | 46 |

(2)打开对应的计算表(见表3)。

(3)已知数据链接(将表10中已知数据链接到表3对应的单元格中):

例:表3 B4 ='圆弧段放样(已知圆弧两端点坐标与里程桩号)'! C4

表3 M2 ='圆弧段放样(已知圆弧两端点坐标与里程桩号)'! H4

表3 O3 ='圆弧段放样(已知圆弧两端点坐标与里程桩号)'! J3

表3 Q5 ='圆弧段放样(已知圆弧两端点坐标与里程桩号)'! K5

表3 G6 ='圆弧段放样(已知圆弧两端点坐标与里程桩号)'! F8

表3 B10 ='圆弧段放样(已知圆弧两端点坐标与里程桩号)'! C14

表3 B11 ='圆弧段放样(已知圆弧两端点坐标与里程桩号)'! C15 等等

以上 B10 和 B11 为计算表(见表3)中的放样点至圆弧起点的弧长,与操作表(见表10)中的 C14 和 C15 相对应。

(4)输出数据链接(将表3中的计算结果链接到表10对应的放样操作数单元格中)。

例:表10 I5 =(表3,下同)圆弧段放样计算表! M5

表10 J5 (实际圆弧半径)=圆弧段放样计算表! O5

表10 H8 =圆弧段放样计算表! Q7

表 10 I9 = 圆弧段放样计算表！M7

表 10 I14 = 圆弧段放样计算表！Q10

表 10 H14 = 圆弧段放样计算表！T10

等等

(5)放样操作。

链接完成后，就可投入放样应用。在特定的已知条件下，只要根据需要在放样操作表 C14 或 C15 单元格中输入放样点至圆弧起点的弧长，就可直接得到仪器—放样点的方位角和水平距离，C14 或 C15 可交替使用，以方便检查。如需放样资料，可同时在“放样计算表副本”中按序输入弧长，即可保存放样资料。

**(二)已知直线段(圆弧段前)的两点坐标和圆弧半径及转向角**

(1)建立“输入—输出”工作表(见表 11)，方法同上。

**表 11　圆弧段放样(已知直线段两点坐标和圆弧半径及转向角)操作表**

**圆弧段放样(已知直线段两坐标与转向角及圆弧半径)**

| 直线段(圆弧段前)坐标 | | | 圆弧半径 | 转向角 | | | 方向 | 圆弧段总长 |
|---|---|---|---|---|---|---|---|---|
| 点名 | $x$ | $y$ | $R$ | $\theta$ | | | 左 − | 351.291 |
| $H_6$ | 78719.490 | 5285.680 | 500.000 | ° | ′ | ″ | 右 + | $T$ 线长 |
| $ZY$ | 78857.370 | 5368.020 | | 40 | 15 | 18 | −1 | 183.246 |

| 仪器设置点 | | 所对基准点 | | 基线长 | 基准点方向方位角 | | |
|---|---|---|---|---|---|---|---|
| $X_0$ | 79083.188 | $X_{基}$ | 79315.783 | 369.117 | ° | ′ | ″ |
| $Y_0$ | 5149.176 | $Y_{基}$ | 4862.563 | | 309 | 03 | 37 |

| 放样点数据 | | | | | | | |
|---|---|---|---|---|---|---|---|
| 点号 | 弧长 | 放样点坐标 | | 水平距离 | 放样点方向方位角 | | |
| | m | $x$ | $y$ | m | ° | ′ | ″ |
| | 0 | 78857.370 | 5368.020 | 314.462 | 135 | 53 | 55 |
| | 10 | 78866.006 | 5373.061 | 311.917 | 134 | 07 | 46 |

(2)打开对应的计算表(见表 6)。

(3)已知数据链接(将表 11 中已知数据链接到表 6 对应的单元格中)，方法同上。

(4)输出数据链接(将表 6 中的计算结果链接到表 11 对应的放样操作数单元格中)。

(5)放样操作(同上)。

**(三)已知圆弧两端点坐标与圆弧半径**

(1)建立“输入—输出”工作表(见表12),方法同上。

(2)打开对应的计算表(见表9)。

(3)已知数据链接(将表12中已知数据链接到表9对应的单元格中),方法同上。

**表12　圆弧段放样(已知圆弧两端点坐标与圆弧半径)操作表**

**圆弧段放样(已知圆弧两端点坐标与圆弧半径)**

| 圆弧段两端点坐标 | | | 圆弧半径 | 圆弧走向 | 弦线长 $D$ |
|---|---|---|---|---|---|
| 点名 | $x$ | $y$ | $R$ | 左　−1 | 344.111 |
| $ZY$ | **78857.370** | **5368.020** | **500.000** | 右　+1 | 圆弧段总长 $l$ |
| $YZ$ | **79195.478** | **5432.013** | | −1 | 351.292 |

| 仪器设置点 | | 所对基准点 | | 基线长 | 基准点方向方位角 | | |
|---|---|---|---|---|---|---|---|
| $X_0$ | **79083.188** | $X_基$ | **79315.783** | 369.117 | ° | ′ | ″ |
| $Y_0$ | **5149.176** | $Y_基$ | **4862.563** | | **309** | **03** | **37** |

| 放样点数据 | | | | | | | |
|---|---|---|---|---|---|---|---|
| 点号 | 弧长 | 放样点坐标 | | 水平距离 | 放样点方向方位角 | | |
| | m | $x$ | $y$ | m | ° | ′ | ″ |
| | **0** | 78857.370 | 5368.020 | **314.462** | **135** | **53** | **55** |
| | **10** | 78866.006 | 5373.061 | **311.917** | **134** | **07** | **46** |

(4)输出数据链接(将表9中的计算结果链接到表12对应的放样操作数单元格中)。

(5)放样操作(同上)。

当然,也可采用直接在计算表上锁定相关单元格的方法来保护程序,但为了非专业人员在操作时便于应用,编制链接程序后用“输入—输出”工作表现场放样比较实用。

## 四、实用型现场简易加密方法简介

在实际工程施工中,圆弧线型采用仪器放样的点的密度一般在弧长15~25 m一个点,最密的也不过10 m一个点,点与点之间只能由操作工人凭经验把控,因此往往出现影响外观质量的状况。但若要求圆弧做得标准达到外表美观,这样的密度是很不够的,操作工人会要求现场技术人员给出加密点数据,以便于立标布线。

现场近距离手工加密的方法很多,用切线支距法、中央纵距法、延长弦线法等都可以,几种方法各有利弊,且操作过程比较烦琐并容易造成误差。这里介绍一种简单易行且方便控制的加密方法:解析几何法。

如图3所示建立坐标系,设圆弧一端点$A$为坐标原点,另一端点$B$在$x$轴正方向上,连接$AB$,设长度为$2a$,即该段圆弧的弦长。命名该圆弧中点为$QZ$点($\overset{\frown}{AQZ}=\overset{\frown}{QZB}$),弦线中点为$C$点(即$AC=a=CB$);连接$QZ—C$,即为弦高$H$;设圆心为$O$点,连接$CO$,设$CO$长为$b$,则$H+b=R$;连接$AO$和$BO$,即$AO=BO=R$。

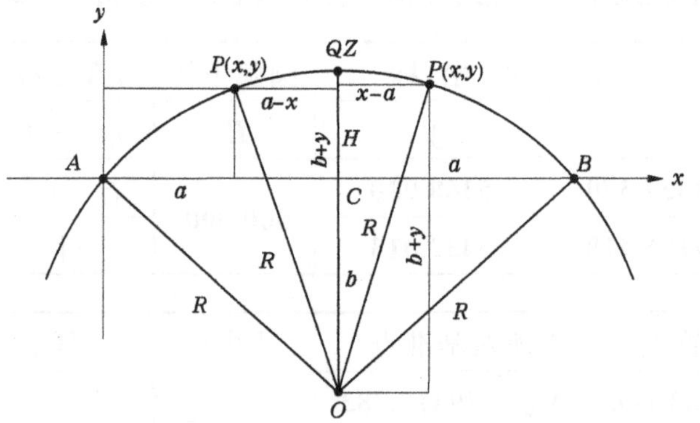


**图3 解析几何法加密放样计算图**

因为$A$、$B$为已放样的圆弧上的两点,坐标已知,两点间的距离可根据其坐标增量用两点间的距离公式求得,即$AB$两点间的直线距离(弦长)$2a=\sqrt{\Delta x^2+\Delta y^2}$,所以$a$值易求得。如不应用坐标计算,$AB$两点间距离($2a$值)也可直接用钢尺量得,但应注意钢尺须保持水平且拉直。另由图3知,圆弧起讫点之间的$x$值区间为$(0,2a)$,为正值;$H$为正值,$b$为负值。由圆的基本方程$(x-a)^2+(y-b)^2=R^2$得:$(x-a)^2+(y+b)^2=R^2$;再由已知特殊点($A$或$B$)上的$x$、$y$值及$a$值代入求出$b$,最后将$a$、$b$值代入原方程,变形后即得$y=f(x)$的函数式。这样,只要人为确定加密点的密度,应用Excel列表计算即可极其方便地得出各加密点的垂距,操作工人即可按此精准施工。为直观起见,举例如下:

已放样某段圆弧弧长25.000 m,起点坐标(78 869.671,5 416.513),终点坐标(78 882.951,5 395.351),已知圆弧半径$R$为200,要求给出加密点数据,步骤如下:

(1)计算弦长:$\Delta x=13.280$,$\Delta y=-21.162$,则弦长$2a=\sqrt{(13.280)^2+(-21.162)^2}=24.984$。

(2)列方程并求$y=f(x)$的函数式:由弦长知$a=12.492$,即可根据$a$和$R$值得到解析式方程:$(x-12.492)^2+(y+b)^2=200^2$,再将$A$点或$B$点上的$xy$值(0,0)或(24.984,0)(注:此坐标值非仪器放样时的坐标值,应予区别)代入得:$(\pm 12.492)^2+b^2=200^2$,即可求$b$值;该步骤也可用图解法直接求得$b=\sqrt{R^2-a^2}=\sqrt{200^2-12.492^2}=199.609\ 493\ 6$;由此

可知 $QZ—C$ 之间距离为 200-199.609 493 6=0.390 506 4，取 0.391(弦高 $H$)。

再将 $a$、$b$ 值分别代入标准方程 $(x-a)^2+(y+b)^2=R^2$ 得 $(x-12.492)^2+(y+199.609\,493\,6)^2=200^2$，整理后得函数式：$y=\sqrt{40\,000-(x-12.492)^2}-199.609\,493\,6$。

(3)验证函数式：令 $x=0$，得 $y=0$；$x=12.492$，得 $y=0.390\,506\,4=H$；

$x=24.984$，得 $y=0$；证明三点均在圆弧上，以此判断该函数式成立；

(4)计算加密点数据：应用 Excel 列表计算，假定每 2 m 弦长设一个点，结果如表 13 所示。

**表 13 计算加密点数据结果**

| $x$ | 0 | 2 | 4 | 6 | 8 | 10 | 12.492 | 14.984 | 16.984 | 18.984 | 20.984 | 22.984 | 24.984 |
|---|---|---|---|---|---|---|---|---|---|---|---|---|---|
| $y$ | 0.000 | 0.115 | 0.210 | 0.285 | 0.340 | 0.375 | 0.391 | 0.375 | 0.340 | 0.285 | 0.210 | 0.115 | 0.000 |

加密点密度可以根据技工需要灵活设置，Excel 中可编程计算，程序如下：

y =ROUND((SQRT(40000-( x -12.492)^2)-199.6094936),3)(四舍五入至 mm)

(5)操作工人只要在 $AB$ 弦线上拉钢尺，然后按表 13 中 $x$ 值所对应的 $y$ 值一一在现场标注弧线上点的位置，达到精准施工的目标。(操作时应注意钢尺保持水平且拉直)

以上是已知圆弧半径，如圆弧半径未知，则应先求出圆弧半径 $R$，如已知圆弧段弦长 $C$ 和弦高 $H$，则圆弧半径 $R=(H^2+C^2\div4)\div2H=H/2+C^2/8H$，求出半径后即可立式计算。当然在已知弦长和弦高的情况下也可不经计算直接用四分之一法加密放样，但操作不当会影响精度，因此一般先求出半径再用解析几何法加密放样。

## 五、题外话

一般中小型水利工程上所设曲线多为圆曲线，但也有少量其他曲线的应用，比如乡村道路工程上常用的缓和曲线、复曲线、反向曲线和回头曲线以及某些景区所用的渐伸线、螺旋线、双纽线等，其放样方法大同小异。但只要根据曲线函数式编制相应程序，均可方便准确地实施操作。

当然，计算方法也可应用 CAD 在电脑上模拟画图得出相应点数据，然后按模拟图在现场实施布点。但对于地形复杂且放样量较大时，在现场还是应用程序放样比较方便、快速、灵活。

而随着科学技术的飞速发展和测量仪器的不断更新，工程现场放样显得越来越简单方便，以前的经纬仪、钢尺直线定向量距甚至红外测距仪早已成为古董，全站仪从开始的只有测角、量距(包括平距和斜距)功能但不能自动计算发展到全自动程序化，具有直接输入—输出功能，甩掉了电脑编程这个助手。而如今，应用 GPS 测量放样系统，犹如使用傻瓜相机或手机拍照一样方便，操作者只要在手簿上输入相关指令和已知数据，不管需放什么线型，都只要扛着信号接收器按导航指示走一圈就可轻松解决，且放样点位置准确无误，省工、省时、省力。因此，全站仪也已寿终正寝，基本无人使用。

运用 Excel 编程配合现场曲线放样，是工程施工发展过程中一段短短的历史轨迹，不失为当时条件下的技术创新，虽已过时，但其资料仍值得保存。

**作者注：**

本文根据多年圆弧放样工作记录及经验总结，于 2020 年 10 月整理成稿。

# 常用放样计算公式及程序简介

## 一、圆曲线放样

### (一)圆曲线主点放样

$T=R\times tg(\alpha/2)$　　程序：$\boxed{T}=\boxed{R_{变}}*TAN(RADIANS(\boxed{\alpha_{变}}/2))$

$L=\pi/180\times\alpha\times R$　　$\boxed{L}=PI(\quad)/180*\boxed{\alpha_{变}}*\boxed{R_{变}}$

$e=R\times(1/\cos(\alpha/2)-1)$　　$\boxed{e}=\boxed{R_{变}}*(1/COS(RADIANS(\boxed{\alpha_{变}}/2))-1)$

$q=2T-L$　　$\boxed{q}=2*\boxed{T}-\boxed{L}$

$R$—$\boxed{R_{变}}$；$\alpha$—$\boxed{\alpha_{变}}$；$\boxed{\alpha_{变}}$为已将分、秒转换为小数的角度(DEG)；$\pi$—PI( )

注意：首先要把° ′ ″转换为带小数的角度，$\boxed{\alpha_{变}}$=°+′/60+″/3600

$e$—外矢距；$q$—切曲差；$\alpha$—转向角；$\boxed{\alpha_{变}}$为中间结果。

### (二)偏角法细部点放样

$\angle\delta=90\times l/\pi/R$　　程序：右转(顺时针)=90/PI( )/$\boxed{R_{定}}*\boxed{l_{变}}$　　(DEG)

$\angle\delta=360-90\times l/\pi/R$　　左转(逆时针)=360-90/PI( )/$\boxed{R_{定}}*\boxed{l_{变}}$　　(DEG)

$S=2R\times\sin(90\times l/\pi/R)$

$\boxed{S}=2*\boxed{R_{定}}*SIN(RADIANS(90/PI(\,)/\boxed{R_{定}}*\boxed{l_{变}}))$

注：$R$—$\boxed{R_{定}}$；$l$—$\boxed{l_{变}}$；$S$—弦长；$l$—弧长；$\angle\delta$—偏角。

须将角度DEG(带小数的角度)转换成° ′ ″，采用取整法：INT(见下页)

### (三)切线支距法细部点放样

公式：$x=R\times\sin(180\times l/\pi/R)$　　$y=R(1-\cos(180\times l/\pi/R))$

程序：$\boxed{x}=\boxed{R_{定}}*SIN(RADIANS(180/PI(\,)/\boxed{R_{定}}*\boxed{l_{变}}))$

　　$\boxed{y}=\boxed{R_{定}}*(1-COS(RADIANS(180/PI(\,)/\boxed{R_{定}}*\boxed{l_{变}})))$

弦长$\boxed{S}=2*\boxed{R_{定}}*SIN(RADIANS(90/PI(\,)/\boxed{R_{定}}*\boxed{l_{变}}))$

### (四)竖曲线放样计算公式

$$T=R\times(i_1-i_2)/2$$

$$L=R\times(i_1-i_2)$$

$$e=T^2/2/R$$

$$y=x^2/2/R$$

## 二、坐标放样

测量仪器：宾得 PTS-$V_2$

仪器设置点坐标：$X_0$，$Y_0$；所对方向点坐标：$X_基$，$Y_基$

ΔX＝[$X_基$]－[$X_0$]；　　　ΔY＝[$Y_基$]－[$Y_0$]

仪器所对方向（后视点）方位角：

计算式 $\theta=\arctg(\Delta Y/\Delta X)$

程序：[θ]＝DEGREES（ATAN2（[ΔX]，[ΔY]））

※[θ]为带小数的角度，须转换成° ′ ″

例：°＝INT（[θ]）；′＝INT（（[θ]－[°]）＊60）；″＝（[θ]－[°]－[′]/60）＊3600

基线距离 $L=\sqrt{\Delta X^2+\Delta Y^2}$

程序：[L]＝SQRT（[ΔX]^2+[ΔY]^2）

放样点坐标：$x$，$y$　　　[Δx]＝[x]－$[$X_0$]；[Δy]＝[y]－$[$Y_0$]

放样点测角：

计算式：$\alpha_测=\arctg(\Delta y/\Delta x)$

分步计算程序：[$\alpha_测$]＝DEGREES（ATAN2（[Δx]，[Δy]））

判别式：[ ]＝IF（[$\alpha_测$]>＝0，"0"，IF（[$\alpha_测$]<0，"360"））

中间值：[$\alpha_数$]＝[$\alpha_测$]＋[ ]（判别值）

放样点方位角：[°]＝INT（[$\alpha_数$]）　　　[′]＝INT（（[$\alpha_数$]－[°]）＊60）

[″]＝ROUND（（[$\alpha_数$]－[°]－[′]/60）＊3600，0），（0 为四舍五入到整数）

分秒显示为两位数：先计算分秒中间值，得出[′]、[″]，然后转换。

程序：＝TEXT（[′]，"00"）或＝TEXT（[″]，"00"）（显示习惯值）

电脑综合计算一次到位程序：（注：综合计算结果分、秒只能显示真值，不能显示习惯值）

（1）计算 α：[α]＝DEGREES（PI（）＊（1-SIGN（[Δy]）/2）－ATAN（（[Δx]）/（[Δy]）））

（2）计算° ′ ″：将 α（DEG）转换成度、分、秒（° ′ ″）（程序一）

[° ′ ″]＝INT（[α]）&"五个空格键"&INT（（[α]－INT（[α]））＊60）

&"[五个空格键]"&INT（（（[α]－INT（[α]））＊60－INT（（[α]－INT（[α]））＊60））＊600）/10（设置空格键是为了让度、分、秒隔开，以方便区分）

例：假定 α（DEG）在 S8 单元格时，则

α（° ′ ″）＝INT（[S8]）&"[五个空格键]"&INT（（[S8]－INT（[S8]））＊60）&"

五个空格键"&INT(((S8-INT(S8))*60-INT((S8-INT(S8))*60))*600)/10

(3)计算°′″(程序二)(计算结果与程序一相同)

°′″=INT(α)&"五个空格键"&INT((α-INT(α))*60)&"五个空格键"&ROUND((α-INT(α)-INT((α-INT(α))*60)/60)*3600,0)

因此,上例中假定α(DEG)在S8单元格时,则

°′″=INT(S8)&"五个空格键"&INT((S8-INT(S8))*60)&"五个空格键"&INT(((S8-INT(S8))*60-INT((S8-INT(S8))*60))*600)/10

=INT(S8)&"五个空格键"&INT((S8-INT(S8))*60)&"五个空格键"&ROUND((S8-INT(S8)-INT((S8-INT(S8))*60)/60)*3600,0)

放样点距离:$l$=ROUND(SQRT(Δx^2+Δy^2),3),3为精确到mm

# 第4篇

## 工程案例分析

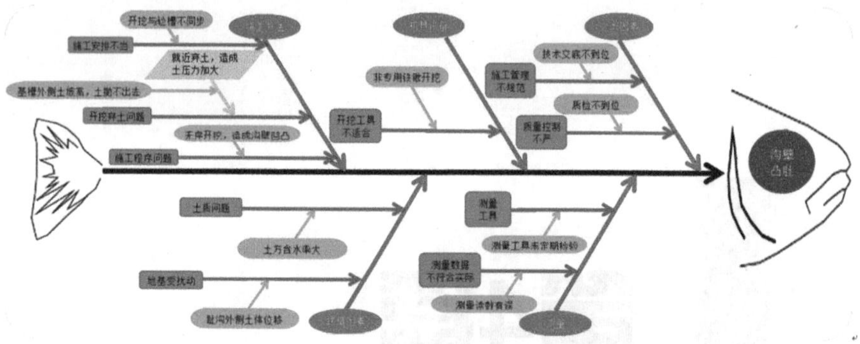

开挖与验槽不同步
施工安排不当
就近弃土，造成土压力加大
开挖弃土问题
施工程序问题
开挖工具不适合
非专用铁锹开挖
施工管理不规范
技术交底不到位
质检不到位
质量控制不严
沟壁凸肚
土质问题
土方含水率大
地基受扰动
沟槽外侧土体位移
测量工具
测量数据不符合实际
测量读数有误


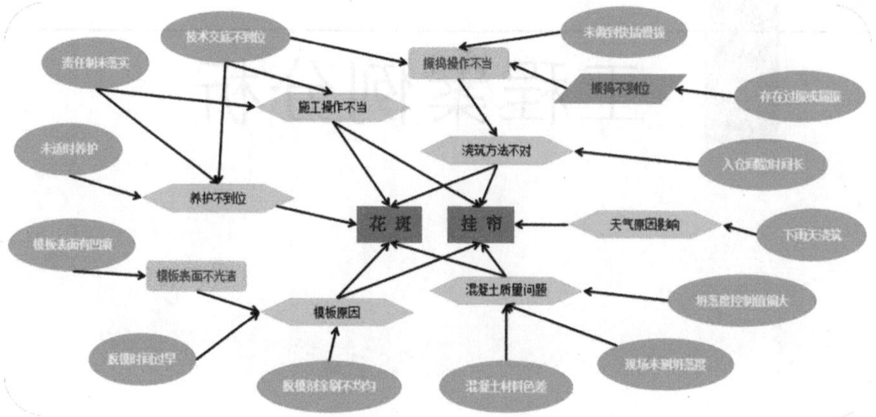

技术交底不到位
责任制未落实
未做到快插慢拔
振捣操作不当
振捣不到位
存在过振或漏振
施工操作不当
浇筑方法不对
未适时养护
入仓间隔时间长
养护不到位
花 斑
挂 帘
天气原因影响
下雨天浇筑
模板表面有凹痕
模板表面不光洁
模板原因
混凝土质量问题
坍落度控制偏大
脱模时间过早
脱模剂涂刷不均匀
混凝土材料色差
现场未测坍落度


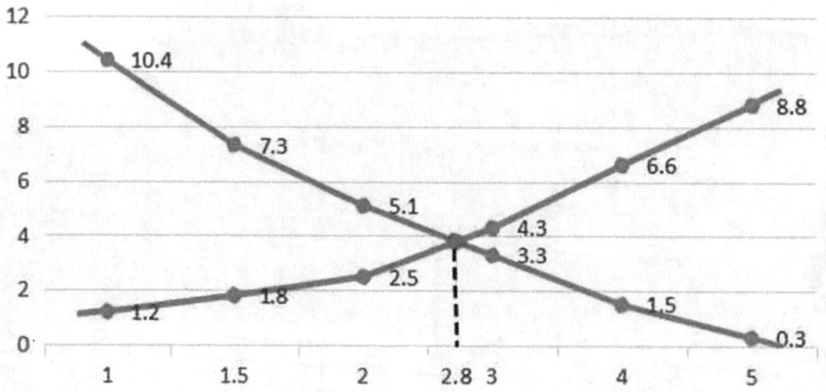

12
10
8
6
4
2
0
10.4
7.3
5.1
3.3
1.5
0.3
1.2
1.8
2.5
4.3
6.6
8.8
1
1.5
2
2.8
3
4
5

# 关于嘉州美都 $45^{\#}$ 楼处护岸滑坡的情况分析

2007 年 2 月 2 日下午,嘉兴市经济开发区房地产公司召开紧急会议,对嘉州美都 $45^{\#}$ 楼处护岸滑坡突发事件进行通报并制定抢险和补救措施。会议确定首先采取控制措施遏止滑坡加剧,同时制定抢修方案,避免事态扩大,而后分析事故原因、明确责任的事故处理步骤。

嘉州美都护岸工程于 2002 年底竣工。护岸完工后经房地产公司在其上填土、绿化、装卸材料、修筑道路、装设护栏等施工,护岸保持完好,未曾发现走样。直至 2006 年底朱冠浜河道疏浚前,该护岸亦未发现任何异常情况。

该护岸在 $45^{\#}$ 楼处有 60 余 m 位于原河岸线外,基底土质为淤泥质土,设计采用 $\phi$ 12 木桩梅花形布置基底加固,建成后经过 4 年多时间运行,未曾发现沉降或位移等反常现象。但在 2007 年 2 月 1 日至 2 月 2 日,正对着 $45^{\#}$ 楼东北角的该段护岸最凸出处,突然产生严重滑坡,护岸裂缝、外移且下沉,墙后回填土塌陷,道路破坏,绿化带多处开裂,裂缝宽度达 20~35 cm,长度 50 m 左右。当时朱冠浜河道疏浚正在紧张进行中。

根据朱冠浜河道疏浚该地段处的断面设计图分析,该段护岸外留土平台 1 m,边坡 1:1.75。也就是说,疏浚后土坡边离护岸底板面外边应为 1.35 m,离护岸趾墙底外边应为 2.66 m。尽管该段土质为淤泥质土,抗剪能力较差,但如在按图施工的情况下,外侧土的重力仍能抵挡墙后的土压力,保持墙体稳定。然而,根据现场测量,该地段疏浚边坡严重超挖,开挖边坡已紧贴墙身,不留一点平台,离护岸底板边不足 10 cm,离趾墙底外边仅 1.1 m,完全超出了内外平衡的临界状态。

根据事发后现场勘察,该事故地段墙身整体外移时仅产生几处裂缝,而无发生墙体倒塌碎裂现象,说明该护岸墙体本身质量没有问题,属于底板在内侧土压力作用下整体向外滑动导致底板下木桩向外倾斜或折断造成墙身连续性的外移、下沉和墙后土体塌陷。其原因在于底板外侧淘空且基底又是淤泥质土,在内侧土压力作用下,基底淤泥向外挤压,产生流塑现象,此时仅靠几根木桩在流土中抵抗侧向土压力是远远不够的,因此造成了底板成一弧形整体滑动,最凸出处下沉最多的现象。

按理说,疏浚工程开始前,都进行了详细的技术交底,并强调严禁超挖,疏浚作业人员也不可能傻到做这么多白工的地步(因为超挖部分是不可能得到报酬的)。那么,该地段边坡为何发生了如此大的超挖现象呢?据疏浚人员反映:朱冠浜河道疏浚,本来按施工程序是在北岸护岸工程完成后才能开始的,但护岸工程(北岸需拓宽)涉及城投公司与吴家桥村土地征用中的政策处理问题,在 10 月护岸工程准备开工时,双方土地面积还未曾丈量过,更不用说征用土地资金到位了。当时吴家桥村村民委要求施工单位对该工程暂停施工,等到城投公司政策处理好、征用土地资金到位后才可开工,因此该工程未开工就暂停施工。但在 2006 年 10 月底某上级主要行政领导在全市创卫大检查行程中说:朱冠浜河道要立即疏浚,限期完工。简单的一句话,任务下达到该工程建设单位,军令如山,建设单位即于11月3日召开会议要求施工单位先行疏浚，北岸护岸等以后具备施工条件后再实施。施工单位于2006年11月6日下午与吴家桥村村民委联系疏浚事宜，吴家桥村明确表示：疏浚河道可以，但现在城投公司土地未丈量，因此北岸原有岸线不能破坏，应保持土地现状。就这样，在一方面要求立即疏浚、确保工期，另一方面要求北岸岸线神圣不可侵犯的两难境况下，朱冠浜河道疏浚工程于11月8日在原本未曾具备开工条件的窘境下仓促上马了。然而，朱冠浜原有河道有些地段相当狭窄，挖泥船都开不进去，按照吴家桥村提出的北岸岸线寸土不容触碰（村民委派专人看守）的要求实施，当时根本不具备疏浚条件，而该项目建设单位在上级某行政领导的严厉督促下，不顾实际困难，强行要求抓紧疏浚。而正对着嘉州美都45#楼的地段，河道极其狭小，面宽（包括南岸土坡）总共只有6 m，刚好是微小型挖泥船船身宽度。在这样的状况下，要想边坡不超挖，挖泥船和泥驳就根本进不去，因此造成了被迫超挖边坡后挖泥船紧擦着嘉州美都护岸硬挤进去的尴尬场面。再者，朱冠浜河道只有一端出口，在挖泥船挤进去后，泥驳运土在此频繁进出，挂桨船螺旋桨高速运转搅动产生的涡流冲刷作用对本来强度和黏结力均较差的护岸底板下的淤泥质土造成进一步淘空，基底木桩失去土层保护亦即失去了桩土作用，逐步逐步发展到内侧土压力超过了临界状态，木桩外倾甚至折断，基础失稳，造成了较大面积的整体滑坡塌陷。

综上所述，造成嘉州美都45#楼处护岸较大面积滑坡的直接原因是河道疏浚边坡严重超挖并经泥驳频繁来回冲刷后淘空护岸基底引起内侧土压力超出极限平衡状态所致。而造成边坡严重超挖的根本原因是行政部门为了追求创卫形象而不顾现状实际，在完全不具备疏浚条件的情况下由某主要行政领导凭主观意志信口开河督促建设单位，再由建设单位违章指挥强令施工单位违章作业所致。这既不是设计单位的责任，因为如按图施工就不可能挖空墙脚；也不属于施工单位的责任，因为该地段边坡的超挖是在当时朱冠浜尚未具备疏浚条件的情况下权力部门强令施工造成。责任在于发起者，其造成的损失理应由发起部门埋单。

感想：工程实施，政策先行；急于求成，劳民伤财。

**作者注：**

本案例分析源于2007年2月嘉州美都45#楼处护岸滑坡事件，2007年2月初稿，2007年3月上旬成稿。

# 生态格网填石护坡的地区适应性探讨

生态格网填石护坡(护岸)是将特种钢丝用专用机械编织成双绞、蜂巢形网目的格网片制成的长方体箱笼装入石块等填充料后连接成一体的结构,属当前生态护岸(护坡)的其中一种形式。该结构的优点是墙体(或护坡)为柔性结构,适应变形,透水、透气,较高的空隙率能保证土壤、水、空气和植物的自然相互作用,动植物可生长栖息其中,生态效果好。缺点是格网片编织工艺复杂,对填料的粒径要求高;局部护岸(护坡)破损若不及时补修会造成内部石材滑落,影响岸坡稳定。

## 1　生态格网的由来

生态格网(网箱)挡墙源于公元前28世纪,我们的先民就使用柳枝、藤条、竹子等编织成筐装上石块来稳固河床,这种最原始、最古老的方法,现在正被人们借鉴应用[1]。由现代工业技术结合创新尝试推出的生态格网护坡(护岸)种类、名称繁多,如净水石笼护岸、格宾网箱护岸、合金网兜护岸、石笼护岸、石笼网袋护岸等,大同小异,其实质均为由热轧钢丝拉伸后形成的网线,经热镀锌或复合防锈处理,再经聚氯乙烯覆塑处理后编织成合金钢丝笼(见图1)应用于工程部位充填满石料的较规则形状单元体。

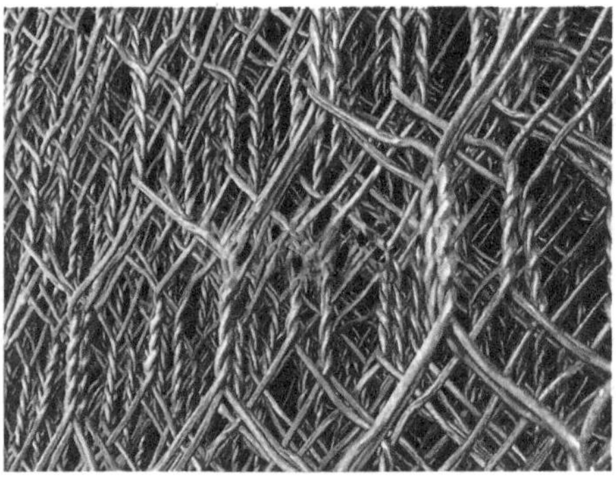

图1　合金钢丝笼

## 2　生态格网填石护坡(护岸)的结构形式

生态格网护坡(护岸)的主要结构形式为缓坡护垫(绿滨垫,见图2)和直立式挡墙(固滨笼挡土墙,见图3),其他少量的有生态格网网袋、挂网等。

这种形式构造简单,施工方便快捷,应用于地基基础稳固、石料资源丰富的地区(如山区小流域)不乏成功的案例。但若在土质软弱、石料资源贫乏甚至无产石区的河网水乡地区(譬如嘉兴市域)模仿应用,则屡试屡败。因此有必要对生态格网护坡(护岸)的地区适应性问题进行论证和探讨。

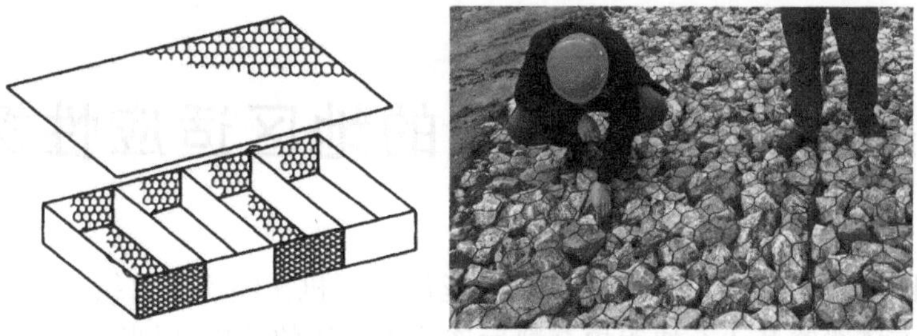

(a) (b)

**图 2　缓坡护垫(绿滨垫)**

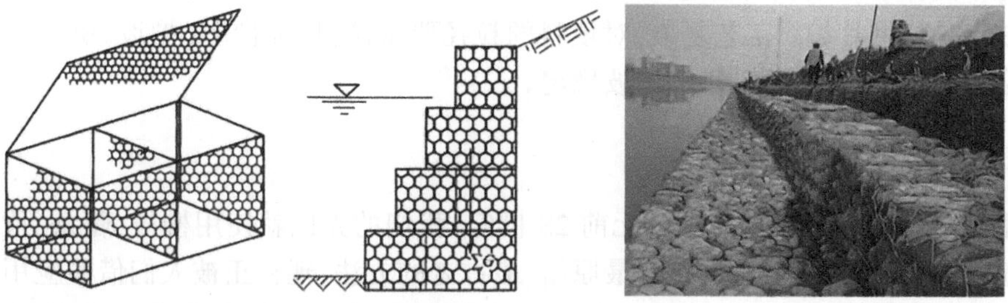

(a) (b) (c)

**图 3　直立式挡墙(固滨笼挡土墙)**

## 3　河道特点与土质问题

### 3.1　河道通航对格网填石的影响

河网地区的主要河道(如海盐南台头干河、平湖塘独山干河等)一般都兼顾航行,内河运输船只通行频繁,对生态格网护坡(或护底)的影响主要有两个方面:一是在枯水期由于河道水位较低,格网护坡上端处于水面以上,大吨位船舶全速航行时形成的船行波对于半露在外的格网内填石冲击极大,在水力作用下极易将小于格网孔径的石块带出,久而久之使原本填充饱满的格网产生变形,甚至移位;二是船舶航行具有惯性,一旦抛锚后果不堪,轻则拉破格网、填料散落,严重的甚至拖动格网使之堆叠,造成河床变形。

### 3.2　软弱地基土质问题

对于生态格网适用地基问题,中国工程建设协会标准《生态格网结构技术规程》(CECS 353—2013,以下简称 CECS 353)第 5.2.2 条叙述如下:“生态格网绿滨垫适用于河岸护坡,也可用于土石坝上、下游护坡,但应铺设于稳定的边坡之上。”而河网地区(如嘉兴市域)的大部分河坡土质软弱,遇冲刷易流失,极少有稳定的边坡。生态格网护坡如带水作业,一方面基底土层情况不明,另一方面施工质量难于控制,且不便检测。如降水后干地施工,则在完建期放水前遇暴雨冲刷,软弱河坡水土流失,造成格网护坡未投入运行即已变形(见图 4)。试想,软弱土质河坡连雨水冲刷都难于抵挡,哪来 CECS 353 所要求的“稳定的边坡”呢?虽说生态格网是柔性结构,适应变形,但格网内的填石属松散状态,格网褥垫变形后,改变了填料的排列组合,里面粒径小于格网孔径的石块极易流出,从而破坏整个格网结构。

(a) (b)

**图4 完建期河道放水前受雨水冲刷遭受破坏的河坡与生态格网绿滨垫案例图**

### 3.3 排涝放水带来的紊流冲刷影响

杭嘉湖南排工程每年汛期都要按排涝要求开闸放水,当全部闸孔开启时,干河水流流速极大,且多有漩涡,水流紊乱,对两岸河坡的冲刷极其严重。作者于20世纪90年代曾多次目睹南排南台头一期开闸放水场面,当南台头闸4孔全部开启时,高速水流使位于闸前干河四号桥(后改为常绿桥)至六号桥(后改为西闸桥)段河道两岸多处平台以下作为护坡用的多孔板一块块地挪动甚至翻转,进而移位下滑,河坡土方被冲刷得坑坑洼洼。据当时的测量结果,个别凹荡与岔口段,漩涡形成的河坡变迁已深达-3.84~-4.84 m(1985国家高程基准)。后虽经多次修复,终未能彻底整治。可想而知,高速紊流连多孔板都能卷动,区区生态格网绿滨垫又怎能抵挡开闸放水如此大的水力冲刷呢?由此作者坦言,在有排涝放水要求的软土地基区域设置生态格网护坡是不符合客观规律的。

## 4 填料供应问题

### 4.1 地理环境因素

河网水乡多属冲积平原,水多山少,几无石料资源可采。如嘉兴范围内,20世纪在海宁、海盐等地尚有少量石矿可供开采,后随着环保要求与旅游事业的推进,所有石矿全部关停,全市范围内已无一粒石子可供,所有建筑工程用石料均需从遥远的湖州西部山区甚至安徽、江西等地采购。因此,如在石料资源贫乏甚至根本无石可采的河网平原地区实施生态格网填石护坡(护岸),就根本做不到CECS 353第5.1.2条中叙述的"应根据工程所在的地形、地质、水流等条件以及所属建筑物的总体布置、功能特点和运用要求等确定,做到因地制宜,就地取材。"

### 4.2 填料质量问题

#### 4.2.1 填料粒径方面

生态格网护坡(护岸)虽对填料形状是否规则没有要求,常见的毛石、片石、中粒径卵石、砂砾土石以及混凝土块等均可,但对填料的坚固性与粒径大小却要求很严,这其中坚固性一般能够达到"应具有耐久性好、不易碎、无风化迹象[2]",但粒径大小要"介于$1.5D \sim 2.0D$之间[2]"却很难做到,因为本地无石料资源,从外地采购来的石料(见图5)不是大了就是小了,超径、逊径含量极高,符合$1.5D \sim 2.0D$之间的石块一般不到总量的

30%,一项工程要想从外地采购到大部分粒径对口的石块在当今石料紧俏的大环境下基本上是不可能的。而若想通过分拣与大块破碎达到粒径要求,则一方面耗工巨大,另一方面大部分逊径料将作为废品,两者相加将使材料成本呈几何倍增加,大大超出施工预算范围。如若强行实施,施工单位难于承受,因此在河网地区发生填石粒径不合格的案例甚多。

(a) (b) (c)

**图 5 某工程从外地采购来拟用于生态格网填石的原材料**

4.2.2 填料整体重度与粒径的关系存在的问题

在石料需要从外地采购的地区,不单格网内填料的粒径难于控制,而且填料整体重度也很难达标。原因之一是外地采购来的石块比重不一且很难与设计指标相符,其二是当格网内逊径料不超标时,石块间空隙率较大,使得单位体积内的填石整体重度达不到设计要求。因为自己无石料资源,外购石块比重无从选择,这就使得填料整体重度与粒径的关系难于平衡。往往是粒径要求达到时,整体重度不够,整体重度达到了,逊径含量又超标了。因为格网的尺寸规格是固定的,超量了又装不下。这与 CECS 353 第 3.4.2 条叙述的"生态格网结构抗冲流速取决于石材的粒径控制,并非厚度,因此,对石材粒径的要求是 $1.5D \sim 2.0D$,…,生态格网绿滨垫的厚度 $t \geqslant 2D_m$,设计时要了解当地材料的粒径情况。网箱填充石料的整体重度宜在 15~20 $kN/m^3$。"是不相符的。石料由施工单位开工后自行采购,设计时怎么预先了解外购实情呢?又怎能做到石材粒径与整体重度的匹配呢?

**4.3 外购填料的价格因素**

如上所述,河网地区从外地采购来的石料符合 $1.5D \sim 2.0D$ 之间的石块一般不到总量的 30%,分拣与大块破碎需耗费大量的人工,逊径的部分只能作为废料处理。据施工单位反映,从遥远的外地采购装运来的毛料就需 200 元/t(主要问题是路途遥远,运费昂贵),分拣与破碎至少花费 0.75 工/$m^3$,而所得的完全符合 $1.5 \sim 2.0D$ 的净料还不到进场料的 50%。就按人工 200 元/工、可用料 50%、填料最起码密度 1.5 $t/m^3$ 计,每 $m^3$ 填料成品价格就超过 0.5 $m^3$ 稻谷价格(干燥洁净稻谷收购价 2.66 元/kg,堆积密度 600 $kg/m^3$),这样的材料成本算得上"造价低廉"吗?也许有人要问:那 50%的处理料不是还有价值吗?但客观情况是,正好用得上处理料的工程概率少之又少,绝大部分没有这么巧,无奈只能当废品处理,劳民伤财。因此,从工程造价及施工成本的角度考虑,河网水乡地区也不适宜选择生态格网填石护坡方案。

## 5 案例简介

### 5.1 山区小流域成功案例

作者于2015年10月曾有幸到某山区小流域生态格网护坡及挡墙现场观摩取经，看到蜿蜒壮观的生态格网护坡(见图6)及部分挡墙(见图7)景象，网格饱满，平整美观，格网内填石大小基本一致(见图8)。后借阅检测报告与影像资料，填石粒径与整体重度指标均符合设计要求，施工现场也未发现废弃石料，不禁产生疑虑。后经该工程施工项目负责人介绍得知：石料来源就在附近石矿，且本工程承包人自己有采石矿股份，工地所用石料可以在采石场随意挑选然后装车运至施工现场，石块粒径大小当然可以完全掌控。至于挑剩下的石料，大块可以作为块石外销，价格更高，小的进入轧石机加工成碎石外销，经济效益良好，最差的场地脚料也可作为石碴外销，物尽其用。同时，设计时也能了解到石料比重等要素。因此，在山区小流域实施生态格网护坡，填石粒径与整体重度都能达标，且真正能做到就地取材、造价低廉。

(a)

(b)

图6 某山区小流域生态格网填石护坡景象

图7 某山区小流域生态格网填石挡墙

图8 某山区小流域生态格网内填石质量

### 5.2 试验失败后变更设计的案例

某河网地区排涝河道工程，其中有一标段部分地段采用生态格网填石挡墙护岸方案。

试验段实施开始即遇到填料进货困难的问题，因工程所在地方圆 200 km（水路运输）范围内现已无石料可买，从 200 km 外的外省石矿采购后船运来的石料如图 5 所示，大小不一，废料极多，花费大量人工处理后得到的可用料不到原料的 50%。施工方多次跟石料供货方交涉，要求购买粒径差不多的石料，但得到的回复是现在市场行情一石难求，旺销得很，你爱买不买。终究是路途遥远，鞭长莫及，努力无果。这还不够，最大的问题是由于石料进货渠道不一，粒径与石料比重杂乱，虽花费大量人工筛选，但仍不能满足整体质量要求，堆垒成的挡墙护岸（见图 9、图 10）经数次返工整治，其粒径和整体重度检测结果仍达不到设计指标，严重地拖延了施工进度。在几次质量检查均被责令整改的情况下，施工单位强烈要求变更设计，不然质量通不过，进度上不去，投入亏不起，怎能完成工程任务？后经设计变更成其他形式的生态护岸，工程进展顺利，质量保证，结构安全，投资不变，生态效果也不错。业主、监理、设计、施工各方都很满意，而且社会评价良好。

**图 9　施工中的挡墙（粒径差别太大）**

**图 10　垒成后的挡墙（粒径差别仍大）**

### 5.3　最终缺陷备案的案例

某河网地区排涝干河，其中有一标段混凝土基础砌块挡墙河侧采用生态格网填石护坡方案。设计网箱为长方体，护坡厚度 30 cm，生态格网孔径为 10 cm，填料粒径范围为 1.5$D$~2.0$D$，整体密度要求≥1.5 t/m$^3$，<1.5$D$ 的逊径料不得超过格网内总量的 15%。该标段填料进货情况与 5.2 案例基本相同，但由于施工单位疏于管理，对此问题视而不见。试验段施工时作业人员专拣合适粒径的石块填筑，剩余一大堆废料也无人过问，也没有提及要求设计变更事宜。等到 100 m 试验段通过质量检查后就盲目全线铺开，一下子铺设了超过总长度三分之二的护坡。后经第三方检测发现大部分段落填石质量不合格，这其中填石逊径料超标的占多数（见图 11），有一部分是整体重度不够，还有部分格网内填石粒径和整体重度都不合格。后经多次整改返工收效甚微，而且部分河段已经开坝放水，水下返工难于操作，效果不大。不得已只能采取在上面加盖一层孔径 6 cm 格网的补救措施，这虽然解决了逊径料流失的问题，但留下了单块石料重量偏轻的质量后遗症，而且也改变了设计初衷。因此最后只能作为质量缺陷备案处理。这期间经过了多次会议讨论，分析、论证，整改、返工，花费了大量的时间与精力，严重拖延了施工工期。

(a)　　　　　　　　(b)

图 11　填石粒径大小悬殊且逊径粒超标的生态格网护坡

## 6　结　语

综上所述，在河网水乡地区实施生态格网填石护坡（护岸），无论从河道通航、排涝放水、地基土质方面，还是从地理环境、石料资源、填料供应以及造价成本的角度分析都是行不通的。我们不能只为了生态效果而无视工程的安全稳定，皮之不存，毛将焉附？工程结构不安全，哪来的生态效果呢？因此，山区小流域成功的经验不能照搬照套于少山无石、土质软弱的河网水乡，对生态格网填石护坡（护岸）的应用须慎重考虑地区适应性因素。

### 参考文献


[1] 夏继红，严忠民. 国内外城市河道生态型护岸研究现状及发展趋势 [J]. 中国水土保持，2004(3)：20-21.

[2] 张绍华，窦以松，徐剑，等. 生态格网结构技术规程：CECS 353—2013[S]. 北京：中国计划出版社，2013.


**作者注：**

本文源于平湖塘延伸拓浚工程。2018 年 7 月初稿，2021 年 10 月修改成稿。

# 商品混凝土的优缺点与试件制作方法探讨

随着科技发展促进施工机械设备的更新换代和环保要求的不断提高,工程施工中传统的现场拌制混凝土已绝大部分由商品混凝土所取代。商品混凝土具有工厂化专业生产、施工快捷、省工省时、大气污染小等优点,其使用率在杭嘉湖地区已基本普及。目前水利工程除个别配置自动拌和楼自拌外,绝大部分已采用商品混凝土。但由于水利工程分布点多、结构形式散杂,且大多地处偏僻、交通不便,不像房建工程那样能够做到集中统一管理,因此造成对于商品混凝土拌和物质量问题的争议渐多,对问题溯源带来困难。

## 1　话题源由

(1)某排涝河道护岸工程,施工过程中在对600余m底板基础和500余m矮挡墙墙身的现浇混凝土钻芯取样抗压强度抽检中,第一次抽检的4组芯样强度均在17~19.5 MPa(设计强度20 MPa),第二次验证抽检的2组芯样强度亦均在20 MPa以下,因此召开会议对该质量问题进行分析论证处理。会上施工单位出具的商品混凝土出厂自检报告及混凝土浇筑时施工单位现场取样的自检报告和监理单位出具的平行检测报告其抗压强度均在20 MPa以上,故认为钻芯取样有误,但面对两次抽检6组芯样均不合格的窘境终难自圆其说。会上有人认为施工单位与监理单位串通一气、弄虚作假,试件报告不真实;也有人认为混凝土施工方法不当,入仓振捣或养护环节存在问题。面对质疑,施工、监理单位均感到十分委屈,因此出具了整个施工过程的所有原始记录和影像资料,均证明混凝土浇筑方法正确、振捣得当、养护到位,试件制作在现场随机取样,不存在任何弄虚作假问题。在分析论证意见不一、责任难咎的情况下,毕竟钻芯取样强度全部达不到设计标准的事实摆在那里,只能由施工单位吞食苦果,该600余m底板基础和500余m矮挡墙墙身全部敲掉返工重做,经济损失由施工单位自负,监理单位也相应承担了由此带来的工期延后损失,且造成了一定的负面影响。

(2)某新开河道护岸工程,设计为现浇C20混凝土底板和2.2 m高挡墙,为确保工程质量,采用高出一个等级(C25)的商品混凝土浇筑。浇筑过程中就发现混凝土拌和物坍落度不正常,施工单位曾多次与商混厂家协商要求降低坍落度但仍间杂一部分坍落度偏大的,厂方的理由是以现场取样的试块强度为准,结果所有试块28 d抗压强度均在25 MPa以上。但当后来对全线现场钻芯取样抽检时,却发现了其中10段(按沉降缝分段每段10.5 m)墙身抗压强度不到20 MPa的质量问题,施工单位只能将这105 m墙身用镐头机凿掉返工重做(见图1),造成经济损失和工期延后。由于混凝土浇筑时取样的试块抗压强度均高于25 MPa,不管怎么交涉商混生产厂家对钻芯取样的结果当然是不认账的,因此所有损失和责任只能由施工单位自认倒霉。

(3)某航道护岸改建工程,设计压顶为20 cm×60 cm现浇C20F50混凝土,采用C20F50商品混凝土浇筑,现场随机取样的试块抗压强度和抗冻指标全部合格,但后来钻

图1 不合格墙身凿除

芯取样结果是其中一自然段落(长300余m)抗压强度低于20 MPa,施工单位只能将该自然段落全部敲掉,然后采用高一个等级(C25F50)的商品混凝土重新浇筑,以确保压顶工程质量。项目管理人员后来得知,当时浇筑该自然段落过程中操作人员曾发现混凝土坍落度偏大(明显稀薄),但没引起足够重视导致了该段试块强度与钻芯强度不符。

上述三个案例,均存在混凝土浇筑时现场取样试块合格而钻芯取样不合格的怪事,其所用的材料半成品均为商品混凝土。因此,分析出现问题的原因,探索解决问题的途径,在如今基本上已全部采用商品混凝土的情况下,尤其重要。

## 2 水利工程使用商品混凝土的优缺点

### 2.1 使用商品混凝土带来的好处

商品混凝土简称为“商混”或“商砼”,是由专业生产企业用水泥作胶凝材料,砂、石作集料,与水(加或不加外加剂和掺合料)按一定比例配合并由搅拌车运送至工程施工现场的混凝土半成品。

#### 2.1.1 商品混凝土配料专业化、制作工厂化

商品混凝土生产企业(见图2)具有国家质量、技术监督部门颁发的生产许可证,混凝土拌和物制作工厂化、标准化、专业化、自动化,能够做到专业配料、计量准确、质量保证,其出厂的混凝土拌和物具有产品合格证及配合比和试验报告,既规范又专业,因而社会认可度高。

#### 2.1.2 减少污染、改善环境、有利环保

由于商品混凝土采用固定场地集中配制,封闭式运输,因此能有效防止砂、石、水泥运输、堆放、搅拌、施工过程中产生的抛洒、扬尘、噪声、泥水和大气污染,减少对工地周边设施、人员的环境影响,有利于安全文明施工,提升城市化水平。鉴于商品混凝土对环境保护的巨大成效,受到国家大力推广。

图 2　商品混凝土搅拌站

2.1.3　提高劳动生产率,加快施工进度

采用商品混凝土提高了机械化、自动化施工水平,节省了一线生产用工,改善了劳动条件,减轻了作业强度,既能加快施工速度、缩短建设工期,又能改进施工组织、降低施工管理费用。

2.1.4　节约资源、降低成本

混凝土现场拌制材料浪费大。施工现场水泥储存易发生受潮、结块甚至硬化等损失,砂、石骨料每换一个地方都需临建堆放场地,不然每处都将产生废脚料。据不完全统计,采用商品混凝土后,场地分散的水利工程可节省水泥 10%左右,砂、石骨料 12%~15%,同时还能大大提高机械设备利用率,降低能耗,既减少了资源浪费,又节约了建设工程总成本。

2.1.5　减少临建设施,节省施工用地

水利工程面广、分散、点多,混凝土现场拌制每处都需借用土地用于建造水泥仓库(或水泥罐场地)与砂、石堆场及拌和场地,这不仅需要付出租金和增加临建设施投入,完工后还要花费人力、物力进行复耕。采用商品混凝土后,就节省了这部分的施工用地费用。

## 2.2　商品混凝土的不足之处

由于商品混凝土绝大部分是供应给房建工程的,因此使用的是固定的配合比。而水利工程因其所处环境和使用功能的不同,每项工程、不同部位对于混凝土的配合比都有很大的区别,因此施工前都要一一进行配合比试验,这对于以房建工程为主要客户的商混厂家来说是很难理解的。因此,商品混凝土在用于水利工程(特别是偏远地区的小型水利工程)时常发生质量争议。

**2.2.1　商品混凝土富余强度少**

按照常规,水利工程上使用的混凝土拌和物应具有实体工程设计标号 15%及以上的富余强度,工程开工前都要以此要求进行混凝土配合比设计试验。但目前部分商混厂家提供的混凝土拌和物强度却十分精准,基本上无多少富余强度。从上述第一个案例的情况来看,虽然混凝土浇筑时现场取样的试件全部合格,但出具的检测报告上其试件抗压强度绝大部分在20.2~22.5 MPa,少有几组在22.6~24.5 MPa,没有一组在24.5 MPa以上的。但由于混凝土为非均质材料,且强度受诸多因素影响,一般都将产生少许波动,混凝土拌和物如不具备富余强度或富余强度极少,其实体质量必将面临不合格的风险。另外,商品混凝土搅拌站为了降低成本和提高拌和物润滑度,多数掺拌过量的粉煤灰,也会导致强度下降。

### 2.2.2 原材料控制不便

商品混凝土搅拌站很少允许施工单位对原材料进行动真格检查,因此很难做到从源头上控制。由于水利工程施工地点的不确定性,不可能像房建工程那样与商混厂家成为长期合作伙伴,而往往是一锤子买卖,下一工程换个地方就得另找货源。因此施工单位即使派驻质量管理人员常驻商混厂家实施"监督",也是形同虚设,收效甚微。这其中当然存有质检人员不尽职的,但大部分情况是厂方根本不买你的账。现今建材旺销,商品混凝土更是"皇帝的女儿不愁嫁",你爱买不买。好多商品混凝土站的骨料中,在骨料级配、针片状含量、软弱颗粒含量、集料含泥量等方面质量控制不严。更有少数规模不大的商混厂家,片面考虑经济效益,追求利润最大化,甚至有用石粉、泥沙、石屑掺杂的情况出现,严重影响出厂混凝土的均匀程度和质量稳定性。

### 2.2.3 商品混凝土普遍坍落度偏大

商品混凝土最大的缺陷是坍落度太大(见图3、图4)。而商混厂家操作人员为了泵送方便和不致堵管很不愿意降低坍落度,这对于浇筑较大高度的混凝土墙体等水利工程来说就带来了一系列麻烦,上述第二个案例就充分暴露了这一问题。用的是高一个等级的混凝土,付出的是C25商砼的价钱,现场取样的试块抗压强度也都在25 MPa以上,但居然还有10段墙体实体芯样抗压强度低于20 MPa的,实在是匪夷所思。这其中最主要的原因就在于混凝土拌和物的坍落度,其次是试件制作中存在的偏差问题(后面叙述)。因为在较高墙体的浇筑过程中,坍落度大的拌和物只要稍做振捣就已形同"过振",其中的石子很快下沉且下沉含量较多,这样就使得墙体上半部分(特别是上部)混凝土中的石子含量不足,钻芯取样所得的抗压强度自然比浇筑时取样的试件强度低甚至低很多。但如果振捣不足或振捣不到位,则在墙体混凝土中残留大量水分形成较多气泡,也势必降低其强度。而钻芯取样的部位不可能也不允许全在下半部分,只要不是表面(商品混凝土浇筑的墙体最上面基本上都是浮浆),其余部位都可随机取样,而钻芯取样的结果是属该段落混凝土抗压强度最终结论。因此,坍落度太大的商品混凝土如用于浇筑较高大墙体,其实体强度下降的概率不小,施工单位将枉担非自身原因的责任。

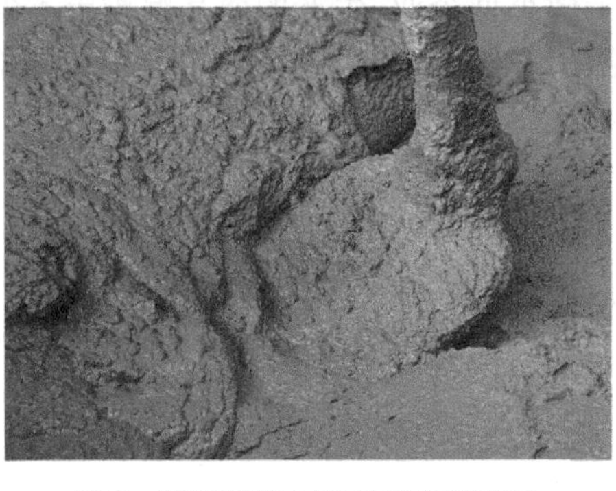

图3 泵送管出口处的商品混凝土

图4 商品混凝土坍落度检测

2.2.4　配合比方面

由于水利工程的特殊性,对混凝土拌和物的要求有高标号混凝土、大体积混凝土、抗冻混凝土、抗渗混凝土、抗裂混凝土、防冲耐磨混凝土等,这就需要对用于水利工程的混凝土配合比进行量身定制。但商品混凝土因主要用于房建工程,故配合比基本固定。由于标准不同,其粗骨料含量偏少且粒径较小(一般不超过 25 mm),而砂率偏大。但水利工程大部分结构对砂率是有限制的,不能过大,这就需要调整其配合比。又如浇筑大体积混凝土时,为了减小水化热以防止混凝土裂缝,水泥用量宜小不宜大,这就需要用加大粗骨料粒径、采用多级配等手段来增加骨料含量以提高混凝土强度,并掺入一定比例的粉煤灰作填充。如高标号混凝土则要求使用高强水泥,抗冻、抗渗混凝土等则应按规定比例掺入各种外加剂,抗裂混凝土则需掺入一定量的塑钢纤维或聚丙烯纤维等。因此,用于水利工程的商品混凝土,其供货厂商应按施工图纸的技术要求调整相应的配合比,这需要双方配合。

2.2.5　外加剂方面

商品混凝土多数使用外加剂,以调节混凝土的凝结时间,改善混凝土的和易性,提高混凝土的流动性,避免泵送过程中堵管,方便施工。这不可避免地会影响混凝土的耐久性,使工程实体提前老化,缩短使用年限。某些带引气成分的外加剂,也增大了混凝土的干燥收缩,一定程度上降低混凝土的强度。但水利工程大多为清水混凝土,现浇墙体等构筑物表面应为原汁原味,不容许粉刷或修饰。现浇混凝土表面一旦出现干缩裂缝、龟裂、老化脱皮、表面起沙等现象,将严重影响工程外观质量。

2.2.6　运输路线长带来的问题

较大规模的商品混凝土搅拌站大多建在水陆交通比较方便的地段,而不少水利工程却地处偏僻,这就给商品混凝土的运输带来了运距远、路况差、时间长的问题。拌和好的混凝土在运输过程中处于动态失控,其间受各种因素(如车辆故障、人员素质、道路颠簸、天气炎热、中途堵车等)的影响,混凝土运输时间超长导致拌和物离析或浇筑中途间歇时间过长产生冷缝、表面挂帘等问题经常出现。虽然商品混凝土拌和物基本都加缓凝剂,但运距较远依然是一个难以解决的问题。再则两地相距甚远会对双方管理、沟通带来不便,发现问题后如不当面交涉则难以奏效,上述第二个案例中发生的浇筑中途间杂若干车坍落度过大而要求调整的信息失去时效性就是个深刻的教训。如果采用偏远地区(临近外省、外市或外县)的供应商,则由于这些大多属于微小型企业,生产的商品混凝土不但富余强度小而且质量差,极易发生实体质量不合格的尴尬局面。上述第一个案例就属于这种情况。

## 3　试件制作过程中存在的问题

以上用了较长篇幅列举了水利工程(特别是偏远地区)采用商品混凝土的优缺点,其目的在于为了说明和找出商品混凝土试件强度与实体质量不符存在的关联性,分析产生问题的原因,进而找出解决问题的途径。

### 3.1　沿用传统制作方法带来的问题

关于混凝土试件制作方法的论述较多,且具备一整套制作步骤及操作要领,但大部分是适应传统自拌混凝土的。最典型的说法是要求试块制作过程中做到"一定、二装、三查、四测、五选、六拌、七捣、八排、九盖、十刻、十一养、十二送"等十二步操作程序，以比较有效地控制试块制作过程中的不善造成的误差，消除"十个师傅十个法，试块强度离散性大"的通病。这对于自拌混凝土是完全适用的，且对于试件本身也是十分有效的。但商品混凝土因其坍落度大、砂率大等诸多不同之处，继续延用老办法显然是不妥的，稍有不慎其试件强度就会高于混凝土拌和物整体的真实强度很多，失去了随机取样检测的意义。

3.1.1 入模混凝土失去代表性

从有关制作商品混凝土试件的经验介绍文献和观察工程施工现场所采用的方法可见，目前其进入试模的混凝土样品几乎全是用锹入模，这就无意中减小了样品混凝土的坍落度与砂率，使样品失去了代表性。过程图示如图5所示。

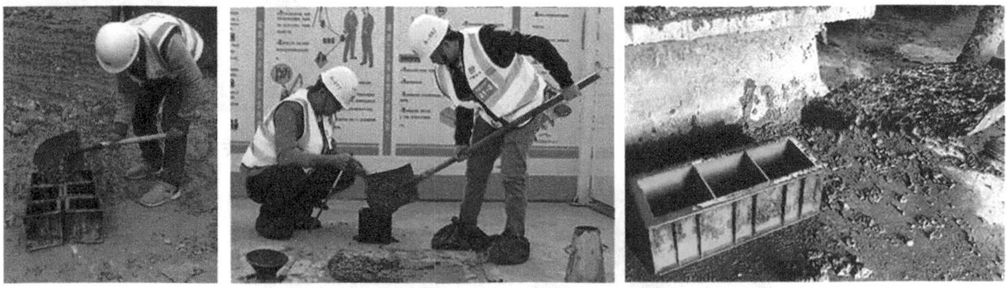

(a) (b) (c)

图5 用锹入模制作混凝土试件实例

从图5可以看出，不管采用何种式样的锹入模商品混凝土，其锹上的混凝土坍落度及砂率均比实际有所减小，这其中坍落度越大的拌和物就越严重。因为锹上流动性较大的部分砂浆和水分一锹起来就会从边上流失，进入试模的混凝土粗骨料含量相应地就会提高。再看图6，由于试模面积较小，用锹入模时部分浮浆会从模边外溢，进入试模的石子含量明显高于总体比例。而自拌混凝土本身坍落度(仅4~6 cm)较小，就不会出现这种状况。

3.1.2 试件插捣受到特殊照顾

按照传统方法试件制作要领操作(见图7)，对于商品混凝土来说似乎受到了额外优待。因为用商品混凝土浇筑工程实体时，由于坍落度较大，只能稍做振捣，不然极有可能产生过振，引起石子大量下沉，稀浆上浮，造成混凝土内部结构上下不均。而锹入试模内的混凝土拌和物往往高出好多，按"制作要领"振捣时必然稀浆外溢，插捣到位后留在试模内的石子占比无意中又得到了提高，相应地外加了试件强度，拉大了试件与实体之间的强度差距。因此对于商品混凝土试件插捣时的"特殊照顾"本身就存在着问题。

### 3.2 商品混凝土试件与实体强度差异的客观原因

综上所述，由于商品混凝土在原材料、配合比、坍落度、砂率、外加剂以及拌和物运输等方面与现场自拌混凝土之间存在着诸多的不同，尤其是坍落度与砂率，两者相差甚大。因此如按传统方法制作商品混凝土试件，在上述入模、插捣时无意中改变了混凝土组分，从图8可以看到试件制成后稀浆溢出试模的场景。虽然这看起来数量不大，但由于试件体积只有0.003 375 $m^3$，差几颗石子就足以改变其配合比与坍落度，使得试件强度虚高。

图6　浮浆外溢

图7　专门插捣

图8　已制成试件现场

而实体结构在施工中不可能减小商品混凝土的坍落度和砂率，其显示的才是到达现场混凝土的真正强度。这就是商品混凝土出现试件强度总比实体强度高的客观原因。

## 4　探索商品混凝土真实强度的试件制作新方法

上述列举了商品混凝土的各种不足之处与试件制作中存在的弊端，其目的并非为了否定其功效。商品混凝土采取集中搅拌，面向社会化供应，使混凝土生产实现专业化、商品化、社会化，是建筑业依靠科技创新，改革小生产模式，实现建筑工业化的一项重要成果。对于提高工程质量，加快施工进度，降低原材料消耗，文明施工以及净化城市环境等具有革命性的重大意义。

混凝土的制备方面，商品混凝土表现出极大的优越性，这无可非议。但是，混凝土的质量与其制备过程、浇筑成型过程以及养护过程有着密切的关系。以前，混凝土的制备、浇筑成型和养护都由施工单位独自完成。采用商品混凝土后，混凝土的制备由商混厂家完成，而混凝土的浇筑和养护则是由施工单位完成。这就将混凝土工程施工的一个完整过程人为地分割成了两个部分。显然，这对混凝土质量全过程的控制是极为不利的。一旦出了质量问题,供需双方往往出于对自身经济利益考虑而相互推诿,由此造成的质量纠纷屡见不鲜。如何来判定责任归属呢？双方都能接受的唯一依据只有现场随机取样的试件强度。因此,如何提高试件所反映商品混凝土强度的精准程度,确保其真实性、可溯性、权威性,迫切需要有一套科学合理的取样方法。

### 4.1　将商品混凝土试件由传统制作法改为仓内制作法的基本思路

混凝土试件制作的目的是随机检测拌和物的真实强度,而不是任务观点为了应付资料要求或保证试件符合要求强度而制作。对于商品混凝土,为了让试件强度具有权威性,以使商混厂家与施工单位一致认同,避免不必要的争议,应力求使现场取样的试件组分与浇筑仓内整体组分保持高度一致。

有专家曾讲过:“混凝土试块的取样地点,宜在浇筑混凝土的入模处。”“在混凝土入模处制作的试块,其代表性较好。”“同条件养护必须放置在代表的部位附近,做好保护。”因此,为了使进入试模的商品混凝土保持原汁原味,最好的方式是人工智能机械取样,但这在施工现场目前还很难做到,唯一可行的方案是将试模放在浇筑仓内,商品混凝土在泵送入仓时随机进入试模,使得试模内的混凝土组分与实体组分相同(见图 9)。振捣到位后在仓内将试块表面刮平,放入芯片,操作时注意确保模内混凝土原状。然后轻移试模出仓,不得大幅振动,一般第二天脱模。每次取样宜同时制作两组,一组标准养护;另一组同条件养护。

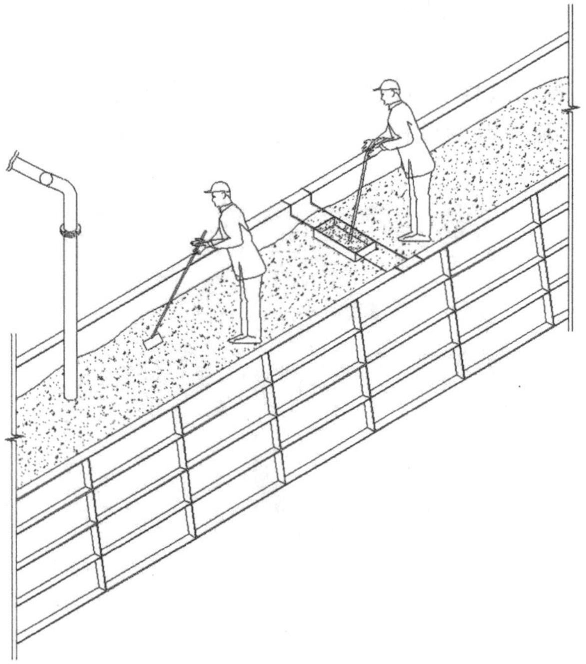

**图 9　商品混凝土试件仓内制作示意图**

仓内制作试件时须采用托架衬住试模,以防止振捣时试模下沉。简易托架可采用小钢筋焊接而成,使用时试模放在托架里,托架与模板间用 4 根钢筋吊钩勾住。仓内混凝土振捣完毕后抬动钢筋,即可取出试模。

## 4.2 仓内制作试件应注意的事项

仓内制作商品混凝土试件目前还在探索阶段，为了使制成试件的强度达到公平、公正，其结果能让供需双方都愿意接受，在合同签订、混凝土提供和取样制作试件过程中应注意以下几点：

(1)施工单位在与商混厂家签订的采购合同中应署明施工单位对本工程所需混凝土的所有性能要求。包括混凝土的原材料配合比、工作性、强度、坍落度、变形性能以及抗渗性、抗冻性等指标，并明确要求的富余强度值。

(2)水利工程上使用商品混凝土，应按施工图纸要求严格控制外加剂掺量，施工单位与商混厂家须做到密切配合。

(3)商混厂家应严格把好五关，即原材料检验关、配合比设计关、计量关、混凝土搅拌及运输时间关、坍落度与强度关。

(4)混凝土入仓前，施工人员应认真检查配合比单、混凝土小票上的施工部位、砼强度等级等与设计要求是否一致，如有疑问及时处理。

(5)搅拌车进入施工现场后，应及时检测其坍落度，每车都要检测。其试料必须从搅拌车 1/4~3/4 处随机抽样。

(6)试模借助托架放置于浇筑仓内，混凝土在入仓过程中随机进入试模，试模内混凝土应与仓内混凝土保持一致。供货方代表(一般为押车人员)与施工人员共同见证振捣过程。

(7)试件制作与取出过程中试模内混凝土须保持原样，切忌仿效某些“聪明人士”所谓的“经验介绍”那样随意改变试模内混凝土的组分(见图 10)；否则就失去了随机检测的意义。

图 10 不当的经验介绍

(8)试件制作时要有制作记录,并由供需双方签字确认,同时在试件上标明(简写):工程名称、部位、标号、时间、制作人等,放上芯片,让试件可溯源。等条件养护的试件要有记录,说明原因、过程和标养、等条件养护对比结果,做到有可追溯性。

(9)试件制作全过程必须由施工单位和商混厂家代表共同参与,双方见证确认,意见一致,否则作无效处理。任何一方不得代替另一方独自制作。

(10)试件制作好后要小心移动试模,防止大幅振动,特别是混凝土初凝后,也就是“硬化”后。

## 5 后 话

作为市场经济日趋规范化的今天,商品混凝土的应用是大势所趋,但如何更好地控制其质量,充分发挥其优点,避开其缺点,这是建筑行业共同关心的问题。但迄今为止对于商混试件方面的议题,却是稀如秋叶,寥若晨星。

如果施工单位老是依靠提高一个等级来保证不返工,这对工程本身是有害无益的,尤其对大体积混凝土将产生反作用,对常规结构也将带来质量不稳定等问题。

虽然采用先进仪器可以检测出混凝土材料的组分,但由于取样数量的局限性,很难做到检测结果使供需双方都认可,而且该办法不具有时效性。

鉴于商品混凝土存在坍落度大、砂率大的特殊原因而引发出试件强度方面的种种问题,继续延用自拌混凝土制作、留置试件的办法是肯定行不通的。采用仓内取样目前常用的 150 mm×150 mm×150 mm 规格的试模尺寸太小,需要加大试模尺寸。而且这种尝试办法一则无据可循,二则先例不多、缺乏经验,需要创新探讨。因此呼吁有关行业部门尽早出台针对商品混凝土质量检测的新标准、新规程,以规范商品混凝土的配制、运输、施工和取样检测。

混凝土试件抗压强度作为代表混凝土实体质量的一项重要指标,其真实性值得重视。施工现场各质量责任主体应端正思想,确实做好混凝土试件的制作、养护工作,确保工程质量[1]。作者孤陋寡闻,只知涉及混凝土试件的表述除该论点外,其他有关混凝土试件制作方面的论述虽多,然盖属已有文献的 copy。本文意在发表此番浅见以求得业内行家的关注,抛砖以引玉。

### 参考文献

[1] 翟明海. 混凝土试件制作、养护存在问题及解决办法[J]. 城市建筑,2016(3):191.

**作者注:**

本文源于嘉兴市杭嘉湖南排工程。2018 年 12 月初稿,2021 年 12 月修改成稿。

# 水工混凝土抗冻检测数据处理方法

在水利工程建设中,近年来涉及抗冻要求的结构越来越多,而对于混凝土抗冻检测试验的步骤与方法,在《水工混凝土试验规程》(SL 352—2006)(简称《规程》)中规定得比较完备,切实可行。但对于质量损失率的计算方法和数据处理,上述《规程》则规定得过分简单,以至于常产生一些背离实际的检测结果数据,不利于具体操作。因此,有必要提议对《规程》中 4.23.5(2)质量损失率计算方式在下次修订时予以完善。

## 1 问题的提出

在某水利工程两个标段的混凝土抗冻检测报告中,发现质量损失率为负值,也就是说经冻融循环后其试件的质量反而大了,这不切合实际。初以为是检测单位计算有误,后经核查确认检测单位是根据《水工混凝土试验规程》(SL 352—2006)第 4.23.5(2)条计算得出该结果的。检测报告如图 1~图 5。

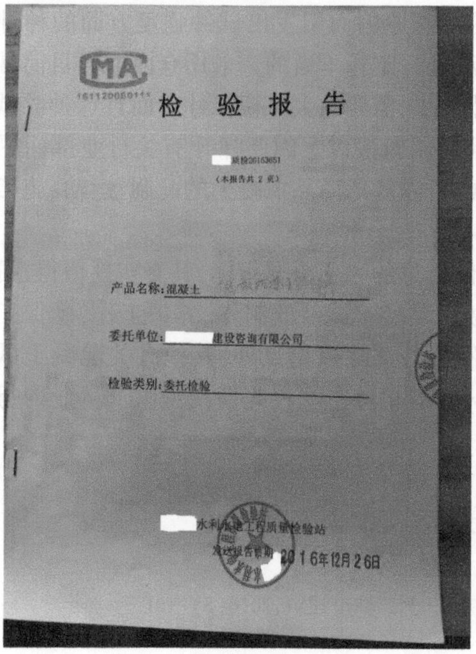
检 验 报 告
产品名称:混凝土
委托单位:建设咨询有限公司
检验类别:委托检验
水利水电工程质量检验站
2016年12月26日

图 1

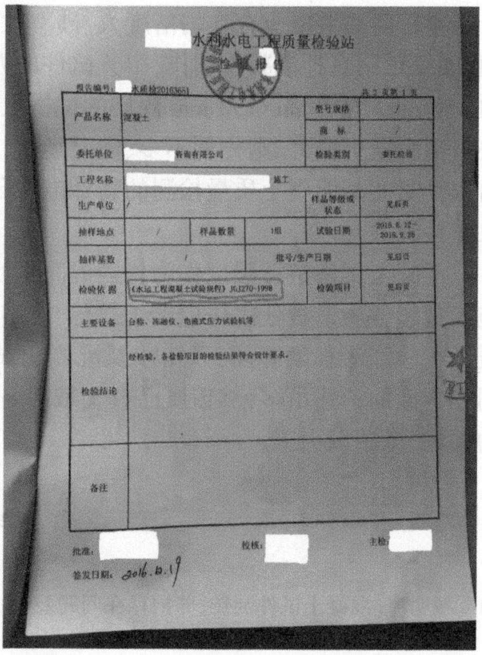
水利水电工程质量检验站
产品名称 | 混凝土
委托单位 | 检验类别 | 委托检验
检验依据 | 《水运工程混凝土试验规程》JGJ270-1998
主要设备 | 台称、冻融仪、电液式压力试验机等
检验结论 | 经检验,各检验项目的检验结果符合设计要求。
备注
批准: 校核: 主检:
签发日期: 2016.12.19

图 2

图 1~图 5 由两家检测单位出具的三份检测报告中,其部分试件经冻融循环后称重量大于原始重量,由此引发了其质量损失率为负值的怪问题,同时也提出了对于《水工混凝土试验规程》(SL 352—2006)第 4.23.5(2)条规定的质疑。

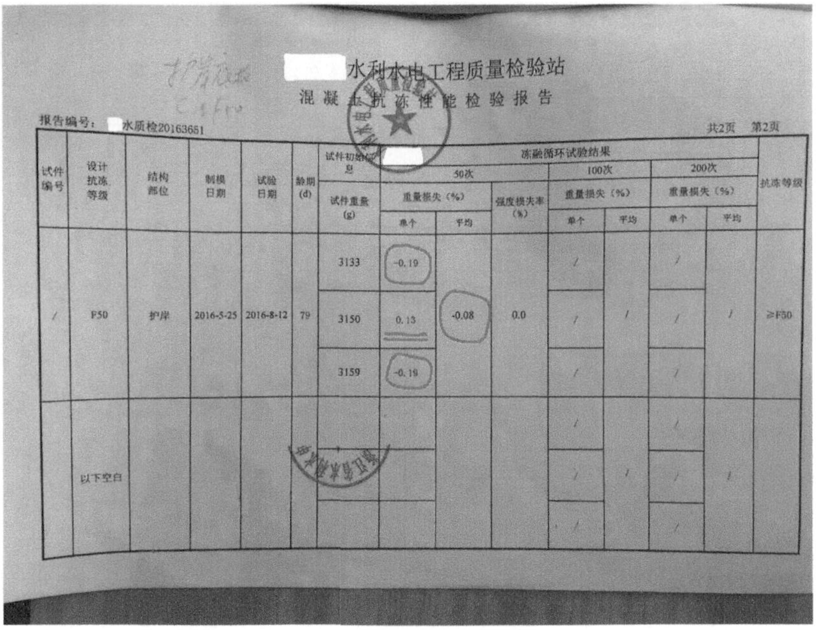
[redacted]水利水电工程质量检验站

混 凝 土 抗 冻 性 能 检 验 报 告

报告编号：[redacted]水质检20163651　　　　共2页　第2页

| 试件编号 | 设计抗冻等级 | 结构部位 | 制模日期 | 试验日期 | 龄期(d) | 试件初始信息 试件重量(g) | 冻融循环试验结果 50次 重量损失（%） 单个 | 平均 | 强度损失率（%） | 100次 重量损失（%） 单个 | 平均 | 200次 重量损失（%） 单个 | 平均 | 抗冻等级 |
|---|---|---|---|---|---|---|---|---|---|---|---|---|---|---|
| / | F50 | 护岸 | 2016-5-25 | 2016-8-12 | 79 | 3133 | -0.19 | -0.08 | 0.0 | / | / | / | / | ≥F50 |
| | | | | | | 3150 | 0.13 | | | / | | / | | |
| | | | | | | 3159 | -0.19 | | | / | | / | | |
| | 以下空白 | | | | | | | | | / | / | / | / | |

图 3

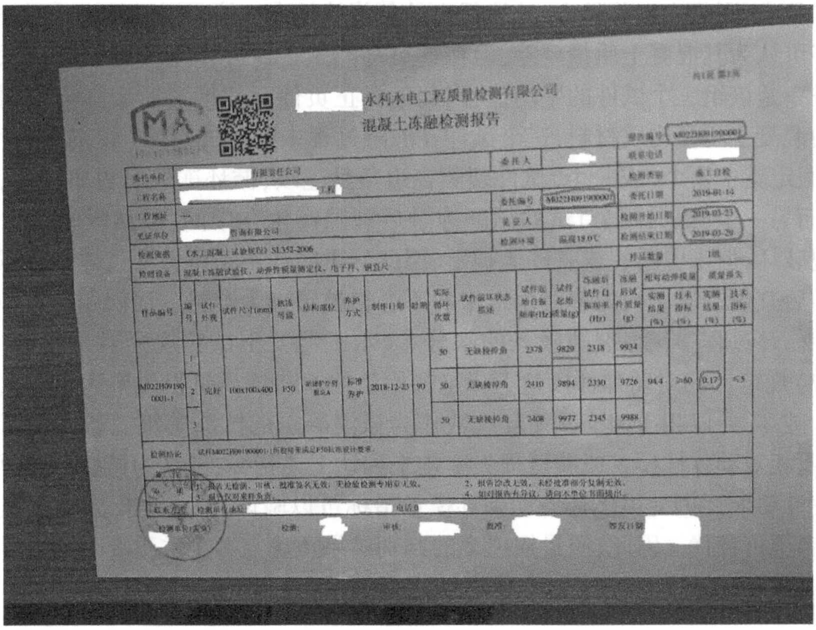
[redacted]水利水电工程质量检测有限公司

混凝土冻融检测报告

| 样品编号 | 编号 | 试件外观 | 试件尺寸(mm) | 抗冻等级 | 结构部位 | 养护方式 | 制作日期 | 龄期 | 实际循环次数 | 试件破坏状态描述 | 试件起始自振频率(Hz) | 试件起始质量(g) | 冻融后试件自振频率(Hz) | 冻融后试件质量(g) | 相对动弹模量 实测结果(%) | 技术指标(%) | 质量损失 实测结果(%) | 技术指标(%) |
|---|---|---|---|---|---|---|---|---|---|---|---|---|---|---|---|---|---|---|
| M022H09190 0001-1 | 1 | 完好 | 100x100x400 | F50 | | 标准养护 | 2018-12-23 | 90 | 50 | 无缺棱掉角 | 2378 | 9829 | 2318 | 9934 | 94.4 | ≥60 | 0.17 | ≤5 |
| | 2 | | | | | | | | 50 | 无缺棱掉角 | 2410 | 9894 | 2330 | 9726 | | | | |
| | 3 | | | | | | | | 50 | 无缺棱掉角 | 2408 | 9977 | 2345 | 9988 | | | | |

图 4

## 2　原因分析

根据抗冻试验过程分析，发生此问题的原因是试件在冻融过程中未曾掉落碎屑或掉落量极微，但在冻融过程中试件产生了裂隙吸入了水分，而试件称重时均为表面拭干，内部未曾烘干（《规程》中未有烘干要求），因此产生了冻融后比冻融前质量大的现象。如果

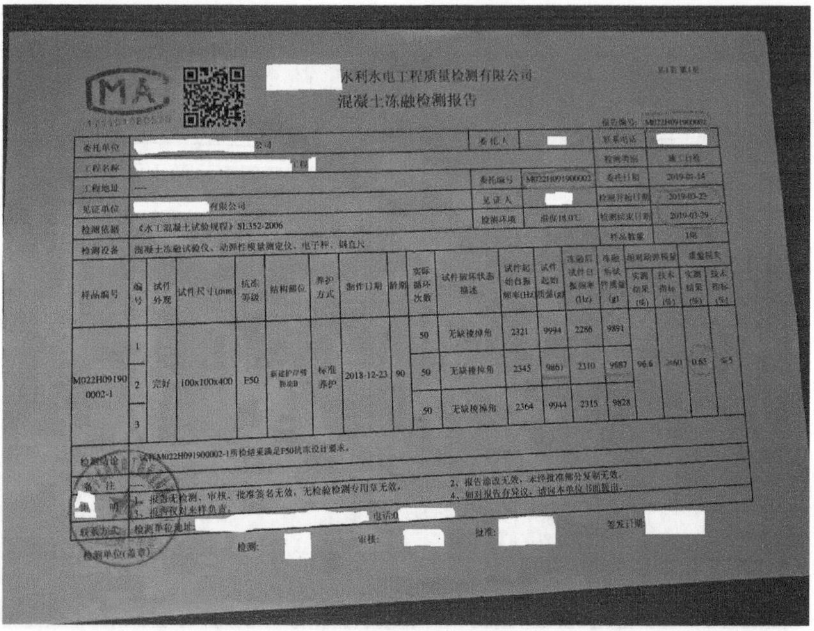

水利水电工程质量检测有限公司

混凝土冻融检测报告

报告编号：M022H091900002

| | | | |
|---|---|---|---|
| 委托单位 | 公司 | 委托人 | |
| 联系电话 | | 检测类别 | 施工自检 |
| 工程名称 | 工程 | 委托编号 | M022H091900002 |
| 委托日期 | 2019-01-14 | 工程地址 | — |
| 见证单位 | 有限公司 | 见证人 | |
| 检测开始日期 | 2019-03-23 | 检测依据 | 《水工混凝土试验规程》SL352-2006 |
| 检测环境 | 温度18.0℃ | 检测结束日期 | 2019-03-29 |
| 样品数量 | 1组 | 检测设备 | 混凝土冻融试验仪、动弹性模量测定仪、电子秤、钢直尺 |

| 样品编号 | 编号 | 试件外观 | 试件尺寸(mm) | 抗冻等级 | 结构部位 | 养护方式 | 制作日期 | 龄期 | 实际循环次数 | 试件循环状态描述 | 试件起始自振频率(Hz) | 试件起始质量(g) | 冻融后试件自振频率(Hz) | 冻融后试件质量(g) | 相对动弹模量 实测结果(%) | 相对动弹模量 技术指标(%) | 质量损失 实测结果(%) | 质量损失 技术指标(%) |
|---|---|---|---|---|---|---|---|---|---|---|---|---|---|---|---|---|---|---|
| M022H091900002-1 | 1 | 完好 | 100x100x400 | F50 | 新建护岸等 | 标准养护 | 2018-12-23 | 90 | 50 | 无缺棱掉角 | 2321 | 9994 | 2286 | 9891 | 96.6 | ≥60 | 0.63 | ≤5 |
| | 2 | | | | | | | | 50 | 无缺棱掉角 | 2345 | 9861 | 2310 | 9887 | | | | |
| | 3 | | | | | | | | 50 | 无缺棱掉角 | 2364 | 9944 | 2315 | 9828 | | | | |

检测结论：试件M022H091900002-1所检结果满足F50抗冻设计要求。

备注：—

声明：1、报告无检测、审核、批准签名无效，无检验检测专用章无效。2、报告涂改无效，未经批准部分复制无效。3、报告仅对来样负责。4、如对报告有异议，请向本单位书面提出。

联系方式：检测单位地址： 电话：0

检测： 审核： 批准： 签发日期：

检测单位(盖章)

图5

裂隙越多越大，则吸入水分越多，计算得出的负值就越大。按理说试件经冻融循环后吸入水分越多可认为其混凝土质量越差，但在这里却产生了误导作用。由于每组试件的最终质量损失率是该组三个试件的平均值，因此存在正负值互相抵消后会影响判别结果的可能。因为混凝土不是均质材料，三个试件在冻融过程中产生的裂隙（或裂缝）肯定不在同一位置，假定其中两个（或一个）试件裂隙在边角且连续，循环冻融后边角掉落，其质量损失较大，而另一个（或另两个）试件循环冻融后裂隙产生在中间，虽然吸收了水分其内部结构已遭破坏，但未曾断裂或有碎屑掉落，因此称重时产生了负值。这样三个试件的质量损失平均后其最终质量损失率就由本来的不合格被错判为合格。而问题的根源就在于试件在冻融循环过程中产生裂隙吸入的水分。《水工混凝土试验规程》（SL 352—2006）第4.23.5(3)规定："相对动弹性模量下降至初始值的60%或质量损失率达5%时，即可认为试件已达破坏，并以相应的冻融循环次数作为该混凝土的抗冻等级。若冻融至预定的循环次数，而相对动弹性模量或质量损失率均未到达上述指标，可认为试验的混凝土抗冻性已满足设计要求。"因此虽然还有动弹性模量指标可以验证，但由于抗冻检测是双重指标要求，两者不可替代。因此，质量损失率的判别结果正确与否至关重要。

## 3 不同行业对于抗冻检测数据的处理方法比较（举例）

### 3.1 水利行业标准

中华人民共和国水利行业标准《水工混凝土试验规程》（SL 352—2006）规定：质量损失率 $W_n$(%)按公式 $W_n=\frac{G_0-G_n}{G_0}\times 100$ 计算，以三个试件试验结果的平均值为测定值。

### 3.2 国标

中华人民共和国国家标准《普通混凝土长期性能和耐久性能试验方法标准》（GB/T

50082—2009)规定(见图6、图7):单个试件的质量损失率按式 $\Delta W_{ni}=\frac{W_{0i}-W_{ni}}{W_{0i}}\times 100$ 计算(精确至0.01),一组试件的平均质量损失率按式 $\Delta W_{n}=\frac{\sum_{i=1}^{3}\Delta W_{ni}}{3}\times 100$ 计算(精确至0.1),[式中 $\Delta W_{ni}$ 和 $\Delta W_{n}$ 均为(%)]。

并且规定:每组试件的平均质量损失率应以三个试件的质量损失率试验结果的算术平均值作为测定值。当某个试验结果出现负值,应取0,再取三个试件的平均值。当三个值中的最大值或最小值与中间值之差超过1%时,应剔除此值,并应取其余两值的算术平均值作为测定值。

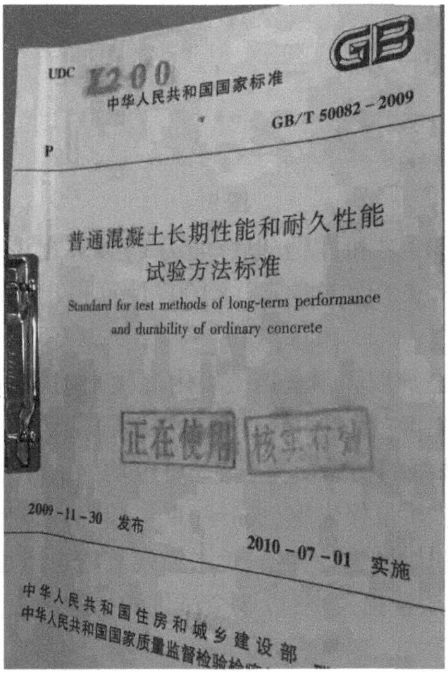


图6

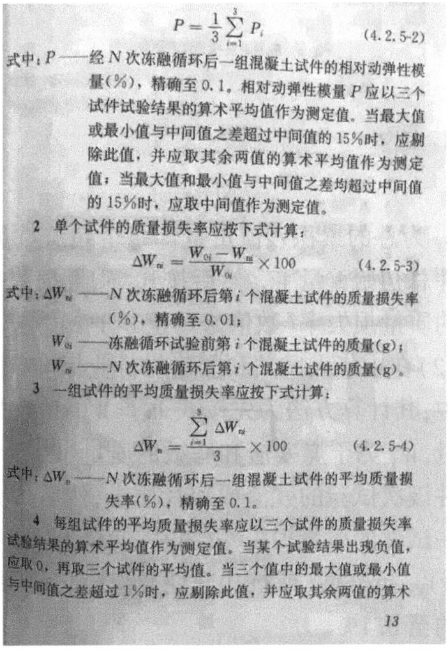

$$P=\frac{1}{3}\sum_{i=1}^{3}P_i \qquad (4.2.5\text{-}2)$$

式中:P——经N次冻融循环后一组混凝土试件的相对动弹性模量(%),精确至0.1。相对动弹性模量P应以三个试件试验结果的算术平均值作为测定值。当最大值或最小值与中间值之差超过中间值的15%时,应剔除此值,并应取其余两值的算术平均值作为测定值;当最大值和最小值与中间值之差均超过中间值的15%时,应取中间值作为测定值。

2　单个试件的质量损失率应按下式计算:

$$\Delta W_{ni}=\frac{W_{0i}-W_{ni}}{W_{0i}}\times 100 \qquad (4.2.5\text{-}3)$$

式中:$\Delta W_{ni}$——N次冻融循环后第i个混凝土试件的质量损失率(%),精确至0.01;

$W_{0i}$——冻融循环试验前第i个混凝土试件的质量(g);

$W_{ni}$——N次冻融循环后第i个混凝土试件的质量(g)。

3　一组试件的平均质量损失率应按下式计算:

$$\Delta W_{n}=\frac{\sum_{i=1}^{3}\Delta W_{ni}}{3}\times 100 \qquad (4.2.5\text{-}4)$$

式中:$\Delta W_{n}$——N次冻融循环后一组混凝土试件的平均质量损失率(%),精确至0.1。

4　每组试件的平均质量损失率应以三个试件的质量损失率试验结果的算术平均值作为测定值。当某个试验结果出现负值,应取0,再取三个试件的平均值。当三个值中的最大值或最小值与中间值之差超过1%时,应剔除此值,并应取其余两值的算术

13

图7

## 3.3　水运行业标准

中华人民共和国行业标准《水运工程混凝土试验检测技术规范》(JTS/T 236—2019)规定(见图8、图9):质量损失率按式 $S_{n}=\frac{W_{0}-W_{n}}{W_{0}}\times 100\%$ 计算,精确至0.1%;以3个试件试验结果的平均值为测定值;但当3个值均为负值时,测定值取0;当其中两个值为负值时,正值除以3为测定值;其中1个为负值时,由两正值相加除以3为测定值;当3个值均为正值,最大值或最小值与中间值的差大于1%时,剔除,取剩下的两值平均作为测定值,当最大值和最小值与中间值的差均超过1%时,取中间值为测定值。

## 3.4　其他行业标准

(1)在中华人民共和国建材行业标准《仿石型混凝土面板和面砖》征求意见稿中,其计算方法为先按式 $W_4=W_2+W_{3n}$(式中,$W_4$ 为试件的初始重量计算值,$W_2$ 为试件的最后重

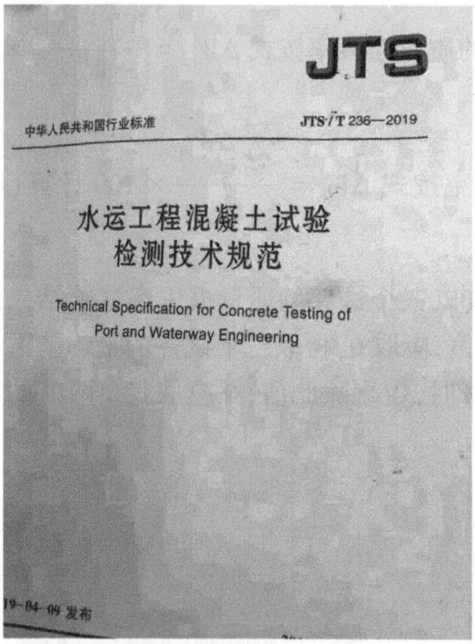
JTS

中华人民共和国行业标准　JTS/T 236—2019

水运工程混凝土试验
检测技术规范

Technical Specification for Concrete Testing of
Port and Waterway Engineering

19-04-09 发布

图 8

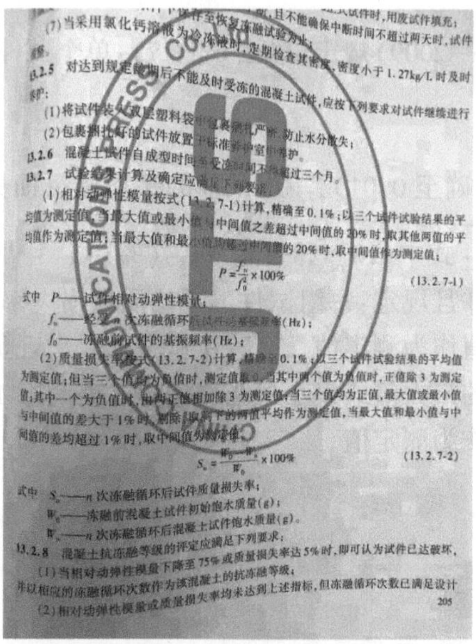
（7）当采用氯化钙溶液为冷冻液时，定期检查其密度，密度小于 1.27kg/L 时及时……
13.2.5　对达到规定龄期后不能及时受冻的混凝土试件，应按下列要求对试件继续进行……：
（1）将试件装入……塑料袋……
（2）包裹……的试件放置于标准养护室中养护。
13.2.6　混凝土试件自成型时间至受冻时间不宜超过三个月。
13.2.7　试验结果计算及确定应满足下列要求：
（1）相对动弹性模量按式（13.2.7-1）计算，精确至 0.1%；以三个试件试验结果的平均值为测定值；当最大值或最小值与中间值之差超过中间值的 20% 时，取其他两值的平均值作为测定值；当最大值和最小值均超过中间值的 20% 时，取中间值作为测定值：

$$P = \frac{f_n^2}{f_0^2} \times 100\% \quad (13.2.7\text{-}1)$$

式中　$P$——试件相对动弹性模量；
$f_n$——经受 $n$ 次冻融循环后试件的基振频率（Hz）；
$f_0$——冻融前试件的基振频率（Hz）；
（2）质量损失率按式（13.2.7-2）计算，精确至 0.1%；以三个试件试验结果的平均值为测定值；但当三个值均为负值时，测定值取 0；当其中两个值为负值时，正值除 3 为测定值；其中一个为负值时，由两正值相加除 3 为测定值；当三个值均为正值，最大值或最小值与中间值的差大于 1% 时，剔除后取剩下的两值平均作为测定值，当最大值和最小值与中间值的差均超过 1% 时，取中间值为测定值。

$$S_n = \frac{W_0 - W_n}{W_0} \times 100\% \quad (13.2.7\text{-}2)$$

式中　$S_n$——$n$ 次冻融循环后试件质量损失率；
$W_0$——冻融前混凝土试件初始饱水质量（g）；
$W_n$——$n$ 次冻融循环后混凝土试件饱水质量（g）。
13.2.8　混凝土抗冻融等级的评定应满足下列要求：
（1）当相对动弹性模量下降至 75% 或质量损失率达 5% 时，即可认为试件已达破坏，并以相应的冻融循环次数作为该混凝土的抗冻融等级；
（2）相对动弹性模量或质量损失率均未达到上述指标，但冻融循环次数已满足设计……
205

图 9

量，$W_{3n}$ 为总的累积残渣重量即每个残渣重量 $W_3$ 之和，以上单位均为 g）计算出该次试验的试件总初始重量 $W_4$；然后按式"质量损失率（%）=（$W_{3n}$/$W_4$）×100"计算得出该次抗冻试验的质量损失率（数值修约至 0.1%）。

（2）在中华人民共和国建材行业标准《生态护坡和干垒挡土墙用混凝土砌块》征求意见稿中，其计算方法为先按式 $W_\gamma = W_1 - W_0$（式中 $W_\gamma$ 为单个试件该次试验掉落残渣或碎片的质量，$W_1$ 为干燥残渣和滤纸的质量，$W_0$ 为滤纸的初始质量，以上单位均为 g）计算出单个试件该次试验的残渣或碎片质量，然后按式"质量损失率（%）=（$W_{\gamma总}$/$W$）×100"计算得出单一试件的质量损失率（式中，$W$ 为试件的初始质量计算值，$W_{\gamma总}$ 为残渣的总质量，单位均为 g）。抗冻性（或抗盐冻性）循环试验后的质量损失率，以 5 个试件的平均值表示。数值修约至 0.1%。

以上建材行业的两个征求意见稿中，虽然对混凝土试件经冻融循环后质量损失率的计算方法有所不同，但其共同点是两者均以冻融试验后收集的混凝土残渣或碎片作为质量损失的计算依据，而不是以经冻融后的试件称重为依据，这就避免了试件吸水带来的问题，提高了检测结论的精准程度。

## 4　对于《规程》中抗冻检测有关条文的修订建议

从实际操作的角度看，《水工混凝土试验规程》（SL 352—2006）中对于抗冻检测的有关条文确实规定得过于简单，据此得出的部分检测结论有悖常理且有可能将不合格产品误判为合格产品，不利于水利工程质量控制，因此建议对此予以修订。建议如下：如按国标或水运行业标准的计算方法，应该可以避免误判的可能，而且其方便点是无须改变试验步骤与方式，只须修改计算过程中的负值处理即可，但存在的问题是同样忽略了混凝土试件在冻融循环中产生的残渣或碎屑的存在，试件裂隙吸入的水分重量仍能部分抵消残渣重量而影响冻融后试件重量的准确程度,相对来说数据不够严密。如参考建材行业标准修订,则需重新制定试验步骤与方法,相对来说修改的篇幅略有增多,工作量较大。但对于混凝土试件抗冻检测结果的准确程度而言,则属于比较科学合理的实施方案,建议取长补短、酌情采纳。

## 5 结 语

随着国家建设各项标准、规范的不断完善,水利行业标准也是与时俱进,百舸争流。《水工混凝土试验规程》(SL 352—2006)已施行十多年,实施中暴露出的某些细节问题有待改进,在此建言本《规程》主编单位与参编单位,对有关抗冻检测的条文根据实际情况予以修订。

**作者注:**

本文源于水利工程检测报告实例,起草于2019年11月,2019年12月12日定稿,文中观点已于2020年1月向有关部门反映。

# 第5篇

## 发表过的论文

# 浆砌石沉井基础在小型工程中的应用

卜俊松，洪根祥
（嘉兴市水利工程建筑有限责任公司，浙江 嘉兴 314000）

1 浆砌石沉井基础的应用

2 浆砌石沉井基础的结构形式

3 浆砌石沉井的施工



# 投标文件中的技术标编制方法与技巧探讨

卜俊松，顾洪礼
（嘉兴市水利工程建筑有限责任公司，浙江 嘉兴 314001）

1.2 随时关注“招标答疑”和“补充文件”

2 重点编好施工组织设计，展示企业先进技术水平





# 河网地区航道护岸中排水管与反滤层布置形式的探讨

卜俊松
（嘉兴市水利工程建筑有限责任公司，浙江 嘉兴 314001）

1 问题的提出

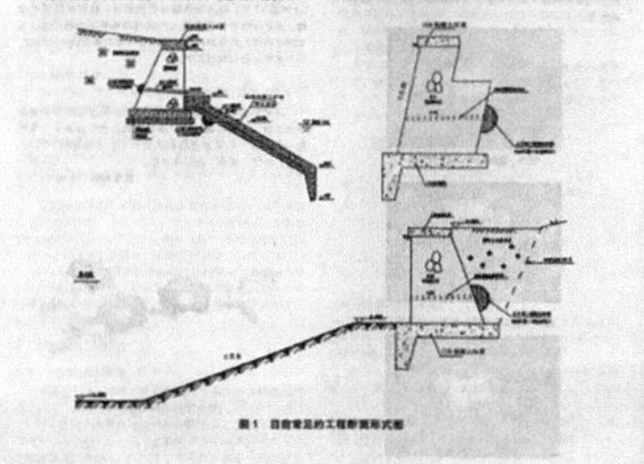

图1 目前常见的工程断面形式图



# 水乡河网生态护岸结构形式探讨

卜俊松
（嘉兴市水利工程建筑有限责任公司 314001）
邵菊明
（嘉兴市五丰水泥制品制造有限公司 海盐 314312）

1 目前常见的河道、护岸工程形式

2 护岸工程中几种典型结构形式的利弊分析





# 确定合理目标工期对于工程建设的现实意义

卜俊松
（嘉兴市水利工程建筑有限责任公司 314001）





# 护岸基础中前趾的重要性与施工质量控制

卜俊松
（嘉兴市杭嘉湖南排工程管理局，浙江 嘉兴 314000）

DOI：10.13641/j.cnki.33-1162/tv.2018.01.015

1 前趾的作用

2 前趾的重要性

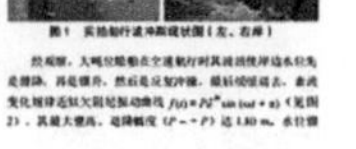

# 浆砌石沉井基础在小型工程中的应用

卜俊松　洪根祥

（嘉兴市水利工程建筑有限责任公司，浙江嘉兴　314000）

**摘　要**：浆砌石沉井在河道护岸工程建设中，是一种地基处理的有效方法和手段。本文根据工程实践，扼要阐述了浆砌石沉井基础的施工方法以及应用中需注意的关键问题。

**关键词**：浆砌石沉井基础；应用与施工；小型水利工程

## 1　浆砌石沉井基础的应用

沉井的特点是利用井壁代替普通基坑开挖所需的护壁材料，又可减少挖土工作量，该基础稳定牢固，适应性广。从投资角度看，目前面广量大的小型农桥、小型水闸和吊机码头等建筑物，由于其本身的造价不高，如采用混凝土桩基础，在经济上就很不合理；因桩基础一般为预制桩，其截面尺寸较小，抗弯能力较弱，在土层软弱、水流湍急、易于淘空的地段应用，效果也不太理想，且预制桩的施工受周边建筑物的制约和影响，此时如改用沉井基础，就会取得较好的效果。

对于某些排灌泵站，其进水口侧的沉井既可以作为河侧软弱土层的基础处理结构，又可以兼作进水池，可谓一举两得。在河道急转弯、交叉口地段，过往船只频繁、水流紊乱、水位变化大，河岸易受冲刷淘空，一般基础护岸往往易走样，甚至倒坍。例如，南排护岸的个别凹荡与岔口段，漩涡形成的河坡变迁已深达高程-3.84～-4.84 m（1985国家高程基准，下同），桩基础局部淘空，均直接影响上部结构的安全。而沉井基础则在抗滑、抗倾、防淘空等方面，都有其独特的效果。例如，海盐县秦山核电住宅区与海盐农药厂护岸，均采用浆砌石沉井基础，能在临水面形成一道封闭屏障，虽然河道过往船只多，河岸地势高，墙背土压力较大，但建成十多年来，至今运行良好。

在施工方面，对某些要求基础埋置较深的护岸工程，若选择沉井基础，更有其独特优势。例如，浙江一星饲料集团公司护岸，因其停泊船队需要，外侧需挖空，故要求基础埋置较深。原设计为打入桩基础，但开挖至高程0.16 m以下为粉砂土，继续往下挖时两侧土体向中间挤，无法继续深挖，打桩时土呈弹性，一个桩打下去，另一个桩浮上来，按原方案难以实施。改为浆砌石沉井基础后，不仅基础施工顺利，造价适中，而且工程稳定牢固，运行良好，业主也较满意。

浆砌石沉井在海盐县小型水利工程上已被广泛应用，目前应用浆砌石沉井基础的有小型农桥720座、农灌机埠166处、吊机码头47处（包括码头港池960 m）、特殊地段护岸790 m。

## 2 浆砌石沉井基础的结构形式

沉井按建筑材料可分为钢筋混凝土、混凝土、浆砌石以及砖砌沉井等。由于浆砌石沉井具有造价适中、自重大、易于下沉等优点,在浅基础处理中应用较多。

沉井由刃脚、井壁、内隔墙、封底和承台等组成,其平面形式根据上部建筑物基础截面形状、受力特点、阻水特性等方面的要求来决定。最常用的是矩形,对于独立基础,一般为口字形或田字形,而对于条形基础,则日字形的居多。为了减小转角处的应力集中现象,四角应做成圆角。沉井的高度根据地质条件、上部结构与荷载要求而定,一般小型工程采用的浆砌石沉井大多在 2.00~5.00 m。沉井示意图见图 1。

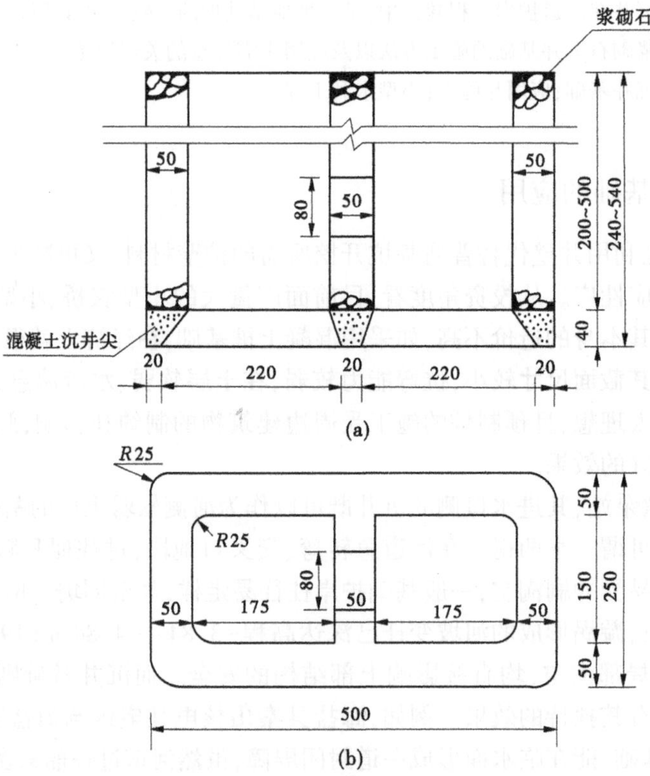


图 1 沉井示意图 (单位:cm)

## 3 浆砌石沉井的施工

### 3.1 工艺流程

浆砌石沉井的施工工艺流程为:浇筑混凝土刃脚→浆砌井壁→沉井下沉→沉井封底→回填土方→浇筑混凝土承台。

### 3.2 各构件施工

#### 3.2.1 浇筑混凝土刃脚

混凝土刃脚(又称沉井尖)位于沉井最下端,其功用是切开土层。该处受力最集中,因此要有足够的强度。刃脚按设计要求不同有钢筋混凝土刃脚和素混凝土刃脚等，一般入土深度大的采用钢筋混凝土刃脚，小的采用素混凝土刃脚。施工前土方开挖至施工常水位以上 0.2~0.3 m，挖平基面，注意不要扰动原状土，然后根据设计图放样人工开挖刃脚地模，开挖完毕后随即浇筑混凝土刃脚。

3.2.2　浆砌井壁和内隔墙

沉井井壁（又称沉井圈）是沉井基础的外壳，在下沉过程中起防水和挡土作用，在使用期就成为实体基础的组成部分，它和内隔墙（又称腰墙）在混凝土刃脚达到设计强度 75%后就可进行砌筑。砌筑时石块应注意灰缝饱满，并注意井壁与内隔墙的整体性，均衡砌筑，按承重墙工艺要求进行施工。井壁的外露面应做到平整，为了便于下沉，允许有 1%~1.5%的收缩。井壁的内侧面在保证井壁有效厚度的前提下，可以做成毛面，其目的是确保井壁石块之间搭接良好。为了便于在下沉过程中均衡施工，内隔墙中应留有工作孔洞，尺寸一般在 $D80$ cm 左右。井壁砌筑后应加强覆盖养护，确保砂浆强度。

3.2.3　沉井下沉

（1）浆砌石沉井下沉前应先进行验算，保证沉井在自重 $G$ 作用下能克服摩阻力 $R_f$ 而徐徐下沉，一般要求 $K=G/R_f>1.05\sim1.25$。对于下沉深度在 5 m 以内的沉井，其井壁外侧总摩擦力 $R_f$ 可按下式计算：

$$R_f = \frac{1}{2}UFH$$

式中：$U$ 为沉井外侧周长，m，$F$ 为井壁单位面积摩擦力，视井壁粗糙程度和土质而定，一般软土或黏性土可取 15~25 kN/m$^2$；$H$ 为沉井入土深度，m。

如 $K$ 值不满足要求，则应在下沉前和下沉过程中对井壁外侧进行处理，最简易的办法是在井壁外侧灌注泥浆，使其减小摩擦力，以顺利下沉。一般采用的泥浆配合比（质量比）为：黏土 35%~40%；水 65%~60%。要求泥浆指标为：比重 1.2~1.4；黏度>100 s；泥皮厚度<3 mm；胶体率与稳定性 100%；含沙率<4%。

（2）浆砌石沉井须待砂浆强度满足设计要求后才可进行下沉施工，下沉前应在四角布设平面和高程控制点，以便在下沉过程中和结束前随时进行观测控制。

（3）下沉方法有人工抛挖法、卷扬机吊装法或水力冲挖法等，但不管采用何种方法，一旦开始下沉施工，中途就不允许停顿，否则极易出现涌水、咬死、倾斜甚至断裂等工程事故。在实际施工中，根据不同情况分别做出不同的处理方案：①对于周边地形平坦的沉井，应保持均衡下沉，要求挖土深度一致，四周留土一致；②土质为淤泥质土，可挖成锅底状，一般当锅底比刃脚低 1~1.5 m 时，沉井即可靠自重下沉，并将刃脚下土挤向中央锅底；③土质为黏土，刃脚底下亦不必全部挖净，四壁可留 5 cm 左右厚的土层，沉井靠自重下沉时，刚好将这部分土切下；④土质较硬时，可在开挖至刃脚底面以下 50~60 cm，采取对称均衡开挖，如此重复，直至下沉结束；⑤对于两边土方高差较大，特别是河侧临水，土质较弱，而岸侧土方既高又硬的沉井，则要求"歪打正着"，即挖土速度岸侧比河侧略快，岸侧尽量挖空，河侧略留一层薄土，使沉井在下沉时向岸侧倾斜 2°~3°，这样下沉不仅不易卡阻，而且位置较准确。

（4）浆砌石沉井在下沉过程中，有时会出现卡阻、倾斜等现象，此时应仔细观察，分析原因,找出对策。对于土质较硬出现的“卡阻”现象,可先采用挖空刃脚底土方的方法,如仍不奏效,则可采取压重或在井壁四周从上往下灌注泥浆等办法,促其下沉。如因异物(如木桩、孤石等)原因,则应尽快排除。如发生倾斜,则应尽快纠偏,先挖空高一侧土方,再部分压重或灌注泥浆。总之,要随时注意监测,保持沉井均衡下沉,达到设计要求。

3.2.4 沉井封底

根据设计要求,有的沉井要封底,有的沉井则不封底。对于要求减轻自重而井孔不回填或泵站兼作进水池的沉井,则对封底的要求较高。沉井封底大多采用现浇素混凝土,在施工中常遇到地下水负压破坏初凝混凝土结构的情况。为此,应在底部设置反滤层。先把基底挖成锅底状,中间下凹,然后自中间对四角布设盲沟,犹如“瓜瓣”状,中间挖小坑填满碎石,再在上面铺设土工布,在“瓜蒂”上安装排水管后,就可进行混凝土浇筑。为了便于控制地下水,采用长瓶作为排水管。排水管的制作可将浸润煤油后的线缠绕在瓶底端燃烧,即可割去瓶底。该管埋设后,就可根据需要打开或盖紧瓶盖,从而保证封底混凝土的顺利浇筑与保养。

3.2.5 回填土方与浇筑混凝土承台

沉井回填应采用含水量适中的优质土,分层回填夯实。对于不封底的沉井,其回填的质量要求更高,一般要求单位体积重量 $\gamma_d>14.5\ kN/m^3$。注意沉井回填前必须排干井内积水。

沉井承台(又称封顶)浇筑在沉井面和回填土上。对于空心沉井,则在里面搭设底模,而后浇筑封顶混凝土。根据上部结构受力情况,承台可分为钢筋混凝土结构和无筋混凝土结构。

## 4 结 语

浆砌石沉井在河床低、水深大、穿越暗浜、船行波冲刷严重的河段护岸,以及小型吊机码头、农灌机埠进水口等小型水工建筑物,有着较好的使用适应性。在经济上,比使用混凝土桩基础处理可节约投资80~150元/m。在施工上,避免了基坑大开挖带来的土方大搬家;在运行上,从以往已建工程运行的反馈信息与调查结果看,沉井基础均运行良好,切实可行。因此,对于杭嘉湖平原水网地区的小型水工建筑物,采用浆砌石沉井作为浅基础处理,具有广泛的应用前景。

**作者注:**

本文发表于《浙江水利科技》2002年第6期,60~61页,杂志社编辑略做修改。

当时石料资源丰富,应用前景较好,文中论点现有所过时,仅作留存。

# 大体积混凝土的浇筑方法及温度应力问题的处理

卜俊松　蔡洗礼

（嘉兴市水利工程建筑有限责任公司）

大体积混凝土的施工特点与一般混凝土有所不同，除要满足强度等级、抗渗要求外，关键要严格控制现浇混凝土在硬化过程中水化热引起的内外温差，防止因温度应力而造成混凝土产生裂缝。因此，选择合适的浇筑工艺与养护方法，控制混凝土的内外温差，防止温度应力过大尤其重要。我们 2006 年在长兴城市防洪续建工程行政中心水改项目 01 标段仓前闸工程大底板施工中，运用大体积混凝土浇筑工艺和相应的养护方法，防裂效果较好。该底板长 28 m，宽 16 m，厚 1.5 m，采用以下方法进行温差控制。

## 一、优选材料，控制混凝土入仓温度

（1）选择合适的水泥：大体积混凝土浇筑采用水化热相对较低的低热水泥。因此，该工程开工前就选择好了合适的水泥厂家与品牌。

（2）减少水泥用量：为减少水泥水化热、降低混凝土的温升值，在满足设计强度 C20 和混凝土可泵性的前提下，将 42.5R 水泥用量控制在 300 $kg/m^3$。

（3）掺外加剂，控制水灰比：混凝土中掺加水泥用量 4%的复合液，它具有防水剂、膨胀剂、减水剂、缓凝剂 4 种外加剂的功能。溶液中的糖钙能提高混凝土的和易性，使用水量减少 20%左右，水灰比控制在 0.5~0.55，初凝延长到 5 h 左右。

（4）严格控制骨料级配和含泥量：砂石具有良好的级配，碎石最大粒径与输送管径之比为 1:3。因此，选用 6~40 mm 连续级配碎石（其中 10~30 mm 级配含量在 65%左右）和细度模数在 2.80~3.00 的中砂，砂率控制在 40%~45%。砂、石含泥量控制在 1%以内，经检测砂、石料未混入有机质等杂物。

（5）优选混凝土施工配合比：根据设计强度及泵送混凝土坍落度的要求，经试配优选，确定施工配合比。泵送混凝土控制坍落度 15~18 cm。

（6）严控混凝土入仓温度：施工过程中对碎石洒水降温，保证水泥库通风良好，泵管上遮盖湿麻袋，并经常淋水散热。合理安排浇筑顺序，及时卸料，以尽量缩短混凝土的运输时间，将混凝土入仓温度控制在 25 ℃以下。

## 二、合理安排，改进浇筑方法，保证浇筑质量

该底板一次浇筑量大，时间短，根据目前机械施工水平条件和工程现场实际，该工程采用泵送混凝土灌注浇筑。浇筑前合理安排作业班组人员，分班轮流连续浇筑。每班交

接班工作提前半小时完成,人不到岗不准换班,并明确接班注意事项,以免交接班过程带来质量隐患。浇筑方法:合理选择泵送压力、泵管直径,合理布置输送管线。根据泵送大体积混凝土的特点,采用“分段定点、一个坡度、薄层浇筑、循序推进、一次到顶”的方法。按混凝土泵送时形成的坡度,在每个浇筑区的前后布置两道振捣点。第一道布置在混凝土卸料点,主要解决上部振实;第二道布置在混凝土坡角处,确保下部混凝土的密实。先振捣料口处混凝土,以形成自然流淌坡度,然后全面振捣。为提高混凝土的极限拉伸强度,防止因混凝土沉落而出现裂缝,减少内部微裂,提高混凝土密实度,还同时采取二次振捣法,在振捣棒拔出时混凝土仍能自行闭合而不会在混凝土中留孔洞,这时是追加二次振捣的合适时机。浇捣时,控制振捣棒快插慢拔,根据不同的浇筑高度正确掌握振捣时间,避免过振或漏振。由于大体积泵送混凝土表面水泥浆较厚,因此在浇筑结束后初凝前采用铁滚筒碾压数遍,打磨压实,以闭合混凝土的收水裂缝,排除泌水及混凝土内部的水分和气泡。

## 三、加强养护,控制内外温差

为防止混凝土内外温差过大,造成温度应力大于同期混凝土抗拉强度而产生裂缝,根据施工情况和环境气温,采用内散外蓄综合养护措施,有效地降低了混凝土的温升值,同时又缩短了养护周期。具体做法是:①浇筑时在底板混凝土中埋设散热管,待混凝土初凝后,通水排热,冷却水持续流动,带走混凝土中部分水化热;②在混凝土表面覆盖双层麻袋,浇水湿润,保温防裂。这样内降外保,有效地避免了水化热高峰的集中出现,降低峰值,减小温度应力,避免了由于混凝土内外温差过大而引起的温度裂缝。

为及时掌握混凝土内部温度与表面温度的变化情况,我们在混凝土内埋设了10组测温点。每组测温点埋设测温管两根,一根管底埋置于混凝土底板底面以上700 mm处,测量混凝土中心的最高温升;另一根管底埋置于底板顶面以下100 mm处,测量混凝土的表面温度。测温管均露出混凝土表面100 mm,用100的红色水银温度计测温,以方便读数。

测温工作在混凝土浇筑完毕后开始进行,测温时间持续28 d。具体安排:前3 d,每2 h测一次;第4~8 d,每4 h测一次;第9~15 d,每6~12 h测一次;第16~28 d,每天测一次。当发现内外温差超过20 ℃时,在散热管进水口处换接水压力大的水源,以提高管内冷却水的流速,加大降温强度;当内外温差恢复到15 ℃以下时,重新换接一般水压力的水源,保持管内冷却水正常流速,这样就确保了自始至终控制内外温差在25 ℃以内。

**作者注:**

本文发表于2007年6月《嘉兴市水利论文选编》。

# 投标文件中的技术标编制方法与技巧探讨

卜俊松 蔡洗礼

（嘉兴市水利工程建筑有限责任公司，浙江嘉兴 314001）

**摘 要**：通过对投标文件技术标重要性的认识，结合编写工作实践，探讨编制方法与技巧。

**关键词**：投标文件；技术标；编制

随着建筑市场招标投标制度的不断完善，对投标文件的要求也日益提高。作为投标文件重要组成部分的技术标的编制质量，在很大程度上直接影响到工程能否中标，同时也从某些侧面反映了一个企业的技术管理水平和市场竞争能力。

《中华人民共和国招标投标法》第四十一条规定："中标人的投标应当符合下列条件之一：

（一）能够最大限度地满足招标文件中规定的各项综合评价标准；

（二）能够满足招标文件的实质性要求，并且经评审的投标价格最低；但是投标价格低于成本的除外。"

根据上述条款，中标的条件除投标报价准确合理外，尤为重要的是"最大限度地"满足"各项综合评价标准"和满足"实质性要求"。一项工程能否中标，除一系列外在因素外，主要取决于报价是否恰如其分，而施工方案则是报价的基础和前提。因此，掌握每一次投标工程的特点，使编制的技术标具有先进性、合理性、竞争性，是一项十分重要、复杂、细致的工作。为了在较短的时间内编制出具有针对性和竞争性且使业主和评标委员会满意的技术标，作者认为可从以下几方面着手。

## 1 积极响应招标文件精神，保证投标文件的符合性

《中华人民共和国招标投标法》第二十七条规定："投标人应当按照招标文件的要求编制投标文件。投标文件应当对招标文件提出的实质性要求和条件作出响应。"因此，技术标的编制应处处围绕"能够最大限度地满足招标文件的要求"这一中心思想展开，切忌主观臆造，凭空杜撰。

### 1.1 认真阅读、仔细研究招标文件

招标文件是编制投标文件的主要依据，在某些情况下甚至是唯一的依据。因此，一定要细致研究，认真领会、吃透招标文件，明确编标依据和评标办法，弄清其中关系要素。在接到招标文件后，千万不可急于求成，草率下笔。应静下心来，认真阅读招标文件，对于"投标人须知、投标书附录、合同条件、技术说明"等内容，要注意每一个细节，充分领会、掌握其中各项规定、要求和工程特点，并牢记其中要点，待胸有成竹后，再着手编写。此谓

"磨刀不误砍柴工"。

### 1.2 随时关注"招标答疑"和"补充文件"

"招标答疑"或"补充文件"作为招标文件的组成部分,其作用等同招标文件。但在两者互相矛盾时,又往往以"后来者"为准。虽然《中华人民共和国招标投标法》规定了进行必要的澄清或者修改应当在投标截止时间前至少 15 日的时间要求,但在目前招投标过程尚不完全规范的情况下,"答疑"或"补充"往往姗姗来迟或突如其来,投标人稍有不慎就可能顾此失彼,造成"不符"。在实际投标中出现投标文件未符合"补充文件"要求而招致废标的先例不在少数。因此在整个投标过程中应时刻关注,谨防疏忽失误。

### 1.3 明确目标、郑重承诺

投标文件对于招标文件中提出的质量、工期目标和关键岗位人员资质的要求必须无条件满足。所以,在技术标中首先应明确我方一旦中标,将确保工程质量、合同工期、安全文明施工等方面的目标和相应的投入与措施,和招标文件有关条款一一对应,积极响应,郑重承诺。

### 1.4 注意格式要求和辅助资料要求,与招标文件保持一致性

《中华人民共和国招标投标法》第二十七条规定:"招标项目属于建设施工的,投标文件的内容应当包括拟派出的项目负责人与主要技术人员的简历、业绩和拟用于完成招标项目的机械设备等。"虽然各个招标文件中对上述要求的内容大致相同,但具体的格式却百花齐放、形式繁多。因此,对于有关资格审查资料、投标辅助资料的表格填写,尽管内容大同小异甚至完全相同,还是要严格按照"投标书附录"中提供的格式、顺序一一罗列。万不可随便沿用,张冠李戴,在"细节"问题上招致废标。

## 2 重点编好施工组织设计,展示企业先进技术水平

施工组织设计是工程实施的指导性文件,它具有战略部署和战术安排的双重作用,在技术标中占有举足轻重的地位。通过施工组织设计,可科学协调各施工工种和各项资源之间的相互关系,可根据具体工程的特定条件,拟定施工方案,确定施工顺序、施工方法、技术组织措施,合理布置施工现场,确保优质、高效、安全、文明、绿色施工。通过施工组织设计,可充分反映施工企业的经济技术水平,可形象展示一个企业在施工组织、工艺技术、人员素质、设备能力、管理水平等方面的综合实力以及独到的施工管理措施。但技术标中的施工组织设计不同于实施性施工组织设计,前者是基础、依据,后者是深化与拓展。在技术标中,主要应考虑以下几方面。

### 2.1 列出提纲、制定目录

目录实际上是施工组织设计的结构和顺序,应根据工程的实际情况拟定相应的章节,其中主要项目施工方法及各种保证措施的章节确定应与施工部署、平面布置、施工进度计划一致,做到让人一目了然。一份好的目录要求大小标题明确、错落有致、上下关联。小标题尽可能详细些,以示方案中考虑了哪些因素。为便于评标人员重点查阅,目录中标题宜附上页数。

### 2.2 重视组织机构的安排

组织措施是现代企业管理的核心,是施工管理措施的基础。人、机、料、法、环五大要

素中，人的因素是第一位的。因此，施工组织设计中应首先阐述施工组织管理机构的安排。项目负责人作为施工方在该项目上的第一责任人，具体组织施工生产和管理各项工作，故其素质及管理水平对工程的实施有着至关重要的作用。因此，应优先选用具有良好业绩的项目负责人，并且将主要业绩列入其中；其次应妥善安排项目部班子人员，做到各尽其才、持证上岗、职责分明。

### 2.3 内容全面、有粗有细

一份施工组织设计，内容涉及方方面面。编写时应纵观全局，统筹安排，切莫遗漏。要注意两个方面的问题：一是具体的措施计划要合理、实用；二是要考虑到施工各方面的因素。但也不应事无巨细、平铺直叙。对于非重点部分可以略写，而对于工程资源的投入、施工组织、质量、安全以及关键技术部位的施工方案，则要求详细、可靠、操作性强。总之应做到：突出重点，通盘考虑，主次分明，粗中有细。

### 2.4 注意施工方案与网络计划互相呼应，严密、科学

施工方案中常常要涉及施工程序、计划安排、工期控制等问题，而网络计划不仅反映施工生产计划安排情况，还反映出各工序的分解及相互关系，以及操作的时空关系、施工资源分布的合理程度等。目标总工期能否达到，要看各分部、单元工程的施工节拍是否实际，各工序衔接配合是否顺畅，施工资源的流向是否合理、均匀，关键线路是否明确，机动时间是否充分，有无考虑自然、地理及周边环境的不利影响，工程进度计划安排是否具有可行性、合理性等。因此，应根据目标总工期要求科学编制施工进度计划网络图，从而体现出本企业先进的施工技术水平和完善的工程管理水平。

### 2.5 适当插入图表，力争图文并茂

一张好的图表可代替许多文字说明，而且生动形象、栩栩如生。如施工场地平面布置图可集中反映现场作业方式、主要施工设备的投入及布置的合理性，它如同一份简易的施工方案，是施工生产的技术、安全、现场管理等形象的简明表述。另外，如施工作业流程图、操作示意图、设备技术参数表、施工材料用量需求表、劳动力计划表、施工管理体系图等等，均能从各个方面简明扼要地反映出施工企业的技术管理水平。因此，在施工组织设计的适当段落分别插入各种相应的图表，对于提高技术标的专业水平，扩大企业的知名度，可起到事半功倍的作用。

## 3 理论联系实际，提高各项技术要素的合理性、针对性

技术标的编制不是想当然的闭门造车、纸上谈兵。光靠书本知识，没有在工程第一线“摸、爬、滚、打”过，是不可能编制出“有血有肉”、有针对性、可行性的施工方案的。因此，要理论联系实际，重视实践经验，可从以下几个方面着手：

(1)选派具有实践经验的工程技术人员参加编制，从人员组成上加强力量。

(2)深入施工现场，参加工程实践，增加感性认识。例如，施工进度计划网络图编制得合理可行与否，主要取决于各分部、单元工程安排的逻辑与时空关系，因此对于紧前紧后工作逻辑关系的判断和各工作持续时间的确定，在编制时应参考以往类似工程的实际施工记录或向有经验的一线工人请教，或到兄弟单位施工现场取经，然后加以记录整理，取其精华，形成源于实践、高于实践的经验数据。使编制的施工方案更接地气，使网络计

划的每一个节点和箭头都经得起推敲。

(3)碰到疑难问题，运用集体智慧，组织专业技术人员研究解决。

(4)重视踏勘现场，避免文不对题。编制人员通过踏勘现场，了解工程所处的地理位置、场地大小、地质地貌、相邻建筑、水(旱)路条件等，确定平面布置方案、施工导流方案、材料运输方法、运输工具的选择以及相应的技术措施。如果不认真踏勘现场，不掌握第一手材料，所制定的施工方案必然是泛泛而谈，充斥八股味，没有针对性，缺乏合理性。

## 4 掌握编制技巧，寻求快速编制方法

在实际投标过程中，由于从投标报名、获取招标文件后到投标截止时间的时间间隔并不长，在除去踏勘现场、熟悉招标文件与图纸以及打印、复印、装订、签字、盖章等所需的时间，真正可用来编写投标文件的时间有限。尤其是碰到几个标挤在同一时段内时，时间就更加紧迫。因此，要想在短时间内编制出质量较高的投标文件，光靠临时写作是不大现实的。而如果设想把一套完整的技术标看作一座桥梁的话，那么其工程概况就像其基础，工程特点就像其基本结构，平面布置、进度计划、资源投入等需即时编写部分就好比建筑物的“现浇”部分，而施工方法、工艺技术、质量、进度、安全、文明施工保证措施，成品保护措施，冬、雨季施工措施，防汛抗台措施等等，就像桥梁的“梁板”“行车道板”“栏杆扶手”等一样，都可“事先预制”“到时拼装”。根据这一特点，采取“预制”与“现浇”相结合的办法，就可大大缩短编制时间，且能达到既快又好的目的。以下操作方法可供参考：

### 4.1 收集资料，“备战备荒”

编制投标文件的工作具有间断性的特点，有时忙得不可开交，巴不得长个三头六臂，有时却显得非常清闲。因此，应充分利用无投标任务的空闲时间，未雨绸缪，各方收集资料，然后整理成章，以备后用。到时信手拈来，复制、粘贴即可。

### 4.2 适当拆分，化整为零，制成“卡片”，建立素材库

尽管投标文件形式多样、各有千秋，但其技术标的基本构成框架却大致相仿，因此可以挑选以往有代表性的标书进行拆分，即先将标书分成几大章节，再拆分为若干小节，每个小节又可拆分成若干小块，每个小块都覆盖一项具体内容，是组成技术标的基本单元。这样化整为零后，再将各小块分别冠名、编号，制成“卡片”，然后归类储存。这样日积月累，自然形成了投标文件“标准模块”素材库。

在建立素材库时应尽量收集各种类型的材料，使库中内容在已知领域内尽可能细而全，能以不变应万变。对于各种方案，应求同存异，多方采纳。

### 4.3 结合实际，拼装组合

有了素材库，在实际编制投标文件时，只需对工程概况、施工部署、工程特点、平面布置、进度计划、资源配置等“现浇”部分进行即时编写，而对素材库中具备的“预制构件”部分，只要输入名称或编号，查找一下，调出来“各就各位”“拼装组合”，再按相应顺序编排一下就可以了。这样就可腾出时间，把精力集中在理解招标文件与设计意图、分析工程现场情况和工程特点上，以便抓住重点，掌握关键，使编制的投标文件内容充实、前后连贯、主次分明、针对性强。提高了效率，加快了速度。

## 5 认真检查，避免差错，提高质量，重视形象

投标工作是一项烦琐而又时间紧迫的工作，在这种高度紧张的状态下难免会出现差错。有时甚至仅仅因为少盖一个章、少签一个字或少放一张表而导致废标或得低分。因此，编制完成后，务必一丝不苟，认真审查。对于标书中的有关图表、附件资料等，要尽可能地提高图面的清晰度与绘制质量，尽量避免漏洞或矛盾。投标文件在很大程度上是企业综合实力的体现，是反映企业精神面貌的窗口，所以应在文字润色、打印、校对等方面多加努力，将标书“包装”一新，提高“形象”。另外，技术标与商务标应互相呼应，保持一致。譬如土方开挖，施工组织设计中阐述什么开挖方法，商务标就应套什么开挖方法定额。不得各自为政、自相矛盾，并积极响应招标文件的要求，制定出相应的具体可行的措施。

总之，整个标书的编制应紧紧围绕“能够最大限度地满足招标文件中规定的各项综合评价标准”，“能够满足招标文件的实质性要求”。

**作者注：**

本文发表于《浙江水利科技》2010年第6期，60~62页，杂志社编辑略有修改。

# 河网地区航道护岸中泄水管与反滤层布置形式的探讨

卜俊松

(嘉兴市水利工程建筑有限责任公司,浙江嘉兴　314001)

**摘　要**:通过观察杭嘉湖地区局部航道护岸坍塌的现象,从船行波作用、施工质量以及土质等原因,分析按常规形式设置泄水管及反滤层所存在的弊端,并提出根据不同地形特点分别采取不同工程结构的改进措施。

**关键词**:内河航道护岸;泄水管;反滤层;改进措施

## 1　问题的提出

为减轻地下水压力对护岸结构的不利影响,需要采取工程措施降低墙后地下水位。通常的做法是沿线在墙体结构的某一高度布设$\phi$ 50~100 mm PVC 硬塑管,再在墙后管端布置碎石反滤层或土工布包裹碎石(见图 1)。

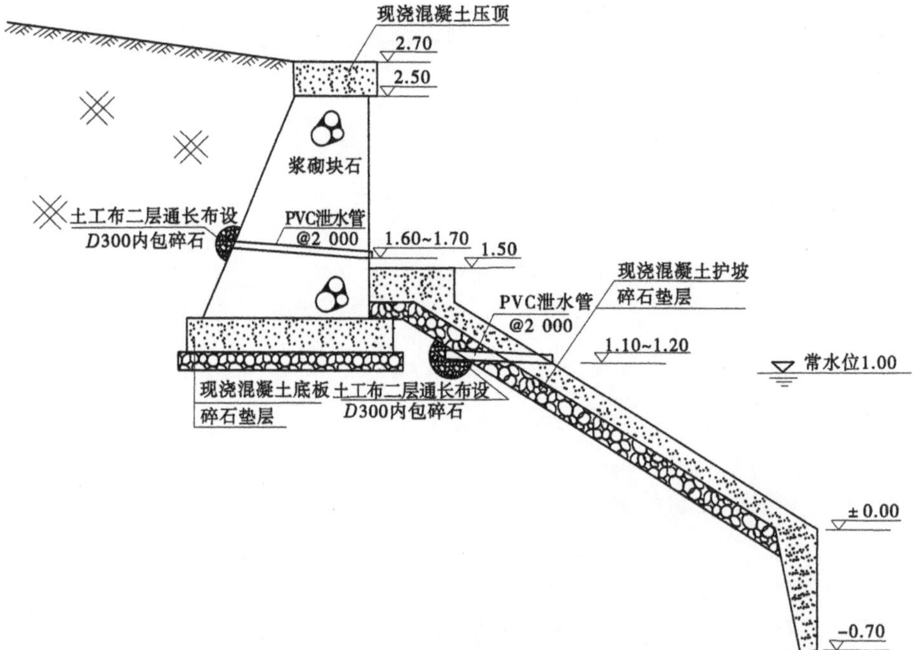


(a)

**图 1　目前常见的工程断面形式图**　(单位:尺寸,mm;高程,m)

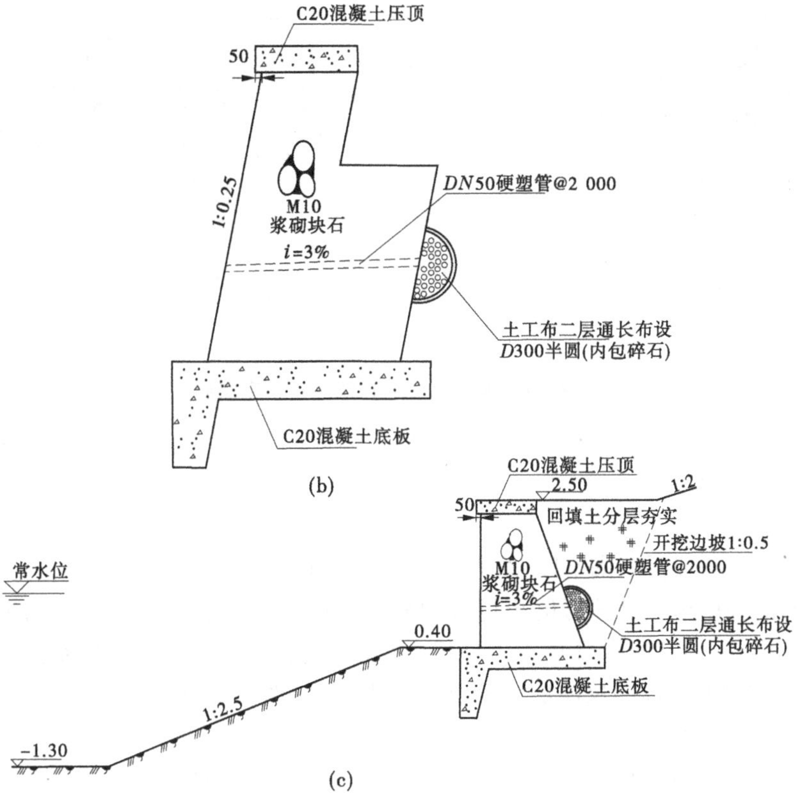


**续图 1**

但是,由于泄水管的诱因导致墙后回填土淘空引起护岸坍塌的现象屡有发生。为此,针对这一问题,分析发生坍塌的原因,采取相应的工程处理措施,以确保航道护岸工程的长期稳定牢固,很有必要。

## 2　成因分析

### 2.1　船行波作用

随着国民经济的飞速发展,内河水运船只的体积和载重量也在不断加大,目前实际经过嘉兴内河水域最大的单艘载重量已达 800 t 级以上,吃水深度达到 3.2 m 以上。

大吨位船舶在全速航行时其滚滚的波浪使岸边水位先是骤降,再是骤升,然后是反复冲撞,最后缓缓退去,紊流变化规律近似欠阻尼振动曲线 $f(t) = Pe^{-\delta t}\sin(\omega t + \pi)$ ,其最大壅高、退降幅度($P\sim-P$)达 1.5 m 左右。水位骤升时,水流快速涌入护岸中的泄水管来回撞击墙后,发出“咕咚”“咕咚”的响声。而当水位下降时,由于负压作用,从泄水管中回流出的几乎都是浑水。如此循环往复,夜以继日,年复一年地清水进、浑水出,以水滴石穿之功,将泥土化为泥浆水带出,导致墙后或坡下窟窿越来越大,造成护坡悬空,墙身失稳(见图 2)。

(a)

(b)

**图 2　船行波冲刷及水流通过泄水管淘空墙后**

经分析认为船行波通过泄水管反复冲击导致墙后(特别是护坡下)土方的淘空是造成护岸坍塌的主要原因。

## 2.2　施工质量原因

观察坍塌段现状或拆开淘空段,均为墙脚悬空引起护岸碎裂成大块状,而其砌石或混凝土护坡本身的强度远远足够抵抗船行波的冲击力(拆除时用大锤很难打碎,需用空压机破碎才能搬移)。但其泄水管端头少见仍由反滤层包裹完好,绝大部分是泄水管直接连通"溶洞"。初建时布设的反滤层有的沉陷在下,有的严重位移,更有甚者"七零八落、溃不成军"。究其原因如下:

(1)回填土下沉引起反滤层塌落后与泄水管错位。这一方面由于反滤层大多布设在回填土上,施工时虽经夯压,但其密实度终不如原状土。再则墙身或护坡与回填土及反滤层同时交叉施工,反滤层常常作为墙身的附属部分,没有像其他独立的单元工程一样进行质量检验,因而质量控制不严,使反滤层这一极其重要的工序得以"蒙混过关"。三则反滤层往往紧贴墙背,而靠墙边的回填土要压实到位确实不易,容易形成"死角"。这就好比"桥头跳车"的质量通病一样,由于主体建筑物与回填土之间的沉降系数相差甚远,虽说"重点防御",严格控制,但十有八九顽疾难医,收效甚微。桥头跳车还可以修修补补,而反滤层塌陷却是致命暗伤。

(2)土工布包裹不严使反滤层溃散。由于护岸泄水管大多不长,最长的也不过 1 m 多,船行波在泄水管中没有完全消能,对反滤层的作用力较大。而土工布包裹不严的地段,就经不起这种冲击力的长期作用,一旦冲破缺口,碎石就会滚动产生位移,继而破坏整个反滤层。而反滤层一旦散落,水流即直接冲击土层,墙后淘空也就不可避免了。

## 2.3　土质原因

杭嘉湖水网地区以软土为主,主要为黏土、淤泥质粉质黏土、粉土、粉砂土、粉质黏土等。以嘉兴市为例,内河沿线土质基本特征见表 1。

表1 嘉兴地区内河航道两岸土质基本特征调查统计表

| 土类 | 黏粒含量占比(<0.005 mm)/% | 粉粒含量占比(0.075~0.005 mm)/% | 孔隙比 | 容重/($kN/m^3$) | 液限/% | 塑限/% | 内摩擦角/(°) | 水溶性 | 占总量/% |
|---|---|---|---|---|---|---|---|---|---|
| 黏土 | 60 | >25 | 0.85 | 19.4 | 40.5 | 21.0 | 20.0 | 易溶 | >35 |
| 淤泥质粉质黏土 | >50 | >25 | 1.10 | 18.0 | 38.5 | 20.5 | 9.5 | 易溶 | >20 |
| 粉质黏土 | >50 | >25 | 0.95 | 18.9 | 35.2 | 20.0 | 14.0 | 易溶 | >25 |
| 其他 | | | | | | | | | <20 |

由表1可知:嘉兴内河航道两岸多以黏土、淤泥质粉质黏土、粉质黏土为主,其颗粒级配均以黏粒和粉粒为主,粒径小于0.005 mm的含量高达50%以上。而且土壤液限、塑限大,内摩擦角小,易溶于水。而400 $g/m^2$ 无纺土工布的孔径为0.07~0.20 mm,因此在水力作用下,部分土颗粒容易穿过反滤层被水流带走。这犹如磨刀之石,不见其少,但日有所损。因此,当土颗粒越小、土的内摩擦角越小的地段,往往就是首先被破坏的地段。

## 3 改进措施

由上述分析可知,目前河网地区航道护岸中的泄水管既是减少地下水压力的工程措施,但同时又是墙后淘空的事故隐患。如何扬长避短,化弊为利,作者认为应改变传统的习惯做法,针对不同的地形、不同的地面高程、不同的土质、不同的地下水状况,分别采取不同的工程措施。

### 3.1 不设泄水管

对于底板面高程0.5 m、顶高程2.0~2.5 m的重力式护岸,因枯水位一般为高程0.5 m,常水位高程0.9~1.2 m。经实测其墙后枯水位时地下水位均在高程0.8m以下,常水位时地下水位在高程1.2~1.4 m,内外水位差最大不超过0.3 m。由此可见,这些地段地下水对墙身产生的附加推力最大不超过0.44 kN/m。而对于重力式挡土墙来说,偶尔增加这点压力是完全可以抵抗的。因此,对于地面高程低于2.5 m(里面无鱼塘)的地段,完全可以不设泄水管。但为防止雨水积聚墙后,回填土应高出压顶面10~20 cm,并做成内高外低斜坡状。施工时考虑日后回填土沉降,还应增加20~30 cm超高层。

### 3.2 改进反滤层布置形式

在地面高程高于2.5m但其内侧无鱼塘的地段,设想在墙身内侧设置一台阶,泄水管内端设在台阶位置,而将反滤层布置在台阶上(见图3)。

施工时将反滤层作为重要工序检查验收,严格控制反滤层质量。这样就可避免墙后土体沉降引起的反滤层与泄水管错位而导致反滤层失效的问题。但这种形式在土颗粒粒径小于0.01 mm含量较大的地段须用400 $g/m^2$ 以上的优质非织造土工布严密包裹碎石反滤层。同时,这种形式只能用于断面较大的直立式挡墙而不适用于斜式护坡或小断面

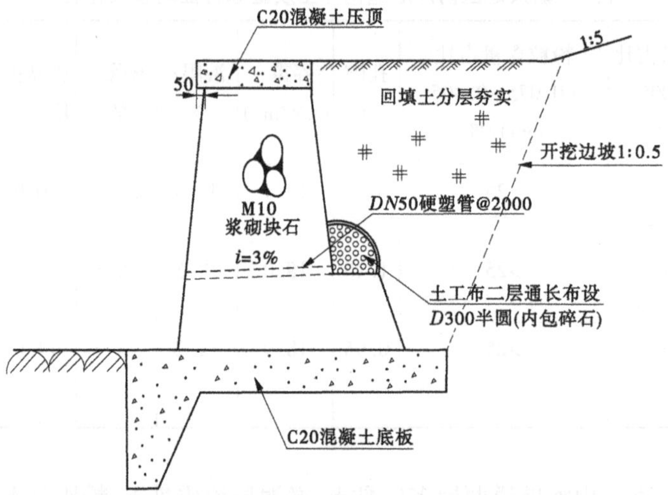


图3 台阶式护岸工程断面形式图 (单位:mm)

挡墙,使用局限性较大。

### 3.3 设置独立排水系统

对于地形连续较高或内侧有鱼塘、地下水位较高的地段,可在其墙后3~5 m处设置一滤水盲沟,然后根据实际地形和地下水情况每隔30~50 m布设一集水窨井,盲沟连接窨井,窨井靠河侧设排水管,集中排水(见图4)。这一排水系统作为1个独立的隐蔽单元工程进行质量检查验收。

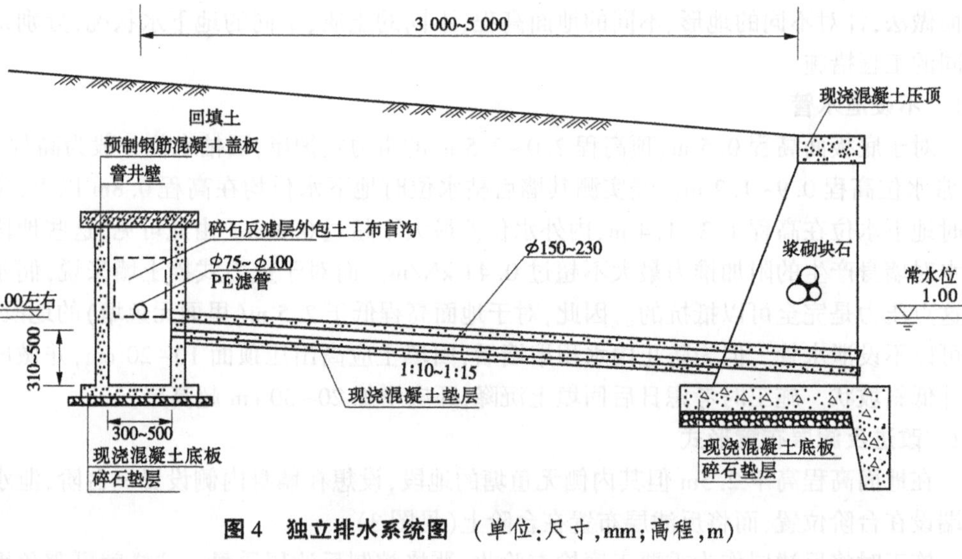


图4 独立排水系统图 (单位:尺寸,mm;高程,m)

#### 3.3.1 盲沟

盲沟须布设在原状土上,采用开沟机配合人工开挖。底宽30~50 cm(视地下水情况而定),底高程在1.0 m左右,底面必须平整,纵坡为1/200~1/300。沟槽开挖经验收合格后垫入土工布，然后布设$\phi$ 75~100 mm 的 PE 滤管（渗灌工程用管），再在上面铺设 30~40 cm 厚的碎石反滤层，最后包上土工布，土方回填。

3.3.2 窨井

窨井是连接盲沟和排水管的枢纽，它具有集水、过水、消能和可定时清淤的多重功能。窨井内径应略大于盲沟，窨井底高程可与护岸底板面齐平。窨井底板采用现浇混凝土，井壁形式为砖砌水泥砂浆抹面、现浇混凝土、预制混凝土管等。窨井面加盖钢筋混凝土盖板，如上面覆土回填，应设立告示标志。

3.3.3 排水管

排水管采用$\phi$ 150~230 mm 的预制混凝土管，呈 1∶10~1∶15 埋设。出水管宜安置在底板面上，进水管底距窨井底板面 30~50 cm。管子底下设混凝土垫层，接头用细石混凝土包裹严密。排水管须经专项验收合格后，方可覆土回填。

这样，船行波引起的倒灌水在较长排水管中首先消耗了一部分能量，然后通过窨井再次消能，即可保证盲沟反滤层不受冲击，解决了墙后淘空诱因的问题。

## 4 结 语

以上改进措施中，第 1 种方案可以起到减少投资、提高功能的作用，无疑是最经济的选择，但它只适用于无地下水压力或内外水位差极小的地段，有一定的局限性。第 2 种方案只适用于直立式大断面和土质较好的地段。而第 3 种方案需要增加少量投资，可以说是费用增加、功能提高。但它的适应范围较广，无论是直立式护岸或斜式护坡、大断面还是小断面均可采用，而且可以根据地下水位情况选择盲沟尺寸、滤管大小。因此，施工前应进行沿线踏勘，然后对不同的地形、不同的地下水情况采用不同的技术方案，很有必要。而对于一项具体的工程来说，有的地段增加了投资，有的地段却节省了投资，总体来说不会相差多少。但对于提高工程的使用功能，延长工程的运行寿命，降低航道护岸的维护成本，却可谓四两拨千斤。

**作者注：**

本文发表于《浙江水利科技》2011 年第 2 期，30~32 页，编辑略做修改。本文为原稿；

本文中的第 3 种方案“独立排水系统”已申报实用新型专利《河网地区航道护岸中的排水系统》并获国家知识产权局授权，专利号：ZL 2011 2 0189344.3。

“独立排水系统”和“台阶式护岸反滤层”对软弱土层航道护岸有实用意义。

# 浅谈水乡河网地区的溇港浜兜治理

卜俊松

(嘉兴市水利工程建筑有限责任公司,浙江嘉兴　314001)

**摘　要**:从杭嘉湖平原实施万里清水河道战略举措的要求出发,从历史成因、社会贡献以及发展趋势的角度对遍布水乡的溇浜进行了作用分析。针对当前河道整治中为实现“水清、流畅、岸绿”的目标要求和现状实际,提出了统筹规划、合理布局是治理工作的重中之重的观点。

**关键词**:溇浜作用;发展趋势;强化治理;优化布局

太湖流域杭嘉湖平原是典型的低洼水乡平原,地处太湖下游,涝灾两年一遇,同时又是一个人口稠密、经济高度发达的地区,历史上是个粮仓,而今又是钱仓,淹不得也淹不起。需要有足够的干支河流来行洪排涝、引水灌溉。而如今地面沉降、河网淤积、泄洪不畅,不仅引排问题多,更有流水不畅带来水质富营养化日趋加重问题。另外,数以万计的溇港浜兜其历史功能正在消退,有些甚至全部消失。因此,河网疏浚拓宽任务十分艰巨,而杭嘉湖地区寸土寸金,土地资源又相当紧张。如何使河网治理与溇港浜兜的优化改造有机结合,确保水域总量,盘活水体布局,保障区域水流引得进、排得出、流得畅、流得快,是当今水网地区保障生命之源、生态之基、生产之要的重大课题,是杭嘉湖地区实施万里清水河道的战略举措。

## 1　溇浜的作用分析

河网水系维系着杭嘉湖平原人们千百年来生存、生活和生产的环境。沧海桑田,社会变迁,杭嘉湖河网作用依旧,而其干支河流则越来越显示出其强大的生命力,因它不仅承担流域和区域的行洪排涝和引水灌溉,还承担了大量的航道水运任务。相比之下,众多的溇港浜兜则渐渐地失去了生命力,是否还要保留这些溇浜,成为河网地区水利部门必须研究的一大课题。为了正确把握这些溇浜的去留问题,有必要对它的形成历史、社会贡献、发展趋势做一比较分析。

### 1.1　溇浜的形成历史

太湖流域的溇浜,是几千年小农经济生产、生活和生存的产物。漫长的小农经济社会,赵钱孙李各家都是几亩、几十亩,最多几百亩土地,为了水稻耕作,需要灌排水,由于生产力落后,依靠人畜车水,车上来的水经长距离土渠道很难灌到自己的田里,就需要把中小河流中的水引到自己的田边就近车水灌溉,于是子子孙孙挖河不止,逐渐形成了千千万万的溇浜,满足小农经济一家一户耕作灌水的需要,也满足了梅汛台涝期间就近排水的需要。同时,也适应依河浜而居,就近取水、淘米、洗菜、洗衣的生活需求,也为水路运输出行提供了近距离肩挑手提把货物搬运到船上的需要。除上述小农经济社会生存、生产和生活需要外，我国几千年来的风水地理学说也促成了众多小河小浜的形成，大户人家建房居住，少不了要看风水，要有水，也需要挖一个河浜。由于上述原因，形成了杭嘉湖平原数以万计的溇浜。

### 1.2 溇浜的历史贡献

由于溇浜的形成，促进了小农经济社会稻作生产的大发展。一家一户就近车水灌溉，就近排水入河，起到了当时社会的旱涝保收作用，使杭嘉湖平原成为"天下粮仓"，"嘉禾一穰，天下为之慷；嘉禾一歉，天下为之俭"。直到 20 世纪 80 年代，杭嘉湖地区的嘉兴市每年提供的商品粮还占浙江全省的 40%，商品油占 70%。溇浜的形成，为沿河而居的农民就近取饮用水、淘米、洗菜、洗衣提供了十分便利的生活条件，也为货物出入创造了省工省力的运输方式。可以说，杭嘉湖平原的众多溇浜，为小农经济社会提供了良好的生存、生活和生产条件，适应了当时的社会生产关系和生产力发展的需求，为当时的社会经济发展做出了十分重要的贡献。

### 1.3 溇浜的发展趋势

时代发展到今天，杭嘉湖地区城市乡村一体化、土地经营规模化、农村居住集中化、交通路网现代化、城乡供水管道化、灌溉排涝机电化、渠道衬砌多硬化。昔日的溇浜功能逐渐消失了，人们已经很少从溇浜提水灌溉了，再也不从溇浜取水饮用了，也不去那里淘米、洗菜、洗衣，出行都从水泥马路上运输了。溇浜所剩下的功能只是在汛期可以提供蓄水的区域而已。再则，由于生产关系的变化和生产力的发展，人们生存、生活、生产方式的转变，特别是自从 20 世纪 80 年代后期传统农耕生产被现代农业生产方式取代以后，生产、生活的人类活动和自然降雨径流入河的河泥不再是农业生产的肥料了，农耕时代一冬春数百万劳动力捻河泥积水草的景象一去不复返。"河泥肥田，田泥壅桑，入河垃圾淤泥的积肥"生态链从此断裂了，人们不再对溇浜进行常年清淤保护，反而成了天然的垃圾场，导致溇浜功能逐渐退化。许多溇浜折戟沉沙，废物堆弃。上面一层水草垃圾，中间几十厘米臭水，下面 1~2 m 淤泥的现象比比皆是。昔日举足轻重的溇浜如今成了病菌繁殖的场所、环境治理的重点对象。

## 2 溇港浜兜的治理

杭嘉湖地区众多的溇浜，其历史功能将不复存在。为了物尽其用，变废为宝，应在河道整治的同时，结合溇浜改造，强化干支河流功能，优化小河小浜布局，把有限的水域面积调整为有效的水域面积，把消失功能的溇浜面积调整为有效耕地面积。

### 2.1 强化干支河流治理

拓宽和疏浚干支河流，所需土地从众多的溇浜填埋中调整出来，既保证水域面积不少，又不减少土地面积。杭嘉湖平原水流不畅，一是断头浜多，水流不出；二是溇沟太多太小，水流不动。拓宽疏浚干支河流使其引得进、流得出、流得畅、流得快，把水盘活，做到流水不腐。干支河流治理有四个方面的任务：一是圩堤护岸建设，以适应防洪和水土保持要求；二是建立轮疏机制，保持流水常年畅通，适应引排要求；三是水面保洁，适应环境要求；四是保障水域不被占用。这四项任务是河道整治"四位一体"的建管工程。

### 2.2 优化小河小浜布局

优化小河小浜布局,可以沟通一些能够利用的小河小浜,使其发挥河网作用;填埋一部分死浜,使其成为有效耕地。有些溇浜实质上是灌排渠道,那就按照灌排渠道的模式来改造,这样不仅优化激活了小河小浜的功能,而且增加了有效耕地面积,更大的效益是改善了生态环境,使人们生存、生活、生产的环境更好。

### 2.3 统筹规划、合理布局

河道治理的内在要求是“水清、流畅、岸绿”,要根据区域生活、生产的布局,做好水系规划,该拓宽的河流要拓宽,该填埋的溇浜要填埋,总体保持水域面积平衡,有效耕地增加。保证行洪排涝、引水灌溉、河道“三清”、碧水蓝天。综上所述,做好统筹规划、合理布局,是水乡河网地区溇港浜兜治理工作的重中之重。

**作者注:**

本文发表于《城市建设理论研究》总第121期,220页,2011年12月出版。

# 水乡河网生态护岸结构形式探讨

卜俊松[1] 梁菊明[2]

(1. 嘉兴市水利工程建筑有限责任公司,浙江嘉兴 314001;
2. 嘉兴市五丰水泥制品制造有限公司,浙江海盐 314312)

**摘 要**:从江南水乡河道生态岸线治理实际出发,对众多河道护岸的形式特征和利弊进行了分析,并着重介绍了用于生态护岸建设的多元化空腔砌块的特征和实用、可行性。提出了因地制宜地选择合适的治理方式的观点和治理工作中应注意的一些问题,为可持续发展实施生态河道建设提供参考。

**关键词**:河道护岸;生态治理;工程形式;利弊分析;方式选择;探讨

嘉兴市地处太湖流域杭嘉湖平原,现有大小河道长约13 800 km,水域面积325 $km^2$,占区域面积的8.3%左右。嘉兴市河道交叉成网、湖荡棋布,属典型的江南水乡,治水是历代水乡人为营造良好生活、生产、生态环境的一件大事,而河网地区河道的护岸、堤防是防护性的水利设施保障。五代十国时期,吴越国王钱镠率撩浅军组织民众,大范围实施"塘浦圩田",以塘浦汇水排涝,以圩堤挡洪除涝,圩内低田养鱼,平田种稻,高地植桑,成就了中国农耕社会嘉兴"鱼米之乡、丝绸之府"的辉煌业绩[1]。新中国成立至20世纪70年代末,嘉兴治水的宗旨也一直是开挖疏通河道、引水灌溉、行洪排涝。而从80年代初开始逐步实施的旨在保护河岸、稳定河床的护岸工程,至今已基本覆盖全市主要航道和主干河道,初具规模。目前,从21世纪开始投入的以治理中、小河道为主要任务,创建"水清、流畅、岸绿、景美"生态环境为目标的河道整治工程正方兴未艾,各种形式的生态河道、生态护岸应运而生。然而,尽管各种护岸构造不同、形式多样,但究其根源不外乎以"石、木、人工石"为基础材料的几种类型,且各有利弊。鉴于各种结构的适用范围不同以及面广量大的特点,有必要对河道的护岸形式特征进行分析比较,择优确定合适的建设方案。

## 1 常见的河道、护岸工程形式

嘉兴市域河网水位变幅较小,常见的河道断面形式以U形断面和复式断面为主,其中U形断面多见于自然河流,复式断面为经人工改造过的老河道和部分新开河道;其次是梯形断面和为数极少的矩形断面,均属人工改造河道。河道护岸工程常见的形式有俗称传统护岸的砌石护岸、混凝土护岸和木桩-混凝土-砌石混合结构护岸等3种,近几年应用较多的则有生态混凝土预制块(鱼巢砖、绿化砖)砌块护岸、松木桩护岸、块石固脚植被护岸、植物措施、树根桩景观护岸、生态格网(网箱)挡墙、扦插-抛石护坡以及景观黄石园林风格护岸等8种。

## 2 护岸工程中几种典型结构形式的利弊分析

### 2.1 传统护岸

传统护岸俗称“驳岸”“帮岸”，旧时以干砌条料石或者木桩基础干砌条料石墙身为主，大多布设在城镇河道或者古运河塘等处，乡村中有些大户人家用作船埠的亦偶有所建。其作用是保护河岸不致坍塌、运河塘石驳便于拉纤、直立式驳岸便于船只停靠以及充分利用土地临水建房等。而从20世纪80年代初开始建设的旨在保护河岸、防止冲刷、稳定河床、防洪排涝为目的，以航道护岸起步，逐步扩展到各类河道的护岸工程，则以浆砌块石、干砌块石或者砌石-混凝土结构为主，部分防洪墙则采用混凝土或者埋石混凝土、灌砌混凝土等结构形式。近年来，有些断头浜、暗浜等软弱地基上的护岸工程，采用打木桩或宕碴垫层做基底处理；为了增强抗冲刷能力，在砌石墙身迎水面浇筑混凝土防冲层；为了增加墙体美观则设置花岗岩条石、蘑菇石或者混凝土劈离砌块护面，条料石压顶等。但不管形式如何变化，归根结底为块石、混凝土组成的刚体结构，在抵抗船行波、水流冲刷和河岸坍塌中发挥了巨大的作用，有效地阻止了河岸水土流失，稳定了河床，保证了航道的安全、行洪排涝畅通以及灌溉的顺利，从而确保了水乡平原农业生产连年不断的高产稳产、六畜兴旺的繁荣景象。然而，作为航道护岸的砌石-混凝土结构全面扩展到面广量大的河道护岸工程后，其存在的缺陷亦随之凸显，首先是形式的单调缺乏美感，尽管采取各种表面装饰措施但仍难改变其墙体呆板、缺乏生气的形象，达不到“景观、旅游、生态、与周边环境相呼应”的生态功能要求。其次是现阶段的砌石-混凝土护岸不同于旧时的干砌条料石护岸，它基本上属于封闭型的渠化硬质岸堤，水体与土体被隔离，造成许多动、植物无处安身栖息，水生动物没有地方修筑巢穴、产卵繁衍，两栖动物难以上岸觅食、休闲嬉闹、筑巢越冬，以致影响了生态平衡。有理论认为，传统护岸以牺牲生态系统功能为代价，隔断了河流生态系统和外部环境的物质和能量交换，阻滞了水气循环，使河流变成孤立的水港，河流的自净功能差，河水易被污染和腐化[2]。

### 2.2 生态混凝土预制块（鱼巢砖、绿化砖）砌块护岸

生态混凝土预制块（鱼巢砖、绿化砖）砌块护岸是在近年来兴起的新颖模式。通过改良结构材料，起到固土护坡、防止水土流失、保护生态环境的综合作用。其结构为以钢渣、粉煤灰、石屑等废料为主要原料，经工厂化生产制成牢固、美观的抽屉式空腔砌块，模块化安装垒砌而成的可使岸坡、护岸与水域浑然一体的多功能生态化防护墙（见图1）。

例如，水利部南京水科院与五丰公司共同开发的多元化抽屉式空腔生态砌块，其前部为生态部分，后部为挡土结构，中间空腔为生态孔，辅以锚固孔、土工格栅等（见图2）。

该结构具有以下特点：

（1）水土保持。砌块前部为生态部分，后部为挡土结构，当砌筑后形成连续挡墙，可有效挡土，确保墙后土体不因径流流失，且挡土面为柔性结构，具有高抗压性和良好的适应变形能力。

（2）结构安全。砌块为工厂化规模生产，工艺先进，抗压强度高，耐久性好。构件中的阻滑埂使砌块叠加后更加牢固，可有效提高墙体的受侧推能力。而且由于每块砌块后缘阻滑埂的存在自然形成15°左右的坡度，使墙体重心偏内，从而增加墙体在侧向土压力作用下的抗倾覆能力。若利用锚固孔在孔内加筋灌注混凝土的挡墙，则更具有整体性和

(a) (b)

图1 多功能生态化防护墙实例图

(a) (b)

图2 多元化抽屉式空腔生态砌块成品图

稳固性。土工格栅则用于1.8 m以上的挡墙,利用土工格栅在土端与砌块一端之间构成拉网,可进一步增强墙体的抗倾覆能力。

(3)生态平衡。砌块由生态孔、抽屉式植物空腔组成。在水下时,生态孔和植物空腔可以为水生动物提供觅食、栖息、繁衍和避难的场所,不至于上下无边的形式而受影响;生态孔形成一个横向的迷宫,动物可以随意往来串门游动。水上部分的植物空腔内培入耕植土后,选择适合生长的各种花草、藤蔓植物栽植其中,可在短期内覆盖墙面,遮蔽砌块,形成良好的生态和景观效果。

(4)救生功能。多元化生态挡墙具有多孔结构,生态孔形成很好的抓手,退阶结构不仅使墙体具有立体的美观效果,而且便于踩攀,不慎落水者可以很容易攀爬救生,是考虑人性化的自救设计,避免了以往三面光难于自救的缺陷。

(5)低碳、绿色。生态砌块融入了"变废为宝"的理念,钢渣、粉煤灰、石屑等工业废料经合理加工后具有良好的物理性能,结合混凝土材料本身的特性后,可在各种环境下长期稳定运行,并且不会造成二次污染,其正常使用寿命可达到80~100年。

(6)施工方便,快捷、经济、灵活。由于生态砌块尺寸、形状标准,砌筑时可以一层层直接码上去,只要上下错缝摆放即可,简捷方便。同时,还能减少气候、人为随意性等因素影响,因此可大大加快施工进度,降低劳动强度,缩短工期,而且有效保证了墙体截面尺寸。通过特别设计的转角还可垒筑成内直角、外直角、内圆弧、外圆弧及其他景观设计与地形条件所要求的各种特殊造型。由于生态砌块的外形尺寸相对较小和空腔结构质量较小,施工时无须起吊机械,便于交通不便的地方施工,机动、灵活。独特的空腔结构减少了混凝土的实体方量,从而降低了造价,经济可行。

### 2.3　松木桩护岸

松木桩护岸是近年来意在建造生态护岸的一种形式,一般选用2~4 m长的松木桩直接成排打入河岸,形成挡土防护结构。其特点是构造简单、施工方便、工期短,有一定的景观效果。但是,松木桩护岸却以减少森林资源为代价,不利于宏观性战略层面的生态保护和水土保持。我国的森林资源本来就很匮乏,全国总共森林面积只有1.75亿 $hm^2$,居世界第5位,而人均森林拥有量只有0.12 $hm^2$,不到世界人均拥有量的1/5,排名第120位,人均蓄积量只有72 $m^3$,仅为世界人均蓄积量的1/8。再从森林覆盖面积来看,我国森林覆盖率只有12.98%,在全世界160个国家和地区中排名第116位。同西欧、美国、日本等发达国家相比,我国的人均森林资源拥有量更是少得可怜。更为关键的是,由于前几年森林资源的乱砍滥伐,导致森林蓄水量大幅减少,也是造成长江、黄河洪水泛滥和海啸频发的直接原因之一。因此,从保护国家森林资源、遏制乱砍滥伐和减少水土流失、防止沙漠化的角度,不宜提倡建造松木桩护岸。另外,民间虽有"水上千年杉,水下万年松"之说,但旧时用于软基处理的木桩是常年处在水下或土中,不致氧化腐烂,而现在的松木桩护岸则半露在水上,风吹、日晒、雨淋,水位上升、下降。木材不怕干,不怕湿,最怕半干半湿、干干湿湿,这是妇孺皆知的常识。今天快速建起来的表面生态的景象,用不了几年,将会变成一排排朽木,反过来污染水域环境,迫使工程重建,造成恶性循环。因此,从国民经济长期、可持续性发展的角度,松木桩护岸的采用也是值得慎重考虑的。

### 2.4　植物措施与树根桩景观护岸

植物措施护岸是采用乔、灌、草结合,以维护河岸稳定和保持生态环境、营造良好景观的工程-绿化措施。历史上嘉兴水域河岸多见绿柳环绕、芦苇茂盛,对保护岸坡、稳定河床曾经做出过重大贡献。后由于航道船行波冲刷严重使柳树根基淘空,芦苇长势凶猛侵占耕地和石砌护岸的兴起等原因,传统的植物措施护岸逐渐淘汰消亡。但随着国家综合国力的增强和人民生活水平的提高,自然、生态的堤岸保护形式重新受到了人们的青睐,人们渴望见到碧水涟漪、青草涟涟、绿树夹岸、鱼虾洄游的具有动态美的河道生态景观。有些堤防、护坡开始采用草皮,配以乔、灌,依靠植物良好的根系而使护坡具有一定的固土和抗冲能力,起到了防止冲刷、水土保持的作用。而坡面植被可以带来径流的变化,种植在水边的喜湿植物以及各种挺水植物、沉水植物和浮叶植物,能从水中吸取营养物,其庞大的根系还是大量微生物吸附的介质,有利于水质净化。

树根桩景观护岸是以能够成活的树根或树枝打入河岸,辅以少量的景观石块,待树枝长成后利用其根系保护岸坡,枝条绿化形成风景线的生态护岸。该形式的关键:一是要选择能够成活的树根或树枝,且品种不能太单一,否则影响景观;二是要掌握施工季节,加强养护。

植物措施和树根桩护岸均为利用植物固土护坡,对保护生态环境效果显著。但该种形式有一定的区域性和局限性,同时在品种的选择上既要容易成活,又要防止疯长蔓延,而且必须形式多样宜人观赏。

### 2.5 景观黄石园林风格护岸

景观黄石园林风格护岸的基础结构与传统护岸相近,但其上部结构采用大小不一、形体各异的景观黄石,经错落有致搭砌造型,宛如假山,再穿插配以花卉藤树,形成园林风格景观。该形式可结合河道的浅滩、深潭,与宽宽窄窄、弯弯曲曲的河、浜、池、荡自然衔接。陡峭、平缓的多种构造使堤岸与水道浑然一体,营造出丰富多彩的空间,顺应现代人类回归自然的潮流,成为人们休憩、娱乐的场所,有效地改变了城市的形象,提升了城市的品位。但是,黄石护岸的造价远比普通护岸高出好几倍,同时黄石原材料相当奇缺,运输等方面也有诸多不便,尽管深受人们喜欢,但毕竟是“阳春白雪”,不可能大面积推广。

### 2.6 其他形式

其他形式护岸如块石固脚植被护岸、生态格网(网箱)挡墙以及扦插-抛石护坡等,均为新兴的生态护岸形式。

块石固脚植被护岸,是在河道的坡脚处抛大块石以稳定坡脚,坡面种植根系发达、生长快、生存期限长、适应性好的水生植物,以形成绿色护坡。适用于水域开阔、岸坡平缓的河段。

生态格网(网箱)挡墙源于公元前28世纪,我们的先民就使用柳枝、藤条、竹子等编织成筐装上石块来稳固河床,这种最原始、最古老的方法,现在正被人们借鉴应用[3]。在此基础上与现代工业技术结合创新尝试的技术是将特种钢丝用专用机械编织成双绞、蜂巢形网目的格网片制成的长方体箱笼装入块石等填充料后连接成一体的结构。施工时将组装好的网箱置于待建的位置后在箱内装入石块、碎石、片石等填充料,装满后封箱连接形成的网箱挡墙。该结构的好处是墙体为柔性结构,适应变形,透水、透气,生态效果好,且抗冲刷能力强,同时该结构施工程序简单,对石料要求也较低。缺点是网箱易于变形,耐久性差且价格较高[4]。存在以下问题:①我市块石资源严重短缺;②特种钢丝结头易抓破人畜及动物皮肤;③钢丝网管理问题繁杂;④钢丝网一旦锈蚀或破损将毁坏整个工程。由于我市石料资源匮乏且河道流速大部分较平缓,因此很少采用网箱护岸形式。

扦插-抛石护坡是在河坡抛石的空隙中扦插入植物枝条,依靠块石保护下层土质、沙质岸坡免受水流侵蚀,依靠成活后的植物为河流生物提供良好的栖息环境和净化水质。施工时先进行抛石作业,而后进行植物枝条扦插施工。所选枝条长度须超过抛石层的厚度,并削尖枝条底端,以“根端朝下、梢端朝上”的方法插入抛石缝隙中,枝条下端插入泥土20~25 cm,上端露出抛石表面3~5 cm。扦插时注意保证树皮的完整性,以提高成活率。该方式在国外生态河道中采用较多,其优点是施工简单,便于机械化作业,而且扦插植物长成后可降低水流流速、减少水土流失,并有效防止太阳辐射,降低河道水温。绿树成荫,环境自然,生态效果较好。但该种形式只适用于河道比较开阔、岸坡比较平缓的地段,且所占土地资源较大,在寸土寸金、人口稠密的杭嘉湖平原,自然采用得较少。

## 3 不同地形条件选用结构形式的探讨

### 3.1 形式选择的原则

(1)生态河道选择应以生态安全与人水和谐为前提,首先要满足水文学、水力学和工程力学原理,确保工程的安全性、稳定性和耐久性。

(2)以修复受损河道为目的,通过生态河床与生态护岸等工程措施与非工程措施,营造安全稳定、自然、生态和谐、生态系统健康、生物多样性且功能健全的仿自然型河道。

### 3.2 以安全防护为主区域的护岸形式选择

生态河道、生态护岸的建设首先应考虑河道抵御洪水的能力和确保受冲刷状态下的结构安全和稳定。因此,杭嘉湖地区主要的行洪通道应保证过水断面满足宜泄洪水的要求,主要的航道应能承受船行波的频繁冲刷而不致破坏。如南排河道、北排红旗塘、太浦河等河段,汛期水流湍急,冲刷严重,还是选择线型顺直的复式断面和石砌-混凝土护坡、护岸为宜。

### 3.3 面广量大的乡村河道生态护岸形式选择

嘉兴市域的乡村河道面广量大,交叉成网,河岸弯曲多变,断面大小不一,多属千年延续的老河道,目前通航功能萎缩,治理的首要任务是疏浚清淤,基本上维持原河道形态,不改变河道的走向,局部过流断面偏小的地段在原河道的基础上适当调整拓宽疏浚。由于乡村河道流速平缓,船行波冲刷小,因此在护岸形式上不必仿效航道护岸以硬化为主的做法,而应以"回归自然"为主题,兼顾防洪圩堤建设,使河道整治工程与周围环境、景观相协调。而生态护岸集防洪效应、生态效应、景观效应和自净效应于一体,正是代表着乡村护岸建设的发展方向。由于乡村护岸面广量大,在生态护岸形式的选择上,黄石景观护岸因造价过高不可能普遍采用,扦插-抛石护岸因占地面积过大客观上受到限制。因此,最可靠、最实用、最经济且生态效果好的当选抽屉式空腔结构预制(砌块)生态护岸,因为抽屉式空腔可为各种水下生物提供空间,空腔中可以放置各种所需营养土,种植的或者保留野生的植物种类可以多样选择,且可很快遮蔽砌块,营造出式样各异的仿自然景观。同时护岸本身占地面积小,岸上的绿化可随地形环境任意变化,与农业生产能紧密结合,融为一体。其次是块石固脚植被护岸、植物措施、树根桩景观护岸等。

### 3.4 城市河道与景观园区的河岸护坡形式选择

城市河道整治应充分考虑排水、景观、绿化和美化城市需要,通过治理将流水和景观融为一体,形成水上风景走廊,显示江南水乡的特色魅力。同时,城市河道整治应与旧城改造、新区开发和园区建设紧密结合,超前筹划,避免各自为政、重复建设。生态护岸形式应根据周边环境、地理位置,以多样化、景观化为宜。对一些公园、小区内的河道,可以选择园林风格建筑,辅以植物措施,点缀优美的风景。有水上游要求的河段,更应体现其亲水、自然、生态、历史文化与人性化的有机结合,使其成为一道具有水乡特色的亮丽的风景线。因为直立式河岸在城市河道中仍占主导地位,但生态化环境建设要求河岸适应水土交换,使水生动、植物能够在护岸上生活、繁衍、栖息,而兼有多种功能的空腔式预制(砌块)护岸在某些城市河段中不失为一种理想的型式。

## 4 河网生态治理过程中有关问题的探讨

水乡河网生态治理是当前河道整治的发展趋势,是杭嘉湖平原水利建设发展的必然要求。其目的是通过生态治理,提高河道的自净能力,改善河道水质,提升河道的防洪、生态、景观效应。这是一项长期而艰巨的任务,因此治理过程中必须从实际出发,着眼于未来,因地制宜地选择合适的治理方案。切忌违背自然规律,搞“一刀切”,盲目跟风,照搬照套,造成有违治理初衷的现象。

### 4.1　河道生态治理应首先满足行洪排涝和航道畅通的需要

嘉兴市域地势低洼,河道成网,水运方便,汛期易涝。建设生态河道当以确保防洪排涝安全放在第一位,主要的行洪通道必须要满足汛期过水流量的要求。而流量的大小取决于过水断面和流速两个要素。因此,骨干行洪通道的河道断面必须保证,不能为了景观好看而随意束窄,线型也应以顺直为主,护岸的建设也应以安全、稳固、耐冲刷为重。同时,对于四通八达的内河航道,其线型还必须满足船舶航行、交会、停泊的特殊要求,修筑的护岸工程也应首先考虑稳固、抗冲刷功能,以确保水上黄金通道的畅通无阻。

### 4.2　以可持续性发展的理念实施河道生态治理

杭嘉湖平原的河道现状是千年自然演变与人为治水综合形成的结果,因此当前河道生态治理应以可持续性发展的理念,尊重历史,尊重科学,尊重地理环境,避免矫枉过正。已经建成的传统护岸,固然有不够生态化的方面,但也有它特有的长处,特别是建在排水通道和航道上的传统护岸,其作用还是应该肯定的。我们不能重蹈以往建石砌护岸时把原有的沿河绿化统统砍光的覆辙,对现成的硬质护岸全盘否定推倒重来。而应根据实际情况,立足现状,扬长避短,加以完善。

### 4.3　借鉴先进经验,提高创新意识

生态河道建设是一项新型的、多样化的工程,因此必须提高创新意识,不断尝试,不断改进。如应用于生态护岸墙体的多元化抽屉式空腔砌块、生态球、生态窝、鱼巢砖等,就是具有创新意识的挡土与生态完美结合的新颖结构,值得在广大乡村生态护岸建设中推广应用。同时借鉴国内外先进经验,取其精华,为我所用。如欧洲许多国家的采用天然状态下的河海岸形式,日本的多自然型河流治理法[5],美国以及欧洲一些国家较为常用的“土壤生物工程护岸技术”等等,均是值得我们学习、借鉴的。

### 4.4　分析选择,去伪存真,避免二次污染

生态河道、护岸建设形式选择要与水污染控制措施紧密结合,防止在建设生态河道、生态护岸的同时产生新的污染,如疏浚弃土处置不当或原有绿化植被遭到破坏等。防止为了本区域的生态建设而影响其他地区或周边地区的生态环境,防止貌似生态、华而不实的伪生态现象和二次污染的发生。

### 4.5　科学选择绿化植物

生态护岸中的植物具有固土护坡、美化环境、净化水质等功能,它能保持河岸的绿色,给人以美的享受。河岸植物应以本地乡土树种为主,防止外来生物、植物入侵,维护生态安全,保护生物多样性。

## 5　结　语

水乡河网生态护岸建设是融现代水利工程学、生物科学、生态学、环境学、美学等学科于一体的水利工程。通过生态治理,“还自然于河道”,有助于生物多样性和河道水质的改善,提供给人们一个近水、赏水、亲水的美好环境。因此,在治理方式的选择上既要满足行洪排涝、航道畅通,又要尽可能地从生态的、可持续发展的角度着想,多方考虑以寻求最

佳契合点。通过努力,使我们的河道通畅、清澈、生态、悦人,重现江南水乡碧波荡漾、绿树成荫的美景。

**参考文献**

[1] 嘉兴市水利志编纂委员会. 嘉兴市水利志[M]. 北京:中华书局,2008.
[2] 夏庆云,蔡军,王尉英. 杭州市典型河道生态护岸的选择[J]. 浙江水利科技,2011(2):21-23.
[3] 夏继红,严忠民. 国内外城市河道生态型护岸研究现状及发展趋势[J]. 中国水土保持,2004(3):20-21.
[4] 徐荣华. 生态护岸技术在丽水市河道治理中的应用[J]. 浙江水利科技,2011(5):20-21.
[5] 马玲,王凤雪,孙小丹. 河道生态护岸型式的探讨[J]. 水利科技与经济,2010(7):744-745.

**作者注:**

本文发表于《水利建设与管理》2012 年第 3 期,55~59 页,杂志社编辑略有修改。

# 确定合理目标工期对于工程建设的现实意义

卜俊松

（嘉兴市水利工程建筑有限责任公司，浙江嘉兴 314001）

**摘 要**：工期在工程建设中关系重大。本文通过对工程建设中某些不合理工期造成不良影响的剖析，从工期与质量、工期与成本、工期与经济效益诸因素辩证关系的角度，论述了以科学发展观的理念，遵循客观规律，正确测算、优化工期的方法和合理目标工期对于工程建设的重要性。

**关键词**：目标工期；质量；成本；综合效益

工期短、造价低、质量好是人们对建设项目施工的三大基本要求。缩短建设工期，一可增加项目投资收益，促进 GDP 增长；二可消化吸收更多的劳动力就业；三可提高项目的社会效益。缩短建设工期，就可腾出手来实施后续项目，或者争取更多的建设项目。因此，缩短建设工期，体现业主绩效往往成为建设单位突出关心的问题，也由此而滋生出一些不切实际、盲目求快的现象。然而，工期和质量，工期和造价是互相关联、互相制约的对立统一关系。要确保工程的质量，就得有必要的作业时间和养护等待时间。在生产力一定的条件下实施某项工程，要缩短工期，就必须集中更多的人力、物力、财力。因此，根据客观规律确定合理的建设工期和研究工期优化问题对于提高工程质量、节省建设投资具有重大的现实意义。

## 1 不合理工期现象剖析

### 1.1 对合同工期严肃性的影响

在招标投标市场中，往往是建设单位在招标文件中提出目标工期，施工单位在投标时不管目标工期是否合理，都得加以承诺或者提前工期，否则将招致废标。这其中大部分目标工期是经过科学测算，符合客观规律的。但也未免存在一些随心所欲拍脑袋定工期的现象。如某护岸工程，目标工期只有 20 d，施工单位为了中标，投标时承诺 20 d 完成。中标后提出理由“就是所有的施工持续时间缩短为零，这几道工序之间必要的养护期也远远不够；即使调动超大量的人力、物力超常规实施，这混凝土底板浇筑后立马进行墙体施工其质量又如何保证呢?”而实际该工程用了 5 个月的时间才得以完成，工期问题不了了之，合同工期成了一句空话。像这样离谱的目标工期虽属少数，但由于类似的原因导致合同工期形同虚设，随意延长工期的例子却屡见不鲜，严重影响了合同工期的严肃性，使得一些合同工期原本比较合理的工程也趁势顺延工期。

### 1.2 对工程质量的影响

建筑施工首先要保证工程的质量不能因为赶工期而降低。但在实际操作中，常常会因为工期过紧,采取昼夜施工的方法以加快施工进度,这样不仅施工工人的工作效率会降低,而且施工的质量也会受到影响。如晚间施工监管不到位,为了求快随意省略某些必要的工序,环境影响导致工程质量事故等。所谓"好了不快,快了不好"也不无道理。而对于某些特殊的工程项目来说,是否遵循客观规律、适应天时地利是决定工程成败的关键。如某开发区的绿化工程,苗木成活率不到50%,种植的草皮几乎全部死光光。究其原因是,开发区领导为了搞所谓高效样板工程,一味压缩工期,赶在高温期间,强令施工单位进行绿化施工,并因重种轻管,后期养护工作不跟上造成。某水库加固工程高温时间进行压浆作业导致严重堵管,某海塘工程冰冻天气浇筑堤顶混凝土路面造成表层大面积脱壳,某土方填筑工程雨季作业出现多处弹簧土等。这其中固然存在施工工艺、管理养护诸方面的因素,但最大的原因莫过于违背客观规律、盲目赶工造成的。

### 1.3 简单化、一刀切造成的后果

施工工期的确定应是一个科学而严谨的计算过程。但实际操作中经常会出现一些简单化、"一刀切"的现象,使得目标工期严重脱离实际。如一个项目中几个标段同时招标,建设单位给了一个大概的目标工期委托招标代理机构经办招标事宜时,往往是几个标段同样的工期要求。而当各标段之间在工程量大小、结构复杂程度、地理环境、施工现场是否具备开工条件等方面存在重大差异时,其暴露的问题随之出现,或宽或紧的目标工期给施工过程中的进度控制带来了后遗症,其结果大多是总工期拖长,受损的还是业主。

## 2 正确认识工期与质量、工期与成本之间的关系

### 2.1 工期与质量的关系

在建筑工程施工质量、工期、成本中,工程的质量是生命,工程成本是基础,工程的工期是体现。质量最重要,它起着主导、支配工期和成本的作用。如某工程要求的质量越高,施工工艺的要求越烦琐,其施工工期也就越长。在工程施工实践中,必须树立和坚持一个最基本的工程管理原则,即在确保工程质量和施工安全的前提下,控制工程的进度。如工程进度滞后,实施赶工作业虽能恪守工期,但往往出现工程质量粗糙以及不经济现象,而不实施赶工作业的正常施工进度恰是最合适的。因此,当质量与成本、工期发生冲突时,应优先考虑质量。

### 2.2 工期与成本的关系

工程建设总费用主要由直接费和间接费两部分构成,直接费一般在合理组织和正常施工条件下费用最低,如在此基础上加快施工进度则直接费会上升。间接费则与直接费相反,一般是随着工期的缩短而减少。

因此,如图1所示,在正常施工($T_0$)情况下,工程总成本较低;如果提前工期($T_1$)或拖后工期($T_2$),都会造成工程总成本的增加。

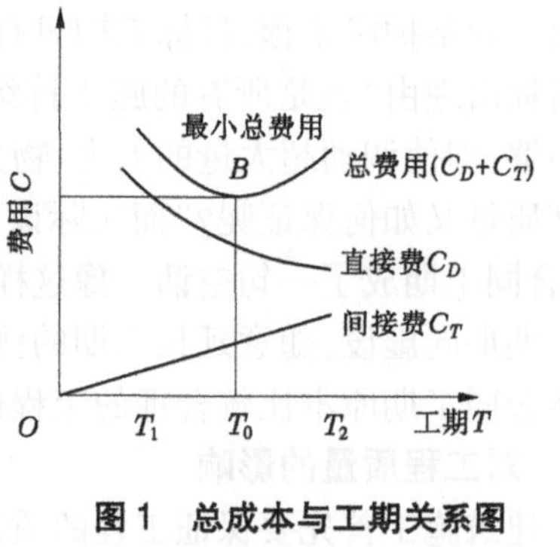


图1 总成本与工期关系图

#### 2.2.1 工期和直接成本近似反比例关系

在建筑工程施工中,随着工期的缩短,其直接

成本将会增加。因为要缩短工期,必然要增加劳动力、设备工器具以及临时设施的投入,而且容易造成个体工作效率降低,流水作业难于开展,甚至出现窝工现象。如果突击性加速施工(昼夜施工),虽然施工的进度加快,但会使其直接成本大幅度增加。如果不是正常有序地施工,片面强调工期,盲目赶工,难免会导致施工质量和安全问题,并且会引起大量非生产性支出,造成施工成本的急剧上升和资源浪费。

#### 2.2.2 工期和间接成本成正比关系

工程间接成本包括措施费、管理人员工资、补贴、差旅费、办公费,以及临时设施租赁费、银行贷款利息等,这些费用无疑会随着施工工期的增长而增加,随着施工工期的缩短而减少。因此,施工工期和间接成本之间成正比关系。在安排施工工期时,应正确处理工期和直接成本、间接成本之间的辩证关系,以实现工期和造价的优化组合,提高工程建设的综合经济效益。

### 2.3 工期和经济效益的关系

如果工期延误过长,设备和建筑物不论是否使用,都会因风吹、日晒、雨淋等原因,产生自然损耗;都会因工期拖长影响其性能,或者影响建筑安装工程造价和投产后的使用效果。再则工期拖长会引发设备的无形损耗问题,如在设计和制造时原本先进的设备,由于施工工期的延长,在交付使用时却变成落后的设备;原本计划生产的短线产品或新产品,由于建设工期的延长,项目投产后却沦为落后或滞销产品。所以,缩短建设工期可使先进的工艺设备提前进入生产,有利于发挥新产品的优势,创造良好的经济效益。另外,非生产性项目建设工期的缩短,同样能给国民经济带来直接和间接的经济效益。对于某些具有紧迫性、时效性的工程项目来说,缩短建设工期,赢得建设时间,不仅能提高项目本身的经济效益,还有利于提高项目的社会效益。

## 3 以科学发展观的理念,处理好工期关系

建设工程目标工期的确定,应以科学发展观为指导,通过实事求是的计算、论证,制定出切实可行的目标工期。同时,在保证工程质量、安全施工和不因此而增加施工实际成本的条件下,适当缩短施工工期。通过一系列的控制措施,实现工程项目的既定目标。

### 3.1 目标工期应以计算工期为依据

在招标投标的环境下,施工单位对于招标文件中规定的工期,不论合理与否,在投标时只能认同或者减短,绝没有增加的可能。建设单位或者招标代理机构提出的目标工期将是决定性的因素,对于整个工程能否有序进行至关重要。因此,目标工期尤其应郑重其事,根据施工条件、设计图纸和类似工程经验科学测算,再以计算工期为依据综合考虑确定,而决不能信口开河,草率从事。在工程实施过程中,除非有不可抗力的情况发生,否则不应随便变更工期,以维护合同工期的严肃性。

#### 3.1.1 测算工期应根据实际情况符合逻辑规律

在确定各工作的持续时间时,既要考虑各项工作的完成时间不要定得太紧,又要有一定的时差。对于不同标段工作的逻辑关系的制约问题,应考虑标与标之间的某些工作在施工顺序上存在先后衔接的制约关系。在考虑流水施工时,施工段数要适当。因为段数过多了,势必要减少工人数而延长工期;段数过少了,又会造成资源供应过分集中,不利于

组织流水施工。经过一系列的第一手资料梳理后，按施工阶段进行分解并明确阶段控制的里程碑目标。

3.1.2 测算工期应考虑外界因素

水利工程主要是露天作业，受自然条件的影响很大。例如，北方高寒地区的土方作业、混凝土浇筑等工作，在冬季不能施工。黏土施工不宜安排在多雨季节。某些重要设备、物资以及设计图纸的到位时间对工作安排也起制约作用。另外，法定假日，民工在农忙和年底歇工，都应作为考虑的因素。

3.1.3 计算工期的方法

工期计算是通过进度计划实现的。建筑工程进度计划主要有横道图和网络图两种方法。横道图虽比较直观，但不能明确各项工作之间的相互关系，不能明确反映关键工作和关键线路，不便于资源调配，比较粗放。因此，目前大多采用比较先进的网络计划技术，常用的有双代号网络图、单代号网络图、双代号时标网络计划、有时限网络计划、搭接网络计划以及新横道图等。网络图编制过程中着重应注意其网络逻辑关系，即工作之间相互制约或依赖的关系，包括工艺关系和组织关系。

### 3.2 过程控制实现目标工期

施工项目进度控制过程主要是规划、控制和协调。在综合考虑工程特点诸多因素后，运用科学手段编制出最优的施工进度计划。通过计划的实施实现其预定目标，需要有效的控制措施和手段。就跟质量管理中的PDCA循环一样，在执行计划的过程中，经常检查施工实际进展情况，并将其与计划进度相比较，若出现偏差，便分析产生的原因和对总工期的影响程度，找出必要的调整措施，修改原计划，不断地如此循环，直至工程竣工验收。

### 3.3 压缩工期的原则

建设工程在一般情况下，以正常施工速度为宜，但在特殊情况下需加快进度、压缩工期时须遵循以下原则：①缩短持续时间而不影响质量和安全的工作；②有充足备用资源的工作；③缩短持续时间所需增加的费用最少的工作。这就需要统筹兼顾，采取组织措施、技术措施、合同措施、经济措施和信息管理措施对原工期计划进行优化，力求均衡和有节奏地施工，以实现综合效益的最大化。

## 4 结 语

建设项目工期与工程质量、施工安全、投资成本、经济效益密切相关，缩短工期无疑是建设者的良好愿望。计划经济时代“工期马拉松，投资无底洞”的陈旧做法已为历史所摒弃。但是，工期也并非越短越好，它应在保证工程质量和施工安全所必需耗时要求的前提下，以最大限度地降低工程费用为目标。呼之即来、火箭速度不符合工程建设的客观规律。目标工期的制定，应该少一点浮夸，多一些务实，使要求工期 $T_r$，尽最大可能地接近计算工期 $T_c$；使计划工期 $T_p$，更加具有可操作性；使建设管理水平，更上一个台阶。

**作者注：**

本文发表于《水利建设与管理》2012年第4期，46~48页。

# 浅谈砖混结构与空间结构之间的应力差异
## ——以某水闸上部结构裂缝原因分析为例

卜俊松

（嘉兴市水利工程建筑有限责任公司，浙江嘉兴 314001）

**摘 要**：本文以某水闸上部结构顶端产生的变形裂缝为例，从外部荷载、自然温差变化的角度，分析了造成建筑物上部表面自然损坏的原因，提出了砖混结构与空间结构之间存在应力差异，两者组合构造时须注意防止由于各自变形量的不同对建筑物造成伤害的问题。

**关键词**：结构；荷载；温差；应力；变形

建筑物受荷载作用和气温升降时都将产生应力变化和局部位移。但砖混结构与空间结构由于所用材料不同和结构形式不同，其产生的应力和变形也有所差异。因此，当建筑物采用砖混结构和空间结构组合时，应着重注意应力分析计算，防止由于各自变形量的不同而造成对建筑物的伤害。

## 1 问题的提出

某9 m单孔水闸工程，于2005年12月开工，至2006年8月底完工，并于2008年1月中旬通过验收移交。但至2008年春节后，发现该闸启闭机房东西两头的管理房顶面以下1 m左右的四周填充砖墙均出现一条连续的不规则的横向贯穿裂缝，从纸筋灰粉刷的表面看，缝宽在0.1~0.5 mm，大小不等。当时因其他地方无异常情况，因此未加处理让其继续运行。至2012年春节后，该闸下部结构依然完好无损，运行正常，但启闭机房顶部天花板大部分脱落，所剩无几，只好大修。

根据建筑学原理，影响建筑构造的因素主要有外力作用、自然气候、人为因素等，探讨如下。

## 2 原因分析

### 2.1 结构简介

该工程基础为钢筋混凝土大底板，闸室为现浇混凝土闸墩、现浇混凝土排架、现浇混凝土顶板工作桥、卷扬机启闭平板钢闸门；上部两侧为混凝土框架结构砖墙填充管理房、中间设备房南北两面均为全玻结构；顶面屋架为现浇钢筋混凝土弧形薄壳结构，南北两边各设一弧形纵梁，两纵梁之间由若干横梁连接，屋架搁置在管理房钢筋混凝土框架柱上且外加8根$\phi$ 300 mm弧形钢管支撑，钢管两头均采用焊接。屋架东西两头原设计图为顺向向下，后经有关行政领导指令设计变更为反弧向上翘起，该水闸上部结构原设计图和变更图(见图 1、图 2)。

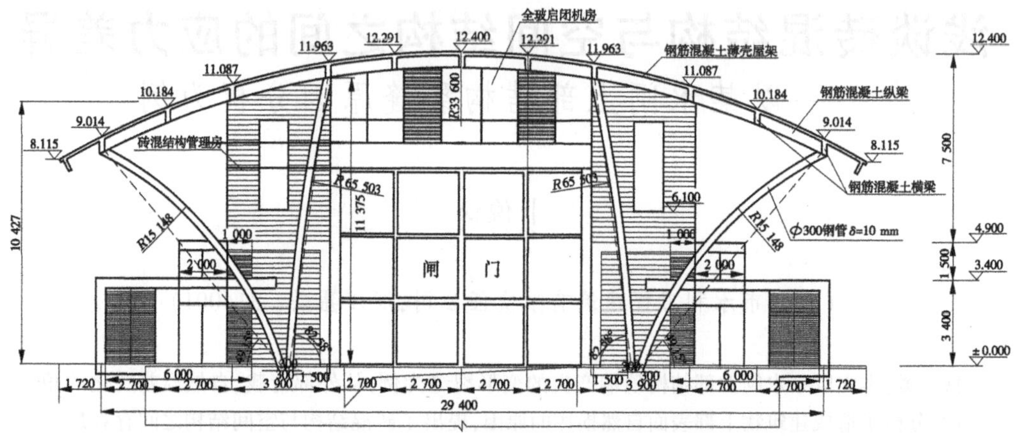


**图 1　原设计水闸上部结构图**　(单位:尺寸,mm;高程,m)

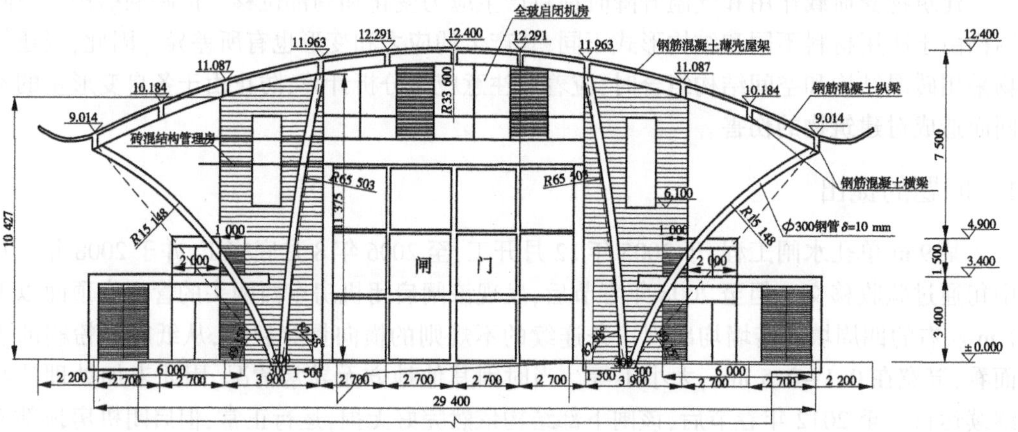


**图 2　变更后水闸上部结构图**　(单位:尺寸,mm;高程,m)

该工程整体上讲属砖混结构,但 8 根钢管构造型式类似空间结构,屋架为钢筋混凝土结构与空间结构的组合体。

### 2.2　沉降分析

从整个闸室与上部管理房来看,未发现纵向裂缝,现浇框架柱也未发现裂缝。除上部砖墙与屋架内面外,其他部位未出现任何异常情况,因此可排除不均匀沉降的可能性。

### 2.3　温度应力分析

按照常规,水闸最不利荷载是在完建期,受外界影响最大是在放水初期,但这两个阶段均未出现任何异常情况。再则自 2006 年 8 月底完工至 2008 年 1 月中旬验收,其间经过了 17 个月的时间,并经历了一个冬夏、一个汛期和两次强台风的考验,也未曾出现任何变形的迹象。而当经历2008年1月底的超常雪灾与罕见低温后，即发现上部砖墙裂缝，因此推测由于温差骤变在砖混结构与空间结构之间产生不同应力是其中一大因素，理由如下：

该屋架为钢筋混凝土薄壳柔性体，依托管理房框架混凝土柱和8根钢管支撑。其中，屋架搁置在混凝土柱上为铰接，屋架纵梁与8根钢管连接处采用焊接，且8根钢管均设在外侧。虽然钢管的线膨胀系数与混凝土的线胀系数相差不大，仅为$0.2\times10^{-5}$ ℃$^{-1}$，在常规气温变化时不足以影响结构稳定。但在2008年1月底下大雪后，气温骤降，暴露在外的钢管急剧收缩后使由原本向上的举托力转为向下的拉力(相对于温度应力，构件自重显得微不足道)，而此时混凝土柱却处在室内温降相应较小，变形也小。这样，一方面混凝土柱保持原状向上顶；另一方面8根钢管收缩变形向下拉，致使弧形屋架向上拱。屋架为柔性结构，能承受局部微小变形，而管理房的填充墙为砖砌，经不起拉力，引起顶端下方沿薄弱环节呈现一圈不规则横向贯穿裂缝。

## 2.4 不均匀荷载的影响

由于该屋架东西两头由原设计的顺向向下改为反弧向上翘起，其本身的受力状况就比较复杂。加上下雪后东西两头下凹段积雪较厚，中间段上凸积雪较薄。再则雪后持续低温，雪融化历时较长，融化过程中水慢慢往下流，流淌到两头又结成冰。因此，至雪灾后期，屋顶中间段雪融化掉了无外来荷载，两头却冰雪混杂荷载加重，其不均匀荷载程度比刚下雪时更为严重。在此受力情况下，东西两头的弧形钢管挠度增加，屋架纵梁两头支撑点产生向下位移，而管理房框架混凝土柱却保持原状向上顶，由此同样引起混凝土屋架向上拱，在屋架与填充墙之间产生拉力，造成砖墙裂缝。

## 2.5 变形部位分析

据观测，当年大雪后两侧管理房横向裂缝均发生在屋架底面以下1 m左右的砖墙上，而不是发生在紧贴梁底处。而经四年多的运行后，出现屋架下天花板的大量脱落。究其原因如下：①填充墙墙体为空斗墙，而紧贴梁底部分是实体墙，现浇梁时梁底混凝土经振捣与实体墙黏结良好，屋架向上拱时紧黏着梁的部分砖墙由于黏结力大于拉力与自重力的总和而跟着向上，因此裂缝就不规则地出现在黏结力与自重力、拉力相对平衡的临界位置，即梁底1 m左右处。②天花板贴在屋架底面，而屋架形体类似空间结构，所用材料却是钢筋混凝土。屋架本身为薄壳柔性体伸展自如，但贴附在上的天花板却经不起徐变、错位的反复折腾，最终纷纷脱落。

## 2.6 综合受力分析

该工程整个屋架由纵梁、横梁与屋面板连成整体，屋面为壳体结构，支撑屋架的框架混凝土柱与屋架为铰接(虽有钢筋相连，但相对于屋架整体来看，仍属铰接状态)，8根钢管与纵梁之间为连接(纵梁里设钢板，与钢管焊接)。屋架整体为超静定结构，受力情况复杂，受力简图如图3所示。

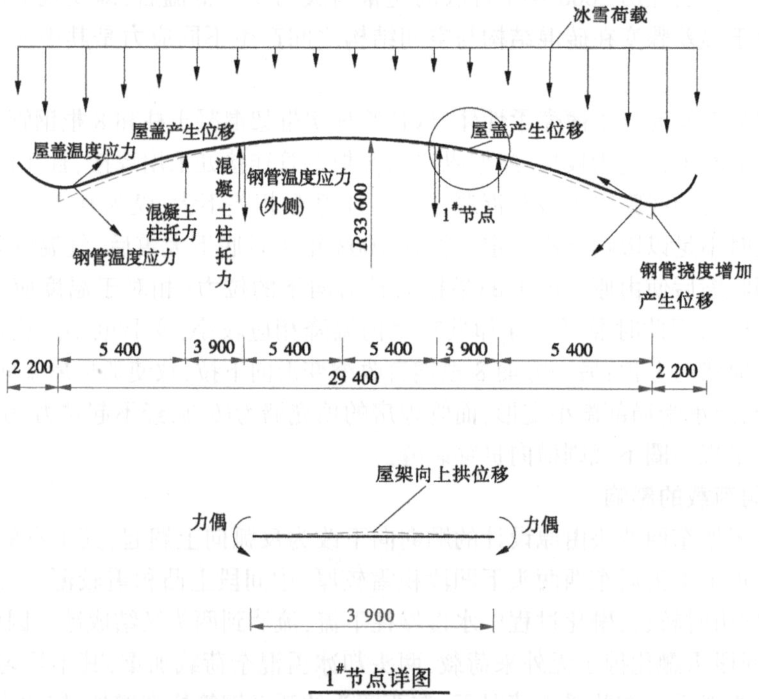


**图 3　东西向受力图**　(单位:mm)

东西方向上,钢管的温度变形收缩使原本向上支撑的力转化为向下内侧的拉力,东西两头荷载增加导致两头钢管挠度加大产生向下位移,两者合力向下;管理房框架混凝土柱因变形较小保持原状向上顶托。由于东西向纵梁属连续梁结构,致使中间部分向上拱。南北方向上,由于气温骤降,外露的钢管受温度变形收缩向下拉,与纵梁自重力、纵梁下拉力形成合力,里面的混凝土柱保持原状向上顶托。由于钢管、纵梁与混凝土柱距离较近(仅为79 cm),中间段却有7 m,在两侧下拉力矩大于中间屋架自重产生的力矩时,屋架横向也上拱,使南北方向砖墙同样出现裂缝。受力简图如图4所示。

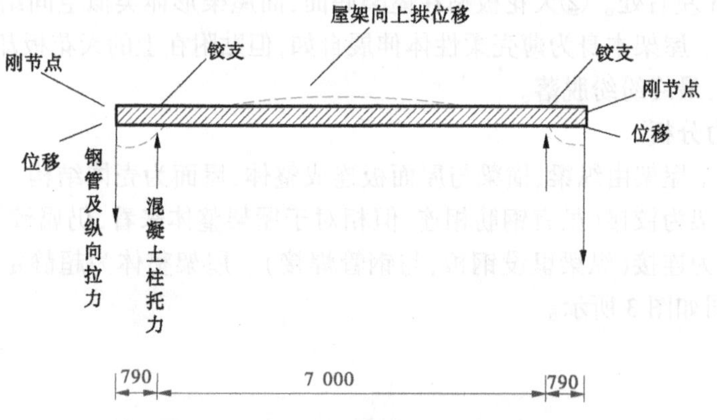


**图 4　南北向梁受力图**　(单位:mm)

由此可以推断，裂缝是由不均匀荷载与温度应力两种因素综合作用造成的。产生裂缝的次要原因是屋架东西两头由原来设计的顺向向下改为反弧向上翘起，使两头积雪比中间积雪厚得多，这种结构与温度应力结合会加剧裂缝的产生。

该工程完工后经过一年多的时间考验，未发生任何变形或异常现象，证明该结构在常规自然条件下没有问题。在施工期屋架单独承受不均匀荷载的情况下，未发现异常现象。在2006年冬季低温和2007年台风侵扰时，也未出现任何变形现象。因此，说明外界单因素影响不足以构成对结构的破坏。而2008年1月底2月初的特大雪灾和极端低温，却构成了对屋架的多方面额外受力，造成了如前所述的裂缝现象。可以设想：在大雪期间，设备房南北两面的屋架底面与塑钢玻璃结构顶面之间很有可能同样会出现裂缝，只不过当时没人进去，无人看到。待春节后气温回升，屋顶卸载后，其结构又恢复至原样，因此设备房上未发现异常情况。而两边管理房砖墙上的裂缝却不会愈合，因此当时看到的只有管理房的裂缝。但也可以推断，大雪期间砖墙上的裂缝宽度也许比看到时更大，随着应力逐渐减少，缝宽徐徐变小，但却不可能消除，留下了初期的隐伤。

随着时间的推移，两种不同结构在外部荷载和自然温差的反复作用下，因各自应力的不同其组合部位又发生了无数次的摩擦，最终导致了天花板的纷纷脱落和上部砖墙粉刷层较大面积的破坏。

## 3 处理方案探讨

从该工程总体看，虽然发生了上部砖墙裂缝和天花板脱落的现象，但整个结构没有影响工程的正常使用，可以通过上部结构修复而使工程继续运行。原因为：①整个屋架凭借框架柱与钢管支撑，产生裂缝的砖墙只是非承重填充墙；②裂缝发生在管理房最上部位，下部未发现裂缝；③整个水闸与管理房未出现纵向裂缝，说明整体结构稳定；④启闭设备安装平面及以下部位一切正常，闸门能正常启闭。

但是，表面的修复只是治标不治本，不能从根本上解决问题。由于上部结构内部本身的缺陷，修复后的表面若干年以后有可能仍然产生变形破坏。因此设想：①在屋架四角钢管支撑处增设现浇混凝土立柱。但这一方面影响了美观，同时也偏于安全。再则这只解决了不均匀荷载问题，没解决温度应力问题，若遇极端低温时也不可能完全排除屋顶向上拱的可能，而且此举也是不经济的。②调整结构，将中间4根钢管柱与屋盖之连接改为铰接，采用活动支座，使其只产生托举力，不产生拉应力，以解决南北向裂缝问题。③为解决东西向裂缝问题，设想沿屋架顶面设若干束钢绞线进行张拉，以保持温度变形时的平衡和抵抗东西两端荷载增大时产生的额外拉应力。

## 4 结 语

砖混结构和空间结构两者力学性质大有差异。其一，砖混结构属刚体结构，受外力作用和温差影响时变形较小，而且多属受压为主。而空间结构属柔性结构，可自由伸展，适应性强，而且大多以受拉为主。其二，两种结构所用材料不同，力学性质相差甚大。因此，一般建筑物上部只采用其中一种形式，两种结构混合并存的实例较少。但是现代建筑强调建筑的时代性，强调建筑的功能使用要求和精神审美要求的统一，认为建筑的精华在于空间，建筑美在于建筑本身，而不是附加的装饰，追求用材料的质感、色彩，用构成、用体量、结构和空间进行组合而获得建筑美。随着社会的发展，人们不再单纯满足于建筑物的实用与安全，而同时要求建筑物具有艺术特色，达到“实用、坚固、美观、经济”，由此涌现了一些两者合一的新颖创作。但作者认为审美观点应该尊重科学，不能片面追求好看。建筑的美观必须与安全高度统一，在追求美观的同时应首先征得技术上的计算论证，而不能单凭主观臆想，将建筑造型等同于艺术构思。上述案例虽不能完全归咎于屋架东西两头由原设计的顺向向下随意改为反弧向上翘起的做法，但对于以后拟建的同类型工程，当引以为鉴，慎重实施。

**作者注：**

本文于2012年9月发表在《走向新时代》理论成果特辑，564～568页，中国文化出版社。

# 护岸基础中前趾的重要性与施工质量控制

卜俊松

(嘉兴市杭嘉湖南排工程管理局,浙江嘉兴 314000)

**摘 要**:从前趾的作用和重要性着手,系统地分析和论证了趾墙对于护岸基础防止受冲刷淘空,提高抗滑、抗倾覆能力的重要意义,介绍了不良土质地段的特殊施工方法,阐述了加强质量控制的基本要求,明确了杭嘉湖地区重力式护岸建设时必须重视前趾的论点。

**关键词**:护岸基础;前趾重要性;施工方法;质量控制

重力式护岸采用趾墙底板基础是杭嘉湖地区河岸挡土墙的主要形式,虽其上部结构形式多样,有砌石结构、混凝土结构、生态砌块等,但其基础下方(外侧)绝大部分均设置趾墙(前趾,趾墙又称齿墙)。这对于保证护岸的稳定、延长使用寿命起到了无可替代的作用。

## 1 前趾的作用

前趾的作用有保护基础、防止基底受冲刷淘空、增强基底抗滑能力、增强结构抗倾覆能力等。

(1)保护建筑物基础、防止基底受冲刷淘空。由于杭嘉湖地区河岸大多以软土为主,主要为黏土、淤泥质粉质黏土、粉土、粉砂土、粉质黏土等。此类土在水流或船行波反复冲刷作用下极易液化受蚀进而被水流带走,造成基底淘空使建筑物失稳。因此,在基础下方外侧设置趾墙(前趾),就等于在基底迎水面增加了一道保护基底土体的屏障,巩固了基底,稳定了基础。

(2)增强基底抗滑能力。护岸工程中基础与墙体连接为整体,在墙后土压力作用下墙体连同基础有向外移动的趋势,而基础与地基土却是两种不同的介质,两者不可能刚性连接。如果不设趾墙,唯一能阻止基础向外移动的只有两者接触面之间的摩擦力,而当外移力超出两者极限平衡状态时,基础就会向外滑动造成结构破坏,这种状况在土体摩擦系数较小的地段尤为突出。因此,在基础外侧设置前趾,等于给基础安装了一道支撑的脚板,抵御了基础的滑移。为了使它能有效地阻止基础向外移动,就必须保证前趾有足够的强度、厚度和深度,达到保护结构安全的目的。

(3)增强结构抗倾覆能力。由于重力式护岸的特殊性,其结构往往是偏心受压,重心在迎水面一侧,加上墙后土压力的作用,基底外侧受力明显大于内侧。而软弱地基在长期重力作用下会发生徐变沉降,当外侧压缩变形大于内侧时,基础外侧下沉大于内侧,久而久之造成墙体向外倾斜直至倾覆。为了平衡受力也可加宽基础底板,但受各种因素影响不可能足够加宽。而设置前趾与基础形成整体,趾墙部分为刚体不可能压缩变形,一方面增大了基础外侧沉降阻力;另一方面等于加长了抗倾覆力臂,加大了抗倾力矩,从而有效地减小了基础内外不均匀沉降,增强了结构抗倾覆能力。

## 2 前趾的重要性

由前趾的作用可知,设置前趾对于重力式护岸非常必要,但有观点认为在某些软基处理(如打木桩或混凝土预制桩、换土回填、抛石挤淤等)的地段可以取消趾墙,其理由是软基经过处理后已满足基底承载力或施工作业面经地基处理后难于开挖趾沟等,作者认为这是对前趾的重要性认识不足的原因所致,因此有必要对此展开讨论。

### 2.1 水力冲刷

随着国民经济的飞速发展,内河水运船只的体积和载重量也在不断加大,目前嘉兴境内有些河段已提升至三级航道,一般的也已达到四级、五级航道,实际经过嘉兴内河水域最大的货船单艘载重量已达 1 200 t 级以上,最大吃水深度达到 3.2 m 以上。因此,船舶正常航行(特别是枯水期)时其船行波对两岸的瞬间冲击力不容小觑(见图 1)。

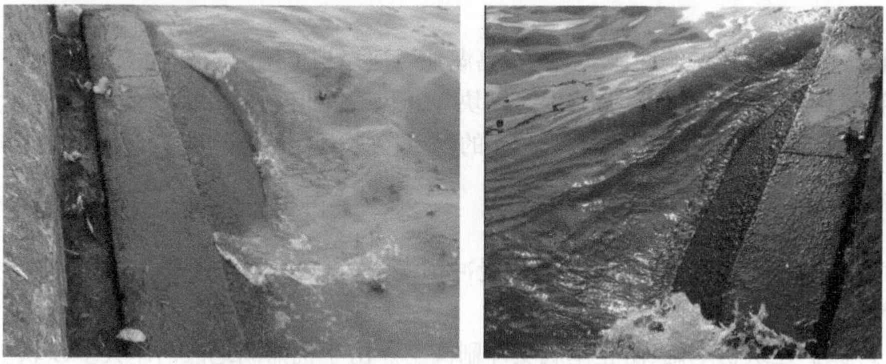

(a) (b)

**图 1 实拍船行波冲刷现状(左右岸各一)**

经进一步观察,大吨位船舶在全速航行时其滚滚的波浪使岸边水位先是骤降,再是骤升,然后是反复冲撞,最后缓缓退去,紊流变化规律近似欠阻尼振动曲线 $f(t) = Pe^{-\delta t}\sin(\omega t + \pi)$ (见图 2),其最大壅高、退降幅度($P \sim -P$)达 1.8 m 左右。水位骤升时,波浪猛烈冲击河岸,势如排山倒海。而当水位下降时,由于负压作用,边坡上搅浑的泥浆被随波带走。该现象在枯水期阶段尤为严重。其次是南排工程汛期排涝放水时由急流在两岸产生的紊流和漩涡,其水力足以抗动南台头闸前干河两侧河坡的多孔板,也可使护坡抛石移位、滚动、下沉,破坏力令人发怵。如此循环往复,夜以继日,导致河坡蚀损,护岸基础外的保护土层越来越小。而当土颗粒愈小、土的内摩擦角愈小的地段,往往就是基底首先被破坏的地段。因此,如果不设前趾,在汛期排涝急流和枯水期船行波的强力冲刷下,用不了几年,就可把软弱土层地段的护岸基底淘空,使得桩基上部无土保护,剩下孤零零的几根桩支撑着整个护岸的荷载(见图 3)。即使采取抛石挤淤措

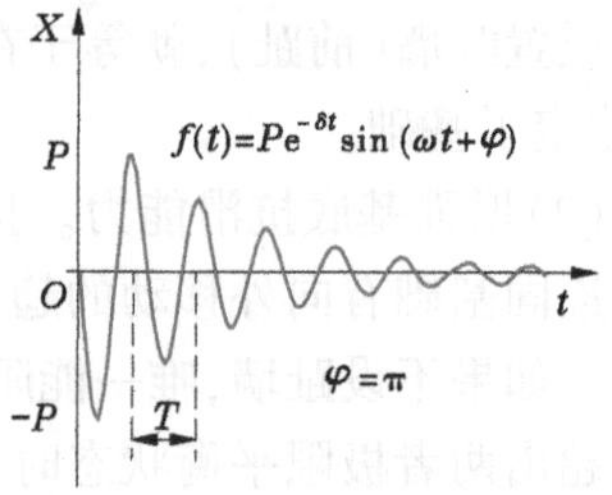


**图 2 欠阻尼振动曲线图**

施，经紊流反复搅动而液化的细小土颗粒还会从石块与石块之间的缝隙中被卷走，造成抛石逐步下沉，最后仍然淘空基底。

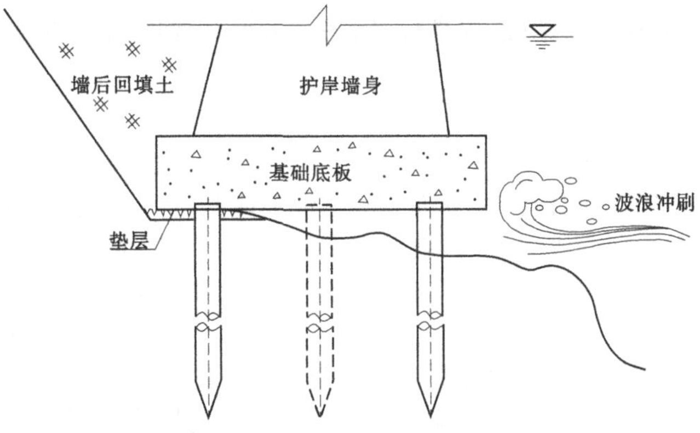


图3 桩基受冲刷淘空示意图

### 2.2 桩土作用

在护岸基底采用桩基形式进行软基处理，其目的是将桩基与天然地基有机组合在一起，充分发挥两者的优势，共同承担上部荷载和墙后土压力，由桩体和桩间土构成复合地基的加固区，即复合土层地基。而复合地基由桩体和桩间土共同工作，桩端需要有良好的土层。桩离不开土，土离不开桩，土靠桩加强，桩靠土保护。在桩顶竖向荷载作用下，桩身横截面上产生竖向力和竖向位移。由于桩身和桩周土的相互作用，受荷下移的桩身使桩周土发生变形并对桩侧表面产生向上的摩阻力。桩与天然地基土体通过变形协调共同承担荷载作用是形成复合地基或复合桩基的基本条件，也是其本质所在。由于土的蠕变性，桩土应力比实际上也一直处于变化之中。因此，对于桩和基础来说，应有足够的强度、刚度和稳定性；对地基来说，要有足够的承载力和不致产生过量的变形。但如果没有趾墙的保护而导致基底淘空，不仅容易使护岸基础与地基土脱空，使地基土的承载力无法得到发挥，造成较大的浪费，更重要的是上部桩体孤立后丧失桩土作用，给建筑物基础的耐久性和安全性造成极大的隐患。如图4所示，被淘空的桩基，底板已断裂。

图4 实拍桩基淘空现状(枯水位时)

### 2.3 软基处理(如设置桩基、换土回填、抛石挤淤等)的目的

软基处理(如设置桩基、换土回填、抛石挤淤等)的目的是提高基底承载力和抗滑能力,相应地也提高了建筑物的结构安全标准。既然如此,怎么可以缺失前趾而降低结构安全标准呢?而一方面在加固基础,提高标准;另一方面却要取消趾墙,降低标准。这不是自相矛盾吗?

## 3 前趾的施工方法

前趾一般与护岸基础底板同时浇筑。但趾沟只能开挖一段浇筑一段,不可能一次性长距离预先开挖,否则会造成塌方,影响正常施工。施工程序为:基槽开挖验收→底板放样→底板内外立模→铺设底板垫层(如有)→趾沟逐段开挖浇筑→底板浇筑同步跟上→底板拆模养护

趾沟根据设计宽度采用直锹或深沟锹人工开挖,开挖一段检测一段浇筑一段,个别易塌方地段只能边开挖边浇筑。因此,施工质量现场控制尤其重要,有关质量控制要点在下节叙述。

### 3.1 桩基及抛石挤淤地段趾墙施工

由受力要求,桩基应位于建筑物主要荷载重心以下,因此护岸基底外排桩往往设置在护岸挡墙外缘以内,而基础底板则比桩基宽,其前趾位置正好在桩基外侧。只要按设计尺寸要求准确打桩,一般不会影响趾沟开挖施工。底板下抛石挤淤或桩间抛石挤淤地段,只要抛石时外边摆石整齐,留出趾沟位置,也不会妨碍趾墙施工。至于底板外侧抛石,则要等底板浇筑养护完成后再行施工。因此,设置桩基或抛石挤淤地段是完全可以正常进行前趾施工的,不存在彼此矛盾的问题。

### 3.2 易塌方、难开挖地段的趾墙施工

在某些淤泥质土、流砂土、杂填土地段,趾沟开挖时往往容易塌方,严重的甚至出现边开边塌的状况,因此不可能开挖后等待较长时间再行浇筑,但分段太短又不便于验槽,显然也不利于质量控制。这里介绍一种采用木盒子挡土的办法比较行之有效。就是预先制作一批长度为80~100 cm的木盒子,其横截面为与趾沟上部尺寸相同的梯形。趾沟开挖成型后,放入木盒子挡土,随开随放,一个接一个。待到开挖成型一个浇筑段落后进行验槽,浇筑底板时随着趾墙混凝土的进展,逐个拿掉木盒,这样就有效地防止了塌方,方便了验槽,保证了趾墙的断面尺寸。

### 3.3 趾墙的断面尺寸

由前趾的作用可知,为了有效地防止冲刷淘空和底板抗滑抗倾,前趾须具有足够的深度,理论上应该说越深越好,但鉴于施工可操作性又不可能无限挖深,因此兼顾两者宜确定一个最佳值;为了保证底板抗滑,前趾就应有足够的宽度,否则若墙后土压力太大时就容易折断趾墙造成底板滑移;为了增大摩阻力,提高抗倾覆能力,常将趾墙设计为倒梯形楔块状嵌入底板外侧土中。综合适用、安全、经济诸因素考虑,设计根据土质条件经过承载力、抗滑、抗倾覆等计算后确定出趾墙断面尺寸。因此,施工时必须严格把关,确保其深度、宽度和混凝土强度达到设计标准。

## 4 前趾的施工质量控制

前趾属于隐蔽工程,又是护岸基础的关键部位,其施工质量控制应分事前、事中、事后

有序进行，层层把关，从严掌控。

### 4.1 事前控制

事前控制即为施工前技术交底，包括施工方案、技术措施、操作要领、质量要求、安全生产等。施工单位要在工程开工前进行系统的组织学习和讲解，提高全员质量意识，并层层落实责任制，使广大员工和管理人员充分认识前趾的重要性，明确该怎么做，怎么做好。

### 4.2 事中控制

事中控制为施工过程中班组操作人员的自我掌控和管理人员的跟踪检查。趾沟开挖前，应在基槽上进行精准放样立标，其平面位置、线型、标高等校核无误后方可开挖。开挖过程中须随时用与趾沟断面尺寸相同的梯形模型板检测其宽度和深度，施工地段必须备有模型板方可进行趾沟开挖，施工单位质检员和旁站监理人员应随时用模型板进行检测。如发现无模型板控制导致趾沟宽度或深度不够或趾沟中模型板插不进的情况，则应立即加宽或加深处理，符合要求后方可进行下一道工序施工。趾墙浇筑前应排干沟内积水，清除泥浆，严禁带水或带泥浆浇筑。趾沟开挖和趾墙浇筑过程中应采取防塌方措施，确保断面尺寸，严防泥块、泥浆夹入混凝土。趾沟开挖成型后须经监理验槽合格并出具开仓证方可进行趾墙底板混凝土浇筑。趾墙底板混凝土应严格按设计配合比进行配料，其标号须满足设计要求。入仓混凝土应具有良好的和易性，依次浇筑，均匀振捣，确保强度。

事中控制为施工质量控制的关键环节，因此趾沟开挖和趾墙浇筑过程中，施工单位必须严格执行三检制，现场监理必须全过程旁站。

### 4.3 事后控制

事后控制为检测单位或有关部门在已覆盖的情况下进行的随机抽查和突击检查，趾墙深度采用钩子勾的办法比较简易且行之有效，趾墙宽度可采用外侧挖坑再钻孔量测的办法或破坏性抽检，趾墙强度可待混凝土养护期过后进行钻芯取样检测。事后控制是对施工质量的验证，因此必须具有随机性、代表性、真实性。

趾墙施工质量的事前控制、事中控制、事后控制为统一的整体，三者相辅相成，互相制约，缺一不可。

## 5 结　语

综上所述，重力式护岸基础设置前趾对于工程的安全、长久运行具有事半功倍的意义，这在水利、水运行业的河道工程建设中不乏成功的先例。而其他行业自行建造的为数不多的护岸码头，虽然大部分基底设置了桩基，其承载力远远满足，但运行不久即发生坍塌的现象却屡见不鲜，该现象在通航的河段尤为突出，究其原因并非上部结构或荷载有多大不同，关键的问题在于基础外侧不设前趾，造成基底防冲抗滑抗倾这道保护屏障的缺失。因此，充分认识前趾的重要性，加强对前趾施工的质量控制，是重力式护岸工程建设中举足轻重的大事。

**作者注：**

本文发表于《浙江水利科技》2018年第一期，49~51页，杂志社编辑略有修改。

# 附录

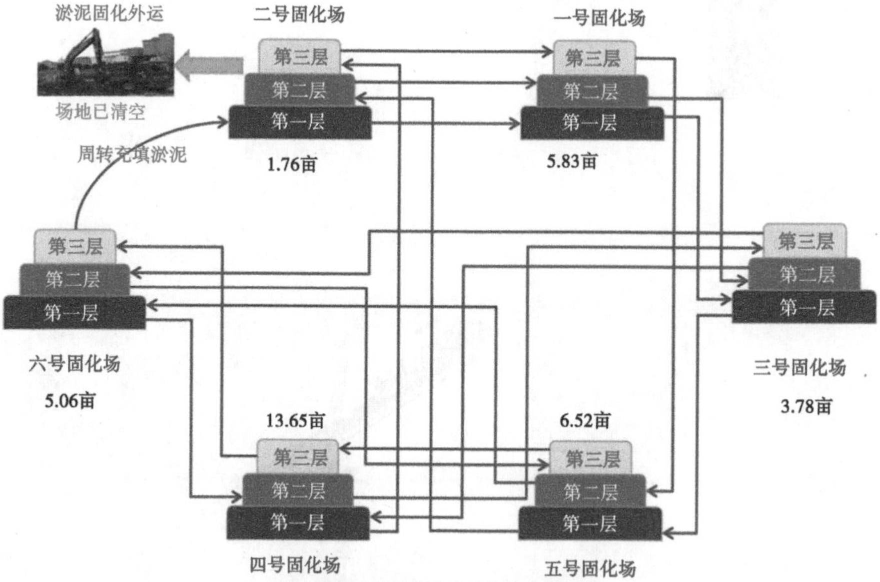


管袋叠加充填淤泥流水作业施工流程图

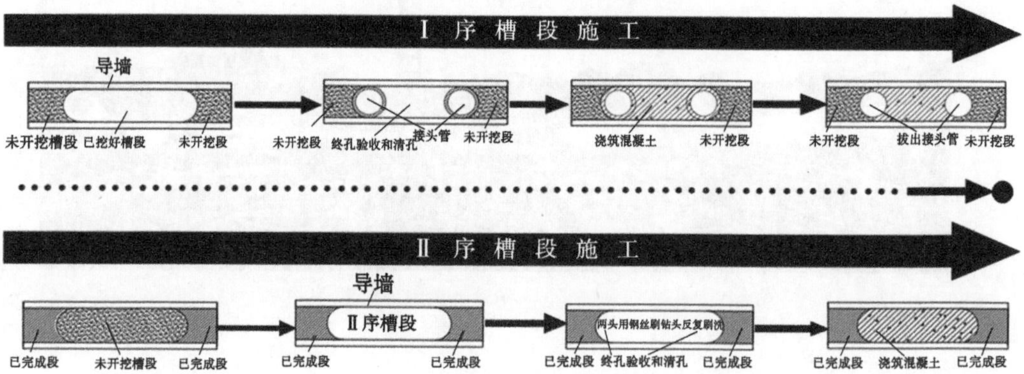

江南文化　嘉兴三塔

作者与恩师（许楼山先生）合影（2016年）

## 嘉禾感慨

工作点滴　检查工程资料

水乡嘉兴　月河美景

鱼米之乡　碧波荡漾　京杭大运河嘉兴王江泾长虹桥

# 施工杂谈
## ——杭嘉湖平原水利施工一线实例

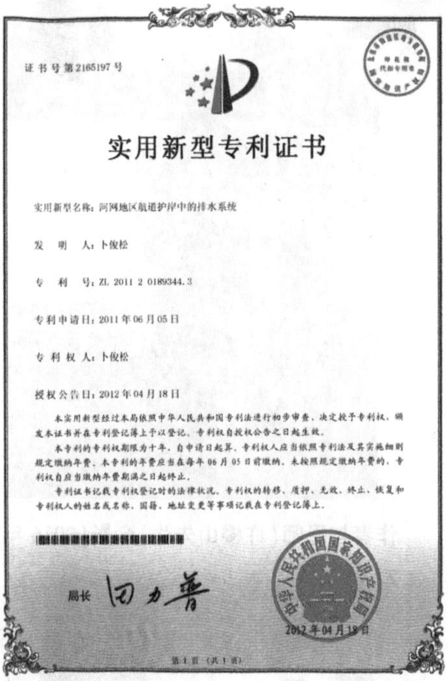

证书号第2165197号

实用新型专利证书

实用新型名称：河网地区航道护岸中的排水系统

发　明　人：卜俊松

专　利　号：ZL 2011 2 0189344.3

专利申请日：2011年06月05日

专利权人：卜俊松

授权公告日：2012年04月18日

本实用新型经过本局依照中华人民共和国专利法进行初步审查，决定授予专利权，颁发本证书并在专利登记簿上予以登记。专利权自授权公告之日起生效。

本专利的专利权期限为十年，自申请日起算。专利权人应当依照专利法及其实施细则规定缴纳年费。本专利的年费应当在每年06月05日前缴纳。未按照规定缴纳年费的，专利权自应当缴纳年费期满之日起终止。

专利证书记载专利权登记时的法律状况。专利权的转移、质押、无效、终止、恢复和专利权人的姓名或名称、国籍、地址变更等事项记载在专利登记簿上。

局长　田力普

2012年04月18日

第1页（共1页）

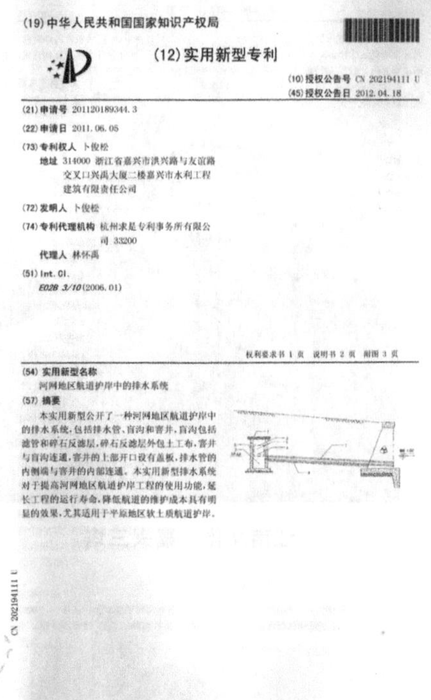

(19)中华人民共和国国家知识产权局

(12)实用新型专利

(10)授权公告号 CN 202194111 U
(45)授权公告日 2012.04.18

(21)申请号 201120189344.3

(22)申请日 2011.06.05

(73)专利权人 卜俊松
地址 314000 浙江省嘉兴市洪兴路与友谊路交叉口兴禹大厦二楼嘉兴市水利工程建筑有限责任公司

(72)发明人 卜俊松

(74)专利代理机构 杭州求是专利事务所有限公司 33200
代理人 林怀禹

(51)Int.Cl.
E02B 3/10(2006.01)

权利要求书1页　说明书2页　附图3页

(54)实用新型名称
河网地区航道护岸中的排水系统

(57)摘要
本实用新型公开了一种河网地区航道护岸中的排水系统，包括排水管、盲沟和窨井，盲沟包括滤管和碎石反滤层，碎石反滤层外包土工布，窨井与盲沟连通，窨井的上部开口设有盖板，排水管的内侧端与窨井的内部连通。本实用新型排水系统对于提高河网地区航道护岸工程的使用功能，延长工程的运行寿命，降低航道的维护成本具有明显的效果，尤其适用于平原地区软土质航道护岸。

CN 202194111 U

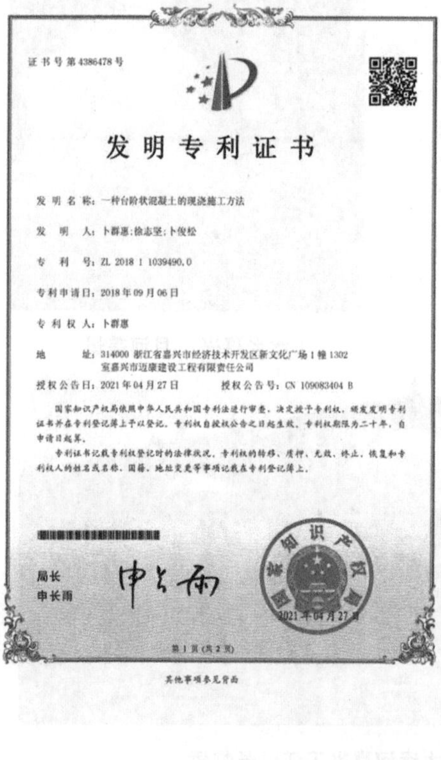

证书号第4386478号

发明专利证书

发明名称：一种台阶状混凝土的现浇施工方法

发　明　人：卜群惠；徐志坚；卜俊松

专　利　号：ZL 2018 1 1039490.0

专利申请日：2018年09月06日

专利权人：卜群惠

地　　址：314000 浙江省嘉兴市经济技术开发区新文化广场1幢1302室嘉兴市迈康建设工程有限责任公司

授权公告日：2021年04月27日　　授权公告号：CN 109083404 B

国家知识产权局依照中华人民共和国专利法进行审查，决定授予专利权，颁发发明专利证书并在专利登记簿上予以登记。专利权自授权公告之日起生效。专利权期限为二十年，自申请日起算。

专利证书记载专利权登记时的法律状况。专利权的转移、质押、无效、终止、恢复和专利权人的姓名或名称、国籍、地址变更等事项记载在专利登记簿上。

局长　申长雨

2021年04月27日

第1页（共2页）

其他事项参见背面

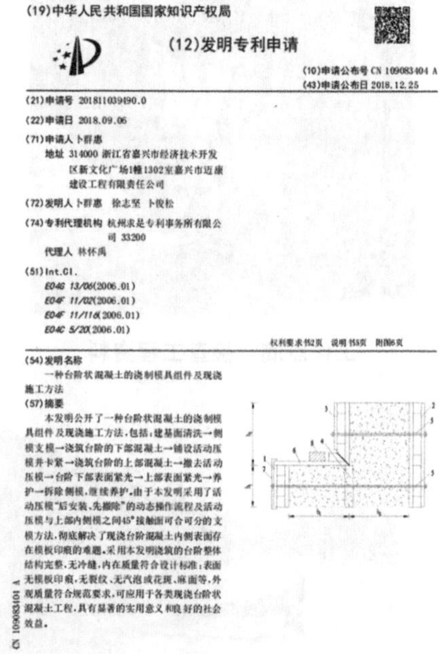

(19)中华人民共和国国家知识产权局

(12)发明专利申请

(10)申请公布号 CN 109083404 A
(43)申请公布日 2018.12.25

(21)申请号 201811039490.0

(22)申请日 2018.09.06

(71)申请人 卜群惠
地址 314000 浙江省嘉兴市经济技术开发区新文化广场1幢1302室嘉兴市迈康建设工程有限责任公司

(72)发明人 卜群惠　徐志坚　卜俊松

(74)专利代理机构 杭州求是专利事务所有限公司 33200
代理人 林怀禹

(51)Int.Cl.
E04G 13/06(2006.01)
E04F 11/02(2006.01)
E04F 11/116(2006.01)
E04C 5/20(2006.01)

权利要求书2页　说明书5页　附图6页

(54)发明名称
一种台阶状混凝土的浇制模具组件及现浇施工方法

(57)摘要
本发明公开了一种台阶状混凝土的浇制模具组件及现浇施工方法，包括：建基面清洗→侧模支模→浇筑台阶的下部混凝土→铺设活动压模并卡紧→浇筑台阶的上部混凝土→撤去活动压模→台阶下部表面紧光→上部表面紧光→养护→拆除侧模，继续养护。由于本发明采用了活动压模"后安装、先撤除"的动态操作流程及活动压模与上部内侧模之间45°接触面可合可分的支模方法，彻底解决了现浇台阶混凝土内侧表面存在模板印痕的难题。采用本发明浇筑的台阶整体结构完整，无冷缝，内在质量符合设计标准；表面无模板印痕、无裂纹、无汽泡或花斑、麻面等，外观质量符合规范要求，可应用于各类现浇台阶状混凝土工程，具有显著的实用意义和良好的社会效益。

CN 109083404 A

T/CECS 749-2020

中国工程建设标准化协会标准

混凝土生态砌块挡墙施工与质量验收标准

Standard for construction and quality acceptance of retaining wall using concrete ecological block

中国建筑工业出版社

## 中国工程建设标准化协会公告

**第 684 号**

### 关于发布《混凝土生态砌块挡墙施工与质量验收标准》的公告

根据中国工程建设标准化协会《关于印发〈2018 年第一批协会标准制订、修订计划〉的通知》（建标协字〔2018〕015 号）的要求，由嘉兴学院、嘉兴五丰生态环境科技有限公司等单位编制的《混凝土生态砌块挡墙施工与质量验收标准》，经本协会建筑与市政工程产品应用分会组织审查，现批准发布，编号为 T/CECS 749－2020，自 2021 年 1 月 1 日起施行。

**中国工程建设标准化协会**
**2020 年 8 月 25 日**

·3·

## 前　言

根据中国工程建设标准化协会《关于印发〈2018 年第一批协会标准制订、修订计划〉的通知》（建标协字〔2018〕015 号）的要求，编制组经深入调查研究，认真总结工程实践经验，并在广泛征求意见的基础上，编制了本标准。

本标准共分 6 章和 1 个附录，主要技术内容包括：总则、术语、基本规定、材料、施工、质量验收等。

请注意本标准的某些内容可能直接或间接涉及专利，本标准的发布机构不承担识别这些专利的责任。

本标准由中国工程建设标准化协会建筑与市政工程产品应用分会归口管理，由嘉兴学院负责具体技术内容的解释。本标准在使用过程中，如有意见或建议，请将有关资料寄送解释单位（地址：浙江省嘉兴市越秀南路 56 号嘉兴学院建筑工程学院，邮政编码：314001），以供修订时参考。

**主 编 单 位：** 嘉兴学院
嘉兴五丰生态环境科技有限公司

**参 编 单 位：** 浙江荣林环境股份有限公司
浙江省水利河口研究院（浙江省海洋规划设计研究院）
巨匠建设集团股份有限公司
嘉兴市水利工程建筑有限责任公司
南京水利科学研究院
浙江恒力建设有限公司
福建闽泰交通工程有限公司
嘉兴市卓越交通建设检测有限公司

·4·

浙江水利水电学院
舟山市毅正建筑工程检测有限公司
苏州科技大学
安徽清水岩生态科技有限公司
中铁七局集团第五工程有限公司
苏州混凝土水泥制品研究院有限公司
浙江嘉宇建设有限公司
浙江省水利水电工程质量检验站
南京瑞迪高新技术有限公司
浙江广川工程项目管理有限公司
苏州市兴邦化学建材有限公司
浙江省嘉兴市港航管理局
杭州中联筑境建筑设计有限公司
河南城建学院
嘉兴市方圆公正检验行
嘉兴市南湖区交通工程质量安全监督站
大昌建设集团有限公司
盐城工学院

**主要起草人：** 刘红飞　梁菊明　金　毓　蒋元海　卜俊松
张朝勇　付　磊　张煜睿　梁玲琳　黄殿武
杨志勇　陈金祥　石研然　袁　光　丁　忠
方　建　姜正平　林　海　梁　俊　刘学应
杨智敏　熊厚仁　王建明　曹　敏　周志超
郑　松　宋宇名　刘欣仪　马先伟　吕秀杰
何志学　沈　焱　王恩茂　吴国祥　刘兴荣
郑　芬　蔡树元

**主要审查人：** 郭　丽　韩玉玲　李秋义　苏胜利　吴竞中
陈　健　于文先　倪志军　徐智刚　毛菊良
王　磊

·5·

水利水电工程建设工法证书

工法名称：堤顶小断面线型结构滑模施工工法
批准文号：中水协〔2019〕19号
工法编号：SDGF1045-2019
完成单位：嘉兴市水利工程建筑有限责任公司
完 成 人：陆嵩 佘春勇 林海 卜俊松 蔡洗礼

二〇一九年十月二十九日

荣誉证书

嘉兴市水利工程建筑有限责任公司
洛塘河Ⅲ标质量QC小组
创新应用活动压模提高"L"型防浪墙外观质量

荣获2018年水利优秀质量管理小组竞赛活动 三 等奖。

工程名称：扩大杭嘉湖南排工程（嘉兴部分）
洛塘河河道整治工程施工Ⅲ标

证书 No:164

嘉兴市水利工程建筑有限责任公司
嘉水工匠QC小组提高滑模浇筑堤顶路缘石线型顺直度

被评为2019年水利优秀质量管理小组交流活动 一 等成果。

中国水利电力质量管理协会
二〇一九年六月

证书 No:SL2020QC089

嘉兴市水利工程建筑有限责任公司
嘉水工匠QC小组提高趾沟开挖一次验收合格率

获得2020年水利优秀质量管理小组交流活动 一 等成果。

中国水利电力质量管理协会
二〇二〇年八月

证书 No:CEAQ-SL2021QC185

嘉兴市水利工程建筑有限责任公司
嘉水工匠QC小组提高淤泥固化场地周转率

获得2021年水利质量管理小组交流活动 一 等成果。

中国水利电力质量管理协会
二〇二一年九月

证书 No:CEAQ-SL2021QC108

嘉兴市水利工程建筑有限责任公司
嘉禾工匠QC小组提高现浇混凝土墙体外观优良率

获得2021年水利质量管理小组交流活动 一 等成果。

中国水利电力质量管理协会
二〇二一年九月

证书 No:CEAQ-SL2022QC142

嘉兴市水利工程建筑有限责任公司
嘉水工匠QC小组提高河道水下疏浚断面一次验收合格率

获得2022年水利质量管理小组交流活动 一 等成果。

工程名称：嘉善县水系连通及农村水系综合整治试点县项目魏塘段
工程地址：浙江省嘉善县
小组成员：陆嵩、蔡洗礼、王斌、李燕、杭思健、王健、
戚水明、徐周良、卜俊松、周祯

中国水利电力质量管理协会
二〇二二年七月

证书 No:SL2022AQ015

嘉兴市水利工程建筑有限责任公司
嘉水安标小组降低水力冲挖清淤施工安全隐患率

获得2022年水利安全隐患排查整治活动 二 等成果。

小组成员：褚勤丰、杭思健、徐军、王斌、郭俊杰、
吴凯文、卜俊松、计丽萍、胡军、陈进林

中国水利电力质量管理协会
二〇二二年七月

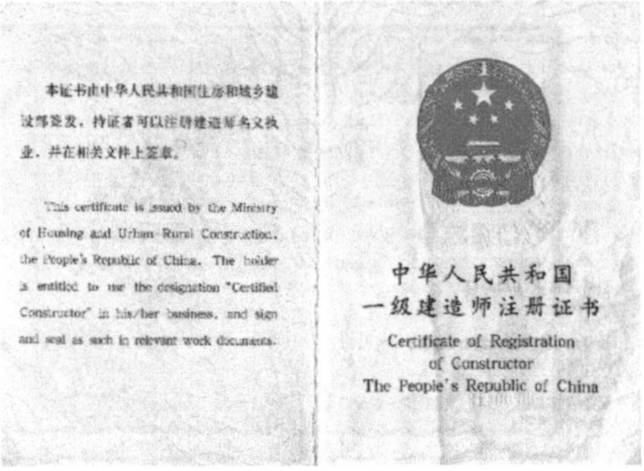

本证书由中华人民共和国住房和城乡建设部签发，持证者可以注册建造师名义执业，并在相关文件上签章。

This certificate is issued by the Ministry of Housing and Urban-Rural Construction, the People's Republic of China. The holder is entitled to use the designation "Certified Constructor" in his/her business, and sign and seal as such in relevant work documents.

中华人民共和国
一级建造师注册证书
Certificate of Registration
of Constructor
The People's Republic of China

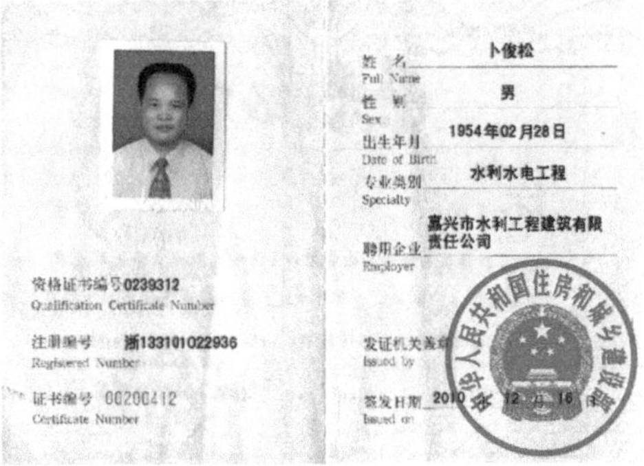

姓 名 卜俊松
Full Name
性 别 男
Sex
出生年月 1954年02月28日
Date of Birth
专业类别 水利水电工程
Specialty
聘用企业 嘉兴市水利工程建筑有限责任公司
Employer

资格证书编号0239312
Qualification Certificate Number
注册编号 浙133101022936
Registered Number
证书编号 00200412
Certificate Number

发证机关盖章
Issued by
签发日期 2010 年 12 月 16 日
Issued on

中华人民共和国住房和城乡建设部

本证书由中华人民共和国人力资源和社会保障部、住房和城乡建设部批准颁发。它表明持证人通过国家统一组织的考试，取得一级建造师的执业资格。

This is to certify that the bearer of the Certificate has passed national examination organized by the Chinese government departments and has obtained qualifications for Constructor.

中华人民共和国人力资源和社会保障部
approved & authorized
by
Ministry of Human Resources and Social Security
The People's Republic of China

中华人民共和国住房和城乡建设部
approved & authorized
by
Ministry of Housing and Urban-Rural Development
The People's Republic of China

编号：0239312
No.:

持证人签名：
Signature of the Bearer

管理号：09330634073301164
File No.:

姓名：卜俊松
Full Name
性别：男
Sex
出生年月：1954年02月
Date of Birth
专业类别：水利水电工程
Professional Type
批准日期：2009年09月06日
Approval Date
签发单位盖章
Issued by
签发日期：2010年 01月 11日
Issued on

浙江省人力资源和社会保障厅 证书专用章（1）

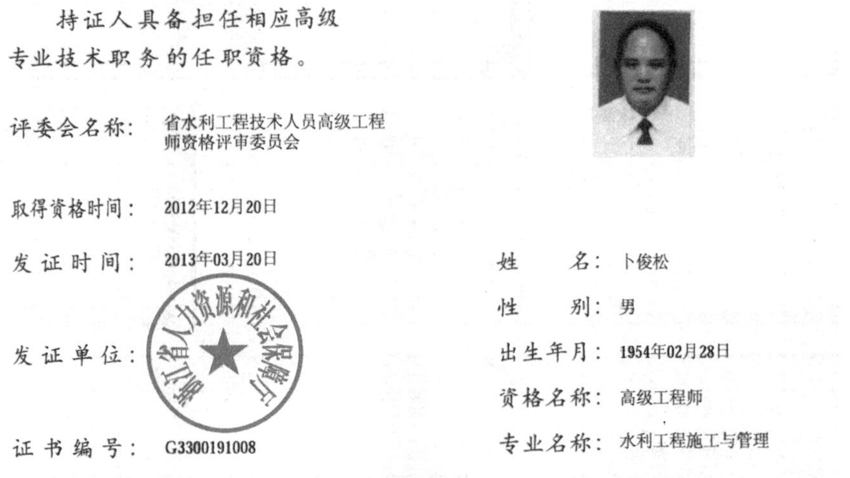

持证人具备担任相应高级专业技术职务的任职资格。

评委会名称：省水利工程技术人员高级工程师资格评审委员会

取得资格时间：2012年12月20日

发证时间：2013年03月20日

发证单位：浙江省人力资源和社会保障厅

证书编号：G3300191008

姓　　名：卜俊松

性　　别：男

出生年月：1954年02月28日

资格名称：高级工程师

专业名称：水利工程施工与管理

荣誉证书

荣誉证书
卜俊松 同志：

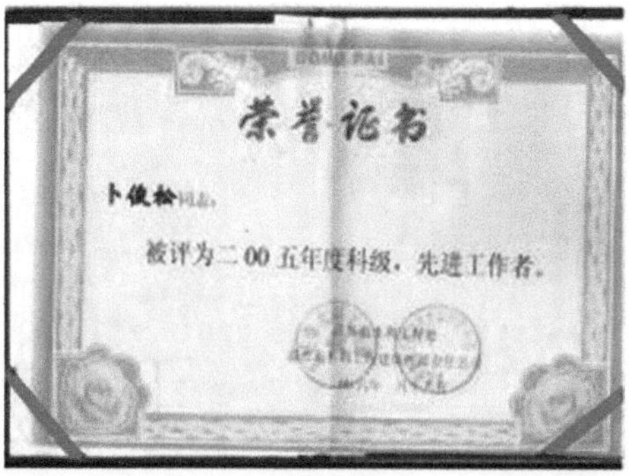
荣誉证书
卜俊松 同志：
被评为二00五年度科级，先进工作者。

荣誉证书
卜俊松 同志：
被评为二〇〇六年度
优秀项目经理

荣誉证书

荣誉证书

荣誉证书

荣誉证书

荣誉证书
HONORARY CREDENTIAL
荣获二0一一年度
先进工作者

荣誉证书

荣誉证书

荣誉证书
卜俊松 同志：
被评为2014年度先进个人

荣誉证书
被评为2015年度先进个人